园艺专业职教师资培养资源开发项目

园艺产品质量分析

李桂荣　主编

U0256085

中国农业出版社

教育部、财政部职业院校教师素质提高计划——
园艺专业职教师资培养资源开发项目
（VTNE 055）成果

项目成果编写审定委员会

编 写 人 员

主　编　李桂荣

副主编　姜立娜　陈学进

编　者　（按姓名笔画排序）

朱自果　李桂荣　陈学进　姜立娜

扈惠灵

为贯彻落实《国家中长期教育改革和发展规划纲要（2010—2020年）》提出的进一步推动和加强职业院校教师队伍建设，《教育部、财政部关于实施职业院校教师素质提高计划的意见《［教职成（2011）14号］中提出了"支持国家职业教育师资基地开发100个职教师资本科专业的培养标准、培养方案、核心课程和特色著作，完善适应教师专业化要求的培养培训体系"的目标任务。河南科技学院作为全国第一批职教师资培养培训基地，承担了"教育部、财政部职业院校教师素质提高计划——园艺本科专业职教师资培养资源开发"项目（编号VTNE055，简称"培养包"项目）的研发工作。本项目组在项目办及专家咨询委员会的指导下，在学校的大力支持下，加强组织领导，周密安排部署，精心组织实施，圆满完成了项目的研发工作，形成了一系列研究成果。园艺专业核心课程特色著作是本项目的成果之一。

本著作在内容选取上注重反映园艺专业的主要知识点和主要技能，与中等职业学校的教材紧密相连，并与园艺专业教师的岗位素质要求紧密相连，反映了产业发展的新趋势。

本书分为园艺产品品质分析和园艺产品的安全监测两个能力单元，其中园艺产品品质分析分为两个能力模块，10个任务；园艺产品的安全监测分为两个能力模块，5个任务。主要内容包括：园艺产品感官品质检测、园艺产品营养成分检测分析、园艺产品有毒有害物质的检验分析、转基因园艺产品的安全性分析。

内容编写以园艺产品质量分析的具体工作模块为指导，运用任务引领及实践工作导向方式确定编写模式，以观察或讨论实际案例引入教材内容的学习，以所学知识完成实际训练任务，体现从实践到理论再到实践的单个模块学习过程。任务及实践内容的设置要根据学生个体差异及知识储备不同，具有普适性，使程度不一的学生都可以找到相应的学习内容，内容具有延展性，实践导向选取最具代表性的案例及最具专业特点的实训内容。

具体编写体例包括案例或观察、知识点、任务实践、关键问题、思考与讨论、知识拓展、任务安全环节、专业网站链接、数字资源库链接共 9 个编写部分。体例编排充分考虑到培训教师的专业背景、培训层次的差异，内容具有很强的选择性。

在编写过程中，作者得到有关单位和同行专业人士的大力支持和帮助，参考了很多同仁的著作、专著和科技资料，在此一并致谢。

由于时间仓促，水平有限，错误和疏漏在所难免，衷心希望使用本著作的师生及广大读者予以匡正，对此谨致以最真诚的谢意。

编　者

2018 年 1 月

目录

1

单元一 园艺产品品质分析

模块一 园艺产品感官品质的检测

目标：本模块主要包括园艺产品感官品质检验的指标和检验方法，重点讲授的是水果和蔬菜果实感官品质检验的指标和检验方法。通过本模块的学习，学生应掌握园艺产品感官品质检验的一些指标和检验方法，培养学生实际动手操作和数据分析的基本能力。

模块分解：模块分解如表 1-1 所示。

表 1-1 模块分解

任务	任务分解	要求
1. 园艺产品感官品质的分析	1. 园艺产品感官检验指标的认识 2. 园艺产品感官品质检验的分类 3. 园艺产品感官品质检验方法的选择 4. 园艺产品感官品质检验结果的评价 5. 园艺产品感官品质分析后的处理	1. 了解园艺产品感官检验常用的一般术语及其含义 2. 掌握感官检验的类型、基本内容及评价描述的方法
2. 主要水果感官品质的分析	1. 水果感官品质外观指标的检验 2. 水果感官品质外观理化指标的检验 3. 水果感官风味品质的检验	根据不同水果的感官鉴别，掌握具体的鉴别方法，特别是有代表性的水果的评价描述
3. 主要蔬菜感官品质的分析	1. 蔬菜感官品质外观指标的检验 2. 不同种类蔬菜感官品质外观指标的检验	1. 总结蔬菜感官鉴评的评价原则 2. 学习蔬菜感官鉴评的手段和方法 3. 根据不同蔬菜感官鉴评的要点，学习各种蔬菜的感官鉴评和描述的方法

任务一　园艺产品感官品质的分析

【观察】

观察 1：观察各类葡萄的状态（图 1-1）。

观察 2：观察园艺植物种类其他的分类，进行比较，比较颜色、果型、果粒大小等。

图 1-1　不同种类的葡萄

【知识点】

园艺产品是果品、茶叶、蔬菜、食用菌及观赏植物产品的总称，该产品包括的类型比较多，与人们的日常生活息息相关。园艺产品营养丰富，很多成分是人身体生长发育必不可少的因素，有些具有很高的医疗保健作用，是人类食品的重要组成部分。

园艺产品的质量，也称为品质，在英语里"品质"和"质量"均为 quality，是指园艺产品满足消费者的程度，是用来区分园艺产品性质、等级、优劣程度及衡量其商品价值特性的总称。园艺产品品质主要包括四个方面：感官品质、营养品质、卫生品质、商品化处理品质。

质量优劣最直观的是感官品质，主要是指园艺产品的色泽、气味、滋味和外观形态等，园艺产品的感官鉴别主要是凭借人体自身的感觉器官，具体地讲，就是凭借眼、耳、鼻、口（包括唇和舌头）和手，对园艺产品的质量状况做出客观的评价。也就是通过用眼睛看、鼻子嗅、耳朵听、用口品尝和用手触摸等方式，对园艺产品的色、香、味及外观形态进行全方位的评定，以获得客观真实的数据，并在此基础上，利用数理统计的手段，对其感官质量进行综合性的评价。

园艺产品的感官检验通常是在理化和微生物检验方法之前进行的，是综合心理学、生理学和统计学，对园艺产品进行感官鉴定，反应产品的特性。感官鉴定随着园艺产业的快速发展和人们对园艺产品品质要求不断提高而发展。

1. 感官检验的发展及其应用

（1）感官检验的发展 最早的食品感官检验可以追溯到 20 世纪 30 年代，原始的感官检验是利用人们自身的感觉器官对食品进行评价和判别。许多情况下，这种评价由某方面的行家进行，并往往采用少数服从多数的简单方法来确定最后的评价。这种评价存在弊端，同时作为一种以人的感觉为测定手段或测定对象的方法，误差也是难免的。

概率统计原理的引入，合理、有效地纠正了误差带来的影响，而随着对感官的生理学研究及心理学测定技术的直接应用，使感官检验有了更完善的理论基础及科学依据。

统计学原理及感官的生理学与心理学的引入，避免了感官检验中存在的缺陷，提高了可信度，使感官检验成为一种科学的检验方法，统计学、心理学、生理学是现代感官检验的三大科学支柱。

电子计算机技术的发展，更进一步影响和推进了感官检验的发展。电子计算机技术的应用，使感官检验的数据处理成为一项简单的工作。在感官检验室中，小型计算机网络的形成，使管理者可以通过计算机提示评尝员，得到有关检验的各项内容及要求。在每个终端的评尝员则通过终端输入评价信息，计算机可以立即输出经统计分析的检验结果。

（2）园艺产品感官检验的意义 园艺产品质量的优劣最直接表现在它的感官性状上，通过对其感官性状的综合性观察，首先可以及时准确地鉴别出其质量的异常，便于早期发现问题，及时进行选择和处理，可以避免对人体健康和生命安全造成的损失；通过感官指标来鉴别园艺产品的外在品质，不仅简便易行、快速，而且不需要专用仪器、设备和场所，直观且实用性极强；感官鉴别是园艺学习者、生产园艺产品者及管理人员需要具备的一项技能，在生活中消费者从维护自身权益角度讲，掌握这种方法也是十分必要的。该技术目前已经广泛应用于园艺新品种选育、产品开发、质量管理及市场研究等领域。因此，不论是选购园艺产品，还是评价园艺产品时，感官鉴别方法都具有特别重要的实践性和应用性。

（3）感官评定与仪器分析相比的优势　简易、直接和便捷性：感官检验比任何仪器分析都要快捷、迅速，且所需费用较低，便于早期发现问题，及时进行处理，避免对人体健康和生命安全造成损害。相比于感官评定，仪器分析具有复杂性、滞后性、间接性等特点。

准确性：人的感官有极高的灵敏度，感官检验是各种理化和微生物手段所不能代替的。

综合性：感官鉴评从生理角度而言，是有机体（人）对食品所产生的刺激的一种反应。其过程是相当复杂的，首先感官感受来自食品的刺激，同时混杂个人的嗜好与偏爱，进而在人体神经中枢综合处理来自各方的信息，最后付之于行动的过程。感官检验的这一特性是其他检验无法做到的。

2. 园艺产品感官检验的指标

园艺产品感官检验的指标主要包括产品的外观、质地、适口性等，如大小、形状、颜色、光泽、硬度（脆度）、缺陷、新鲜度等。果品蔬菜的感官质量因产品种类和品种而异。

（1）大小　园艺产品果实的大小通常用单果重量或单果体积来表示。园艺产品的长、宽、径等，通常用测径器测量，如游标卡尺等。重量一般指的是单位产品数的重量，可以用电子秤来称量，体积主要借鉴排水法测量或直接测量。如梨的国家标准中，将优良品质梨按照果实大小分为大型果（莱阳梨、雪花梨），果实横径 65～90mm；中型果（鸭梨、长把梨），果实横径 60mm 以上；小型果（秋白梨），果实横径 55mm 以上，并且各品种的优质梨的果个大小都比较均匀适中，带有果柄。而直接将果型不端正，果实大小不均匀且果个偏小，无果柄的梨列为次质或劣质果。

（2）形状　果实的长宽比，如直径与高度的比可以用作果实形状的指数。规则型园艺产品的形状可以用产品的形状指数来表示，如苹果、梨、西红柿等可以用果形指数，叶球形状可用球形指数。形状指数用产品的纵径与横径之比（L/D）来计算。当 L/D 在 1.0 左右，则产品呈球状；L/D 小于 1.0，则呈扁圆形；L/D 大于 1.0，则呈长圆形。还有的用形状图和模型来形容产品的形状，这些产品的形状模型可用作考查品质的工具。如在描述葡萄果实品质优劣时，采用状态归类评价法，将果穗形状分为：1 级特松，果穗平放时几乎所有分穗都能接触到同一平面上；3 级松，果穗平放时穗形显著改变，能够看到果梗；5 级中等，果穗平放时穗形稍有改变，但果梗全部被果粒遮盖；7 级密，果穗平放时穗形不改变，果粒不变形；9 级特密，果粒因相互挤压而变形。

（3）颜色　园艺产品的颜色是感官评价品质的一个重要因素。不同园艺产品显现着各不相同的颜色，例如，菠菜的绿色、苹果的红色、胡萝卜的橙红色等，这些颜色是产品原来固有的，不同消费者对不同颜色的果蔬喜爱程度不同，如苹果，多数人喜欢红色（红富士、蛇果、红香蕉），越红越好；也有喜欢黄色、绿色（金冠、澳洲青苹），评判颜色的方法很多，感官评价主要是用肉眼对比评价水果的颜色。权威认定某种园艺产品颜色时，最科学的方法是借助园艺植物标准颜色卡如蒙赛尔（munsell）植物组织标准色卡（植物比色卡），在园艺植物登记申请品种审查时，植物比色卡是判定园艺产品色彩的重要依据，如果实、花、茎叶等色彩有关性状的测量及判断。确定园艺产品颜色也可通过测定果实表面反射光的情况来确定果实表面颜色的深浅和均匀性，还可用光透射仪测定透光量来确定果实内部果肉的颜色和有无生理失调，可用化学方法、比色法等来测定不同的色素含量。

（4）光泽 园艺产品的光泽决定了其商品性，果品表面蜡层的厚度及结构、排列都会影响果品表面的光滑度，也是构成果品质量的因素之一，果皮有光泽度表明果实发育和营养吸收良好，后期出来的品质更好。如车厘子果实表皮特别圆润光滑，光泽度就好，果实新鲜，放置时间越长越容易失去光泽，直至萎蔫，一般用光泽计测量或目测，形容优良品质的果品时，光泽度一般用表皮色泽光亮、洁净来描述，反之则光泽度不够丰满。

（5）硬度 硬度是指果实整体的硬度，包括果皮和果肉。正常来讲，果实硬度高有利于耐贮存和防霜冻等，是品质的重要评价标准，特别是在收购过程。

果实的硬度是指果肉抗压力的强弱，是判断果实成熟度的重要依据之一。抗压力越强，果实的硬度越大；抗压力越弱，果实硬度就越小。果实硬度与原果胶含量有关，原果胶含量越高，硬度越大。一般未成熟的果实质地坚实，硬度大，随着成熟，细胞间的原果胶逐渐分解为可溶性的果胶或果胶酸，使细胞间的结合力松弛，组织变软，口感表现出明显的差异。果实硬度的测定，通常用手持硬度压力测定计在果实阴面中部去皮测定，所测得的果实硬度以 kg/cm^2 来表示。如红元帅系和金冠苹果适宜采收时期的硬度为 $7kg/cm^2$，青香蕉的果实硬度为 $8.2kg/cm^2$，秦冠、国光为 $9.1kg/cm^2$，鸭梨为 $7.2 \sim 7.7kg/cm^2$，莱阳梨的硬度为 $7.5 \sim 7.9kg/cm^2$。此外，桃、李、杏的成熟度与硬度的关系也十分密切。蔬菜由于其供食用的器官不同，一般不测其硬度，而常用坚实度来表示其发育状态，且在不同蔬菜上有不同的要求。有些蔬菜坚实度大表明发育良好，如甘蓝叶球、花椰菜花球都应在致密硬实时采收，此时品质好，耐贮性强。番茄、辣椒等也要在有一定硬度时采收，销售时商品性好，而茄子、黄瓜、豌豆、四季豆、甜玉米等应在幼嫩时采收，质地变硬就意味着组织老化了，品质下降。

（6）质地　园艺产品的质地特性是由软硬、脆绵、致密疏松、粗糙细嫩、汁液多少等特性因子构成，这些特性因子的表达，是在销售和消费过程中，通过人们的触觉器官或机械来检验，如通过手捏、咀嚼、切割等方式感知的。园艺产品的质地主要决定于以下三个方面的因素：细胞间结合力，细胞壁构成物的机械强度，细胞的大小、形状和紧张度。

（7）缺陷　果品表面或内部的各种缺陷，如果浮皮、油泡凹陷、锈、果面的刺伤或碰伤、磨伤、日灼病、药害、雹伤、裂果、病虫果等均会影响果实外观品质，从而影响市场卖价。一般将园艺产品的缺陷分为五个等级，数字越大，表明缺陷越严重。可以分为无缺陷、轻微表面缺陷、由于擦伤引起的表面轻微缺陷，如果伤口已愈合、干燥，受影响的总面积不超过 10％ 等。果实表面缺陷是影响其品质和分级的重要指标之一，可以采用高光谱成像技术等机器视觉对果实综合品质进行无损检测。如猕猴桃果实表面缺陷主要包括碰压伤、划伤和日灼，检测过程包括缺陷分割和缺陷识别两个阶段，可以借助近红外光源采集图像进行分析，针对分割出的可疑缺陷区域如何正确识别，邓继忠等（2000）依据所研究的梨、苹果等品种水果的外形及碰压伤特征，提出了一个简单的计算碰压伤面积的数学模型。该数学模型根据用计算机进行水果分级检测时通常将水果外形作为球体或类球体看待这一原则，把水果碰压伤的缺损表面也看似接近于圆形。用球面上一个任意大小的圆形区域代替水果及果面上的碰压伤，由此推导出计算碰压伤面积的数学模型，并给出了碰压伤处于非边缘位置和边缘位置时，碰压伤的直径和面积计算公式。实验结果表明，与统计像素的方法相比，用该模型可大大提高测量精度。

（8）新鲜度　新鲜度是反映水果是否新鲜、饱满的重要品质指标。水果组织中的含水量很高，大部分品种的含水量在 90％ 以上，如此多的水分，除了维持水果正常的代谢以外，还赋予水果新鲜、饱满的外观品质和良好的口感。如果水果严重失水，则可能导致重量减轻、腐烂变质、生理失调、风味变差、不耐贮藏等。新鲜度的评价，一般是用眼睛观察对比的方法进行，也可用蒸馏法、干燥法测量果品蔬菜的含水量，还可将产品称重，以其失重率来衡量。园艺产品的失鲜指的就是产品失水后造成的新鲜性的改变，影响产品的贮藏和销售。

3. 园艺产品质量感官鉴别的原理

（1）视觉与园艺产品的色泽

①视觉　借助人眼分辨不同的颜色，进行园艺产品色泽的辨析。在感官检验中，视觉评价占了极其重要的地位。市场上销售的产品，能否得到消费者的欢迎，往往取决于第一印象，即"视觉印象"，几乎所有产品的检验，都离不

开视觉评价。在感官检验的程序中，首先由视觉判断物体的外观，确定物体的外形、光泽、色泽。在日常消费中，不管是生活用品，还是水果产品，其造型美观，必然受到消费者喜爱。

②园艺产品的色泽

A. 色素种类　园艺产品的色泽是感官评价园艺产品的首要因素，是给人们的第一印象，主要是通过人的视觉感知光的特性，产生色泽的化学成分是各种不同的色素物质，园艺产品中无论果品、蔬菜还是观赏植物，其表现出的不同颜色都是由不同色素及其比例决定的，园艺产品最常见的颜色主要是绿、红、黄、紫、橙、白。

叶绿素类：形成绿色的色素物质，分为叶绿素 a（蓝绿色）和叶绿素 b（黄绿色），两者的比例约为 3：1。叶绿素主要存在于绿色果品、蔬菜中，多数果实在未成熟时，由于叶绿素含量较多而呈绿色，随着果实的成熟，叶绿素不断减少，果实的绿色比例下降，花青素、类胡萝卜素的颜色显现出来，从而形成红色、橙色、黄色等颜色，园艺产品的果实显现出不同的色彩，给人不同的视觉享受，可以增加食欲。

类胡萝卜素：颜色为黄、橙、红。主要有胡萝卜素、番茄红素、叶黄素。胡萝卜素是维生素 A 的前体，常与叶黄素、叶绿素同时存在，85% 的类胡萝卜素为 β 胡萝卜素，存在许多黄色和红色果蔬中，含量丰富，如胡萝卜、柑橘、西瓜、杏、南瓜等，具有防癌、抗癌的作用。番茄红素主要存在于番茄、西瓜、柑橘、葡萄柚等果蔬中，具有抗氧化、防衰老的作用。叶黄素存在于果蔬的绿色部分，叶绿素分解后才显现，呈浅黄、黄、橙等颜色，各种果蔬中均存在，具有抗氧化、保护视力等功能。叶黄素包括的类型有玉米黄素，主要存在于辣椒、桃、柑橘、柿子、蘑菇中等；隐黄素，主要存在于番木瓜、南瓜、辣椒、柑橘中；番茄黄素和番茄叶黄素主要存在于番茄中；辣椒红素主要存在于辣椒中；辣椒玉红素主要存在于红辣椒中；柑橘黄素主要存在于柑橘皮、辣椒中等。

花青素：园艺产品的主要呈色物质，包括红色、紫红、紫蓝、蓝色等不同颜色，花青素性质不稳定，加热、酸碱、金属离子等均对其有破坏作用，所以含花青素的果品、蔬菜在加工时应使用不锈钢等器具，防止花青素的损失。花青素是强抗氧化剂，可增强血管弹性，改善循环系统和增进皮肤的光滑度，抑制炎症和过敏，改善关节的柔韧性。蓝莓是花青素含量最多的水果。

类黄酮类色素：为水溶性色素，呈无色或黄色。较重要的类黄酮类色素有黄酮、异黄酮、黄烷酮等，存在于苹果、柑橘、杏、洋葱、芦笋、番茄等果实中，具有抗氧化、保护心血管等作用。

B. 色泽指标　明度、色调、饱和度是识别每一种色的 3 个指标。对于判定园艺产品的色泽优劣主要是从这 3 个基本属性全面衡量和比较的。

明度：即颜色的明暗程度。物体表面的光反射率越高，人眼的视觉越明亮，这就是说它的明度也越高。人们常说的光泽好，也就是说，明度较高。新鲜的食品常具有较高的明度，明度的降低往往意味着食品的不新鲜。例如，因酶致褐变、非酶褐变或其他原因使园艺产品变质时，园艺产品的色泽常发暗，甚至变黑。实践操作中一般可以采用色彩差计测定果实表面的明度差：将透明胶带贴在黑色衬板上，用测差仪测其明度为基础值，然后用透明胶带在果实表面中间位置找一点轻压，取下胶带，再次贴于黑色衬板上，测明度并计算明度差（测定值－基础值），以此来评价产品的明度。

色调：主要指红、橙、黄、绿等各种颜色，以及黄绿、蓝绿等许多中间色，它们是由于食品分子结构中所含发色团对不同波长的光线进行选择性吸收而形成的，当物体表面将可见光谱中所有波长的光全部吸收时，物体表现为黑色；如果全部反射，则表现为白色。当对所有波长的光都能部分吸收时，则表现为不同的灰色。黑白系列也属于颜色的一类，只是因为对光谱中各波长的光的吸收和反射是没有选择性的，它们只有明度的差别，而没有色调和饱和度这两种特性。色调对于园艺产品的颜色起着决定性的作用。由于人眼的视觉对色调的变化较为敏感，色调稍微改变对颜色的影响就会很大，甚至会完全丧失商品价值和食用价值。色调的改变可以用语言或其他方式恰如其分地表达出来，如园艺产品的褪色或变色等。

饱和度：指的是颜色的纯度，即掺入白光的程度，或者说是指颜色的深浅程度，表示颜色中所含有色成分的比例。对于同一色调的彩色光，饱和度越深，颜色越鲜明或越纯。通常我们把色调与饱和度统称为色度。王桂琴等（2003）通过计算机视觉系统观察西瓜的色调、饱和度，发现图像饱和度的平均值随西瓜成熟度的提高而下降。

（2）嗅觉与园艺产品的气味

①嗅觉　嗅觉是指辨别各种气味的感觉，而嗅觉的敏感器官是鼻子。当嗅觉感受器接受了有气味分子的刺激，就产生了嗅觉。引起嗅觉的刺激物，必须具有挥发性及可溶性，否则不能刺激鼻黏膜，无法引起嗅觉。嗅味物气体扩散至嗅区刺激嗅觉细胞时，嗅觉响应强度很快增加，并且达到最大值，嗅觉反应处于平衡状态，以后就不存在嗅味物浓度差的动力，嗅觉细胞敏感性逐渐降低，嗅觉响应趋于平衡。例如，当人们进入一个新的环境时，很快能够感受到气味异常，一旦时间较长就会适应这一环境而感觉不出原来已经被辨别出的气味，这是因为嗅觉器官的嗅细胞容易产生疲劳。连续的气味刺激使其降低敏感

性，甚至使嗅觉受到抑制，气味感消失，也就是对气味产生了适应性。因此，进行嗅觉评价时，应按由淡气味到浓气味的顺序进行，检验的数量及延续时间应尽量缩减并间断进行。人的嗅觉的个体差异很大，有嗅觉敏锐者和嗅觉迟钝者。即使嗅觉敏锐者也并非对所有的气味都敏锐，因不同气味而异。人的身体状况也会影响嗅觉的感觉。

在园艺产品生产、检验和鉴定方面，嗅觉起着十分重要的作用。有许多方面是无法用仪器和理化检验来替代的。如在园艺产品的风味化学研究中，通常由色谱和质谱将风味各组分定性和定量，但整个过程中，提取、捕集、浓缩等都必须伴随感官的嗅觉检查，才可保证试验过程中风味组分无损失。另外，水果产品加工原料新鲜度的检查，是否因腐败变质而产生异味，新鲜园艺产品是否具有应有的清香味等，都有赖于嗅觉的评价。

嗅觉试验最方便的方法就是把果品置于离鼻子一定距离的位置，让其刺激鼻中嗅觉细胞，产生嗅觉。通常以被测样品和标准样品之间的相对差别来评判嗅觉响应强度。在两次试验之间以新鲜空气作为稀释气体，使得鼻内嗅觉气体浓度迅速下降。

园艺产品质量嗅觉鉴别方法应注意的事项：人的嗅觉器官相当敏感，甚至用仪器分析的方法也不一定能检查出极轻微的变化，用嗅觉鉴别却能够发现。当水果产品发生轻微的腐败变质时，就会有不同的异味产生。如核桃的核仁变质所产生的酸败而有哈喇味，西瓜变质会带有馊味等。产品的气味是一些具有挥发性的物质形成的，所以在进行嗅觉鉴别时常需稍加热，但最好是在15～25℃的常温下进行，因为产品中的气味挥发性物质常随温度的高低而增减。水果产品气味鉴别的顺序应当是先鉴别气味淡的，后鉴别气味浓的，以免影响嗅觉的灵敏度。在鉴别前禁止吸烟。

②园艺产品的气味　不同的园艺产品含有的气味不同，主要形成的几个途径如下。

生物合成：如香蕉、苹果、梨等水果香味的形成，是典型的生物合成产生的，不需要任何外界条件。

直接酶作用：如大蒜的组织被破坏以后，其中的蒜酶将蒜氨酸分解而产生的气味。

氧化作用：如红茶的浓郁香气就是通过这种途径形成的。

高温分解或发酵作用：如芝麻、花生在加热后可产生诱人食欲的香味。发酵也是食品产生香味的重要途径，如酒、酱中的许多香味物质都是通过发酵而产生的。

添加香料：园艺产品本身没有香味、香味较弱或者在贮藏、加工中丧失部分香味的情况下，为了补充和完善食品的香味，而有意识地添加香料。

腐败变质：在贮藏、运输或加工过程中，会因发生腐败变质或受污染而产生一些不良的气味。

（3）味觉与园艺产品的风味

①味觉　味觉是人的基本感觉之一，味觉一直是人类对食物进行辨别、挑选和决定是否予以接受的主要因素之一。味觉在园艺产品感官评价上占据有重要的地位。

味觉是园艺产品中的可溶性物质溶于唾液或液态食品直接刺激舌面的味觉神经发生的感受。当对某种食品的滋味发生好感时，则各种消化液分泌旺盛而食欲增加。在感官鉴别园艺产品的味道时，一般分别描述为甜、酸、咸、苦、辣、涩等浓淡及不正常味等。味觉神经在舌面的分布并不均匀，舌的两侧边缘是普通酸味的敏感区，舌根对于苦味较敏感，舌尖对于甜味和咸味较敏感，在感官评价园艺产品时应通过舌的全面品尝方可决定。

②园艺产品的风味　影响味觉评价的因素：不同味道的最适感觉温度有明显差异。甜味和酸味的最佳感觉温度为 35～50℃，咸味的最适感觉温度为 18～35℃，而苦味则是 10℃。各种味道的察觉阈会随温度而变化，这种变化在一定范围内是有规律的。呈味物质只有在溶解状态下才能扩散至味感受体进而产生味觉，因此味觉受呈味物质所处介质的影响。介质的强度会影响可溶性呈味物质向味感受体的扩散，介质的性质会降低呈味物质的可溶性或抑制呈味物质有效成分的释放。

园艺产品质量味觉鉴别注意事项：感官鉴别中的味觉对于辨别产品品质的优劣是非常重要的一环。味觉器官不但能品尝到产品的滋味如何，而且对于产品中极轻微的变化也能敏感地察觉。如做好的米饭存放到尚未变馊时，其味道即有相应的改变。味觉器官的敏感性与产品的温度有关，在进行产品的滋味鉴别时，最好使产品处在 20～45℃，以免温度的变化会增强或降低对味觉器官的刺激。几种不同味道的产品在进行感官评价时，应当按照刺激性由弱到强的顺序，最后鉴别味道强烈的产品。在进行大量样品鉴别时，中间必须休息。每鉴别一种产品之后必须用温水漱口。

（4）触觉与园艺产品的质地

①触觉　皮肤的感觉称为触觉，是辨别物体表面的机械特性和温度的感觉。触觉的感官评价是通过人的手、口腔、皮肤表面接触物体时所产生的感觉来分辨、判断产品质量特性的一种感官评价。

②园艺产品的质地　进行触觉评价时，通过手触摸园艺产品，了解产品的质量特性。如对产品表面的粗糙度、光滑度、软、硬、柔性、弹性、韧性、塑

性、冷、热、潮湿、干燥、黏稠等做出评价。触觉的评价，往往与视觉、听觉配合进行。

园艺产品在口腔中，通过牙齿的咀嚼，与口腔、舌面接触及机械摩擦的过程中所产生的物理性的感觉，如感受到产品的硬度、酥性、脆性、韧性、润滑感、粗糙感、冷感、热感、细腻感、咀嚼性等物理特性，这指的就是口感，所以口感实际上是产品的某种质量特征在人的口腔内产生的综合感觉。

4. 园艺产品感官鉴别的基本方法

《中华人民共和国食品卫生法》第六条规定："食品应当无毒、无害，符合应当有的营养要求，具有相应的色、香、味等感官性状"。第九条规定了"禁止生产经营腐败变质、霉变、生虫、污秽不洁、混有异物或者其他感官性状异常，可能对人体健康有害的食品"。

这里所说的"感官性状异常"是指产品失去了正常的感官性状，而出现的理化性质异常或微生物污染等在感官方面的体现，或者说是质量发生不良改变或污染的外在警示。

感官鉴定的方法是指按照正确的科学试验方法利用人的感觉器官，如手、眼、鼻、嘴等对园艺产品的感触直接来品评其外在的和某些内含性状的优劣，并对此加以数值化表示和统计分析。

（1）感官鉴定的要素　感官鉴定分析的实施主要由检验环境（感官鉴定分析实验室）、评尝员和检验方法3个要素构成。

①检验环境　感官检验的评尝员在某种程度上相当于一种测定仪。而且，同一个人，由于检验环境的不同，测定结果会受到影响。

A. 实验室的类型　分析研究型实验室：企业和研究机构用于产品感官品质进行分析评价的场所。

教学研究型实验室：高等院校或教育培训机构，用于园艺专业学生及感官品评从业人员的培训，兼具分析研究型实验室的部分功能。

B. 实验室的功能区设置　样品准备室是准备感官鉴评试验样品的场所，用于准备和提供样品，样品准备室应与检验室完全隔开，目的是不让检验员见到样品的准备过程。准备室的大小与设备取决于感官检验的项目内容，室内应设有排风系统。

品评试验室是感官鉴评人员进行感官试验的场所，通常由多个隔开的鉴评小间构成。鉴评小间面积不大，只需要容纳一名感官鉴评人员在内独自进行感官鉴评试验。鉴评小间内带有供鉴评人员使用的工作台和座椅，工作台上应配备漱口用的清水和吐液用的容器，最好配备固定的水龙头和漱口池。

检验室用于进行感官检验，大小可按现有条件和检验样品次数而定，一般检验室大小为 20~50m²。室内墙壁宜用白色涂料,颜色太深会影响人的情绪。为了避免检验人员相互之间的干扰(如洽谈、面部表情等),室内应分隔成几个隔挡。每一个隔挡内设有检验台和传递样品的小窗口以及简易的通讯装置,便于检验人员与工作人员互相联系。检验台上装有漱洗盘和水龙头,用来冲洗品尝后吐出的样品。

讨论室是进行讨论或训练的场所,在消费者进行品评时也可用到圆桌式的讨论室的场所。

仪器室:理化与人工智能感官分析类仪器进行定性、定量分析。

其他:如数据处理室、休息接待室、贮藏室等。

C. 食品感官分析实验室的环境条件要求

a. 一般要求　感官检验实验室应远离其他实验室,要求安静、隔音和整洁,不受外界干扰,无异味,具有令人心情愉快的自然色调,给检验人员以舒适感,使其注意力集中。设计时应考虑噪声、振动、室温、湿度、色彩、气味、气压等。

b. 试验区的环境要求　首先是试验区内的微气候。室温保持在 21℃;相对湿度保持在 55%~65%;温度和湿度对感官鉴评人员的喜好和味觉有一定影响。在试验区内最好有空气调节装置,使试验区内温度恒定在 21℃ 左右,湿度保持在 65% 左右。

第一试验区内应有足够的换气,换气速度以半分钟左右置换一次室内空气为宜,有些产品带有挥发性气味,感官鉴评人员在工作时也会呼出一些气体,因此对试验区应考虑有足够的换气速度。为保证试验区内的空气始终清新,换气速度以半分钟左右置换两次室内空气为宜。

检验区应安装带有磁过滤器的空调,用以清除异味,保持空气的纯净度。

第二是光线和照明的控制。照明应是可调控的、无影的和均匀的,并且有足够的亮度以利于评价。灯光与消费者家中的照明相似。

光线的明暗决定视觉的灵敏性,不适当的光线会直接影响感官鉴评人员对样品色泽的鉴评。大多数感官鉴评试验只要求试验区有 200~400lx,光亮的自然光即可满足。通常感官鉴评室都采用自然光线和人工照明相结合的方式,以保证任何时候进行试验都有适当的光照。人工照明选择日光灯或白炽灯均可,以光线垂直照射到样品面上不产生阴影为宜。

第三是颜色的选择。应为中性色,推荐使用乳白色或中性浅灰色,以免影响检验样品。

第四是噪音与振动的控制。应控制噪音,推荐使用防噪音装置。感官鉴评试验要求在安静、舒适的气氛下进行,任何干扰因素都会影响感官鉴评人员的注意力，影响正确鉴评的结果。当感官鉴评人员遇到难以评判的样品时，这方面的影响的确更显突出。必须控制外界对试验区的干扰。分散感官鉴评人员注意力的干扰因素主要是外界噪音。

第五是常用设施和用具的配置。应配备必要的加热系统、保温设施，用于样品的烹饪、保存及必要的清洁设备等。

c. 样品的制备和呈送　首先是常用的仪器和工具。仪器和工具有天平、量筒、秒表、温度计，容器应该是玻璃、陶瓷或不锈钢的，最好不要用塑料的和木质的。样品是感官鉴评的受体，样品制备的方式及制备好的样品呈送至鉴评人员的方式，对感官鉴评试验能否获得准确而可靠的结果有重要影响。在感官鉴评试验中，必须规定样品制备的要求和控制样品制备及呈送过程中的各种外部影响因素。

第二是样品制备的要求。为了使感官检验的结果更为可靠，除了评尝员自身的感官能力外，提供给评尝员的参试样品必须保持一致。取样时对取样时期、取样部位、取样方法、样品数量、样品温度等方面必须控制一致。同一园艺产品取样时期必须一致，同时取样部位也必须保持一致，如西瓜甜味的评尝鉴定时，必须从西瓜果实的同一部位取样，从瓜皮开始，依次取样来进行评尝，不同部位甜度是不一样的。样品在其他感官质量上的差别会造成对所要评价特性的影响，甚至会使鉴评结果完全失去意义。在样品制备中要达到均一性目的，除精心选择适当的制备方式以减少出现特性差别的机会外，还应选择一定的方法以掩盖样品间的某些明显的差别。对不希望出现差别的特性，采用不同方法消除样品间该特性上的差别。

每种样品的样品量，应该有足够的数量，保证有 3 次以上的品尝次数，以提高所得结果的可靠性。样品量对感官鉴评试验的影响，体现在两个方面，即感官鉴评人员在一次试验所能鉴评的样品个数及试验中提供给每个鉴评人员供分析用的样品数量。通常对需要控制用量的差别试验，每个样品的分量控制在液体 30mL、固体 28g 左右为宜。嗜好试验的样品分量可比差别试验高一倍。描述性试验的样品分量可依实际情况而定。

在食品感官鉴评试验中，样品的温度是一个值得考虑的因素，只有以恒定和适当的温度提供样品才能获得稳定的结果。样品温度的控制应以最容易感受样品间所鉴评特性为基础，通常是将样品温度保持在该种产品日常食用的温度。在试验中，可事先制备好样品保存在恒温箱内，然后统一呈送，保证样品温度恒定一致。

感官鉴评试验所用器皿应符合试验要求，同一试验内所用器皿最好外形、颜色和大小相同。器皿本身应无气味或异味。通常采用玻璃或陶瓷器皿比较合适，但清洗比较麻烦。也可以采用一次性塑料或纸塑杯、盘作为感官鉴评试验用器皿。试验器皿和用具的清洗应慎重选择洗涤剂，不应使用会遗留气味的洗涤剂。清洗时应小心清洗干净并用不会给器皿留下毛屑的布或毛巾擦拭干净，以免影响下次使用。

第三是样品的编号和提供的顺序。感官检验是靠主观感觉判断的，从测定到形成概念之间的许多因素（如嗜好与偏爱、经验、广告、价格等）会影响检验结果，为减少这些因素的影响，通常采用双盲法进行检验，即由工作人员对样品进行密码编号。

呈送给鉴评员的样品摆放顺序也会对感官鉴评试验（尤其是评分试验和顺位试验）结果产生影响。这种影响涉及两个方面：一是在比较两个与客观顺序无关的刺激时，常常会过高地评价最初的刺激或第二次刺激，造成所谓的第一类误差或第二类误差；二是在鉴评员较难判断样品间差别时，往往会多次选择放在特定位置上的样品。如在三点试验法中选择摆放在中间的样品，在五中取二试验法中，则选择位于两端的样品。因此，在给鉴评员呈送样品时，应注意让样品在每个位置上出现的概率相同或采用圆形摆放法。

②感官检验人员　现在的园艺产品感官检验，专家通常已被训练有素的感官检验评尝小组（test panel）所取代。小组中执行感官品质鉴定分析的人员称为感官检验评尝员，评尝员必须熟练掌握各种试验方法，并能根据不同问题选择适当的方法进行分析。

A. 感官检验评尝员的类型

第一种是专业性分类。

分析型评尝员：从事分析园艺产品特性的评尝员。试验主要是识别两种以上样品的差异。

嗜好型评尝员：调研园艺产品特性是否受到人们的喜好，试验主要是比较两种以上样品所受欢迎的程度。

第二种是实践性分类。

专家型：专门从事产品质量控制、评估产品特定属性与记忆中该属性标准之间的差别、评选优质产品等工作。

消费者型：由各个阶层的食品消费者的代表组成，仅从自身的主观愿望出发，评价是否喜欢或接受所实验的产品及喜爱和接受的程度，而不对产品的具体属性或属性间的差别做出评价。

无经验型：是一类只对产品的喜爱和接受程度进行评价的食品感官分析人员，不及消费者型代表性强，一般在实验室小范围内进行感官分析，由所实验产品的有关人员组成，无需经过特定的筛选和训练程序，根据情况轮流参加感官分析试验。

有经验型：通过筛选具有一定分辨差别能力的感官分析试验人员，可专职从事差别类试验，但是要经常参加有关的差别实验，以保持分辨差别的能力。

训练型：从有经验的食品感官分析评价人员中经过进一步筛选和训练而获得的食品感官分析评价人员。通常都具有描述产品感官品质特性及特性差别的能力，专门从事对产品品质特性的评价。

B. 评尝员的条件 不论性别、年龄，凡对感官检验有兴趣并具有下列条件者，均可作为候选人。具有正常的味觉和嗅觉灵敏性。能专心一致，并能理解和重视试验。体质健康，对供试食品不偏食，无过敏性。正确理解提问含义，按要求认真地进行试验，并能无误地表达判断。

C. 评尝员的选择 根据需求选择不同的评尝员。分析型评尝员应具备敏感的味觉，能够区分样品间的细微差异。分析评尝员应从尽可能多的候选人中，经过味觉敏感度的考核择优录取；嗜好评尝员对供应产品应具有明确判断的能力，候选人数尽可能多点。

D. 分析型评尝员的味觉敏感度和精确度的初步考核方式

试纸试验：取 6 张 1.5cm×1.5cm 大小的定性长方形滤纸分别浸入甜（蔗糖）、酸（酒石酸）、咸（氯化钠）、苦（苯基硫脲）、鲜味（谷氨酸钠）5 种呈味物质的水溶液和纯水（对照）中，约 30min 后取出，风干，随机地用舌头舔尝分辨。评尝答对 4 种或 4 种以上者，可以认为具有正常的味觉能力。

水溶液试验：制备甜（蔗糖）、酸（酒石酸）、咸（氯化钠）、苦（苯基硫脲）、鲜味（谷氨酸钠）5 种呈味物质的 2 个或 3 个不同浓度的水溶液和纯水（对照），按规定号码排列成序，然后依次品尝各样品的味道。品尝要求：样品应一点一点地啜入口内，并使其滑动接触舌的各个部位（尤其应注意使样品能达到感觉酸味的舌边缘部位）。样品不得吞咽，在品尝两个样品的中间应用 40℃的温水漱口去味。一般来说，8 个以上的评尝样品，答对 7 个或 7 个以上者为合格评尝员。

浓度梯度试验：制备一种呈味物质的一系列浓度的水溶液。然后，按浓度增加的顺序依次品尝，以此进行挑选评尝员，如以甜味系列为例，浓度梯度从低到高为 0→5%→10%→15%→20%，中间浓度为 10%，要求应试者回答味感。

E. 评尝员的训练 经过考核选择的评尝员在进行评尝试验前还要经过一定的训练。首先是感官练习，促使评尝员能够熟练运用其各个感官，提高能力；其次是感官分析检验方法练习；最后是排除评尝员的嗜好反应，感观分析方法的训练步骤如下：

第一是感官练习。4 种基本味道（甜、咸、酸、苦）的识别试验；气味识别试验；芳香味识别试验；其他感觉试验（温、痛、触、听、视、动）。

第二是分析检验方法练习。

差别试验：二点试验及三点试验。

顺序试验：4 种基本味道、颜色、硬度等。

描述试验：包括风味描述试验和淡风味描述试验。

评分试验。

F. 感官评尝员的人数　感官评尝员的人数取决于所研究问题及采取的检验方法。风味描述试验法 5 人左右可满足。差别试验至少需要 10 人。但对于需要统计分析的，一般需要 20～30 人感官评尝员。嗜好试验中，要求有30～50 人未经训练的消费者参加。

③感官检验的程序　感官检验程序包括：检验目的、选择评尝员、设计回答卡片、准备样品、评尝员鉴评和统计分析。

A. 检验前准备　在不影响检验结果的前提下，应该让评尝员充分了解检验目的、样品及检验方法步骤等，评判标准及回答卡片上的判断项目等说明提前要告知，回答卡片上一般设有姓名、年龄、性别、检验时间、样品种类、判断内容、方法等。

感官检验开始前评尝员避免食用味强烈的食品，如香味食物或饮料、甜食等；避免使用气味浓烈的化妆品；注意身体卫生，避免异味；要用无味皂洗手。评尝员在评尝前避免处于饥饿状况。总之，任何可能对感官检验结果有干扰的因素都应该事先做好准备，并尽量避免。

检验开始时，评尝员用 40℃温水漱口。如果所有评尝员集中在同一检验室检验，尽可能保证开始检验的时间一致。对味觉检验时，用整个舌面接触样品，样品在口中停留的时间不宜太长。嗜好性检验尤其是味强度的指标评鉴时，应特别注意评尝员分泌唾液后方可检验。

B. 检验样品量　由于感官检验自身的特性，评尝员不能同时对多个样品进行评鉴，而是按照一定样品设置顺序评尝，所以评尝员一次感官检验所检验的样品数和反复检验的次数应控制在一定范围内。评尝员一次评尝的样品数应控制在 6 个以下，而判断次数应控制在 10 次以下。在特定条件下，评尝员检验的样品数或判断次数过高，应在检验中途安排休息后方可继续检验。

（2）园艺产品感官品质检验的方法

①分析型感官检验　分析型感官检验是把人的感觉器官作为一种检验测量的工具，通过感觉器官的感觉来评价样品的质量特性或鉴别多个样品之间的差异等。分析型感官检验是通过感觉器官的感觉来进行检验的，因此为了降低个

人感觉之间差异的影响，提高检测的重现性，以获得高精度的测定结果，必须注意评价基准的标准化、试验条件的规范化和评尝员的选定。

A. 第一是评价项目的标准化　在感官测定园艺产品的质量特性时，对每一测定项目，都必须有明确、具体的评价尺度及评价基准物。对同一类产品进行感官检验时，其基准及评价尺度，必须具有连贯性及稳定性。

B. 第二是试验条件的规范化　感官检验中，常因环境及试验条件的影响，出现大的波动，故应规范试验条件。必须有合适的感官试验室、有适宜的光照等。

C. 第三是评尝员的素质　从事感官检验的评尝员，必须有良好的生理及心理条件，并经过适当的训练，感官感觉敏锐。

②偏爱型感官检验　偏爱型感官检验与分析型感官检验相反，是以样品为工具来了解人的感官反应及倾向。例如，在市场调查中顾客对产品不同的偏爱倾向。此类型的感官检验，不需要统一的评价标准及条件，而依赖于人们的生理及心理上的综合感觉。即个体人或群体人的感觉特征和主观判断起着决定性作用，检验的结果受到生活环境、生活习惯、审美观点等多方面的因素影响，因此其结果是因人、因时、因地而异。例如，对某一种园艺产品风味的评价，不同地域和环境、不同的群体、不同生活习惯、不同年龄甚至不同性格的人会得出不同的结论，有人认为好，有人认为不好；既有人喜欢，也有人不喜欢；各有自己的看法。所以，偏爱型感官检验完全是一种主观的或群体的行为，它反映了不同个体或群体的偏爱倾向，不同个体或群体的差异，对产品的开发、研制、生产有积极的指导意义。

5. 园艺产品感官品质检验方法的选择

在选择适宜的检验方法之前，首先要明确检验的目的。一般有两类不同的目的，一类主要是描述产品，另一类主要是区分两种或多种产品。常用的感官检验方法可以分为三类：差别检验法、类别检验法、描述性检验法。

（1）差别检验法　差别检验的目的是要求评尝员对 2 个或 2 个以上的样品，做出是否存在感官差别的结论。差别检验的结果，是以做出不同结论的评尝员的数量及检验次数为基础，进行概率统计分析。常用方法有两点检验法、三点检验法、两点-三点检验法、五中取二检验法等。差别检验法是常用的比较简单、方便的感官检验法，它是对样品进行选择性比较，判断是否存在着差别。

①两点检验法　两点检验法又称配对检验法。此法以随机顺序同时出示两个样品给评尝员，要求评尝员对这两个样品进行比较，判断两个样品间是否存在某种差异及其差异大小（如某些特征强度的顺序）的一种评价方法。这是园

艺产品质量检测最简单的一种感官评价方法，每次检验中每个样品的猜测性（有差别或无差别）概率值为 1/2。如果增加检验次数，那么这种猜测性的概率值降至 1/2。具体试验方法：把 A、B 两个样品同时呈送给评尝员，要求评尝员根据要求进行评价。在试验中，应使样品 A、B 和 B、A 这两种次序出现的次数相等，样品编码可以随机选取 3 位数组成，且每个评尝员之间的样品编码尽量不重复。

②三点检验法　在检验中，同时提供 3 个编码样品，其中有 2 个是相同的，另外一个样品与其他 2 个样品不同，要求品评员挑选出其中不同的那一个样品。

应用：确定产品的差异是否来自成分、包装及贮存期的改变；确定两种产品之间是否存在整体差异；筛选和培训评尝员，以锻炼其发现产品差异的能力。

评尝员：所需要的评尝员数目一般为 6 人以上专家，或 15 人以上优选评尝员，或 25 人以上初级评尝员。

方法：向评尝员提供一组 3 个已经编码的样品，其中 2 个样品是相同的，要求评尝员挑出其中单个的样品。3 个不同排列次序的样品组中，两种样品出现的次数应相等，它们是 BAA、ABB、ABA、BAB、AAB、BBA。

结果分析：

原假设：不可能根据特性强度区别这两种产品。在这种情况下正确识别出单个样品的概率为 $P=1/3$。

备择假设：可以根据特性强度区别这两种样品。在这种情况下，正确识别出单个样品的概率为 $P>1/3$。

③两点-三点检验法　在感官检验中，每个评尝员需要鉴评 1 个对照样品和 1 对至多对样品，而每一对样品又包括 1 个对照样品和 1 个供分析样品，对照样品和分析样品顺序随机排列，要求评尝员从每一对样品中选出与对照有差异的一个或同对照相同的一个样品，这种检验方法介于两点检验法和三点检验法之间，称为两点-三点检验法。

应用：两点-三点检验用于确定被检样品与对照样品之间是否存在感官差别。这种方法尤其适用于评尝员很熟悉对照样品的情形或者在无法确定某些具体性质的差异时，确定两种产品之间是否存在总体差异。

评尝员：需要 20 人以上初级评尝员。

方法：首先向评尝员提供对照样品，接着提供 2 个已编码的样品，其中之一与对照样品相同，要求评尝员识别出这一样品。

结果分析：

原假设：不可能区别这两种样品。在这种情况下，识别出与对照样品相同样品的概率是 $P=1/2$。

备择假设：可以根据样品的特性强度区分这两种样品。在这种情况下，正确识别出与对照样品相同样品的概率为 $P>1/2$。

④五中取二检验法　每个受试者得到 5 个样品，其中 2 个是相同的，另外 3 个是相同的，要求受试者在品尝之后，将 2 个相同的产品挑出来。

应用：当仅可找到少量的（例如 10 人）优选评尝员时可选用五中取二检验方法。

评尝员：需要 10 人以上优选评尝员。

方法：向评尝员提供一组 5 个已编码的样品，其中 2 个是一种类型的，另外 3 个是一种类型，要求评尝员将这些样品按类型分成两组。当评尝员数目不足 20 人时，样品出现的次序应随机地从以下 20 种不同的排序中挑选：

AAABB　BBBAA　AABAB　BBABA

ABAAB　BABBA　BAAAB　ABBBA

AABBA　BBAAB　ABABA　BABAB

BAABA　ABBAB　ABBAA　BAABB

BABAA　ABABB　BBAAA　AABBB

结果分析：

原假设：不可能区别这两种样品。在这种情况下能正确地将两种样品分开的概率是 $P=1/10$。

备择假设：可以根据样品的特性强度区分这两种样品。在这种情况下，正确区别这两种样品的概率为 $P>1/10$。

⑤成对比较检验法

应用：可用于确定两种样品之间是否存在某种差别，判别的方向如何。或者确定是否偏爱两种样品中的某一种。这种检验方法的优点是简单且不易产生感官疲劳，这种检验方法的缺点是当比较的样品增多时，要求比较的数目立刻就会变得极大以至无法一一比较。

评尝员：所需要的评尝员数目至少有 7 人以上专家，或 20 人以上优选评尝员，或 30 人以上初级评尝员。对于综合性研究，例如消费者偏爱检验，则需要根据检验内容及其要求而配备更多的评尝员。

方法：以确定的或随机的顺序将一对或多对样品分发给评尝员，向评尝员询问关于差别或偏爱的方向等问题，注意差别检验和偏爱检验的问题不应混在一起。差别成对比较：试验者每次得到 2 个样品，被要求回答它们是相同还是不同。定向成对比较：将 2 个样品同时呈送给评价人员，要求其识别出在指定的感官属性上程度较高的样品。例如，在一个有 30 人评尝员参加的检验中，20 人偏爱 A（或认为某一特性强度较高），10 人偏爱 B，并且没有理由认为 A 或 B 应被偏爱（即检验是双边的）；另一方面，如果有先验知识，A 应被偏爱（或某一特性强度明显偏大），则该检验是单边的。

⑥A-非 A 检验法

应用：A-非 A 检验主要用于评价那些具有各种不同外观或留有持久后味的样品。这种方法特别适用于无法取得完全类似样品的差别检验。

评尝员：所需要的评尝员至少有 20 人以上优选评尝员，或者 30 人以上初级评尝员。

方法：首先将对照样品 A 反复提供给评尝员，直到评尝员可以识别它为止，然后每次随机给出一个可能是 A 或非 A 的样品，要求评尝员辨别，提供样品应有适当的时间间隔，并且一次评价的样品不宜过多以免产生感官疲劳。

⑦与参照的差异检验

应用：确定在一个或多个样品和参照样之间是否存在的差异；估计这种差别的大小。

参评人员：20～50 人。

方法：与参照的差异检验（差异程度检验法），呈送给品评人员一个参照样和一个或几个待测样，并告知参评者，待测样中的某些样品可能和参照样是一样的，要求品评人员定量地给出每个样品与参照样差异的大小。

（2）类别检验法 类别检验试验中，要求评尝员对 2 个以上的样品进行评价，判定出哪个样品好，哪个样品差，以及它们之间的差异大小和差异方向，通过试验可得出样品间差异的排序和大小，或者样品应归属的类别或等级，选择何种方法解释数据，取决于试验的目的及样品数量。常用方法有分类检验法、评估检验法、排序检验法。

①分类检验法 分类检验法是把样品以随机的顺序出示给评尝员，要求评尝员在对样品进行样品评价后，划出样品应属的预先定义的类别，这种检验方法称为分类检验法。当样品打分有困难时，可用分类法评价出样品的好坏差别，得出样品的优劣、级别。也可以鉴定出样品的缺陷等。在分类法中，要求品评人员挑出那些能够描述样品感官性质的词汇，如果使用数值，那么数值代表的意义只能是命名。

应用：适于评价样品的好坏、级别；另外，在估价产品的缺陷等情况时可用分类法。

评尝员：3 人或 3 人以上优选评尝员。

方法：明确定义并使专家或优选评尝员理解所使用的分类类别。每个评尝员检查所有的样品并将其归于某一个类别中。

结果分析：对一种产品所得到的结果可汇总为分属每一类别的频数。然后X_2检验可用于比较两种或多种产品落入不同类别的分布。即检验原假设的分布是相同的。备择假设的分布不同。X_2检验也可用于检验同一产品的两种不同的分类方法的分布是否相同。

②评估检验法　评估检验法是随机地提供一个或多个样品，由评尝员在一个或多个指标的基础上进行分类、排序，以评价样品的一个或多个指标的强度，或对产品的偏爱程度。通常根据检验的样品、检验目的的不同，设计评估检验的评价表。

③排序试验法

应用：可用于进行消费者接受性调查及确定消费者嗜好顺序；选择或筛选产品，也可用于更精细的感官检验前的初步筛选。当评价少量样品（6 个以下）的复杂特性（例如，质量和风味）以及当评价大量样品（20 个以上样品）的外观时，这种方法是迅速有效的。

评尝员：至少 2 人以上专家，或 5 人以上优选评尝员，或 10 人以上初级评尝员（对于消费者检验需要 100 人以上评尝员）。

方法：检验之前，评尝员对被评价的指标和准则要有一致的理解。在检验中，每个评尝员以事先确定的顺序检验编码的样品并安排一个初步的顺序作为结果，然后可以通过重新检验样品来检验和调整这个顺序。

结果分析：当一些评尝员将样品排序后，可进行统计检验以确定这些样品是否有显著的差别。没有显著差别的样品应属于同一秩次，还可以进行检验，以确定某一特殊样品是否比其他样品具有明显较高或较低的秩次。

（3）描述性检验法　描述性检验是评尝员对产品的所有品质特性进行定性、定量的分析及描述评价。它要求评价产品的所有感官特性，因此要求评尝员除具备人体感知园艺产品品质特性和次序的能力外，还要具备用适当和正确的词语描述园艺产品品质特性及其在产品中的实质含义的能力，以及总体印象、总体特征强度和总体差异分析的能力。通常是可依定性或定量而分为简单描述检验法和定量描述检验法。

进行描述性检验时，先根据不同的感官检验项目（风味、色泽、组织等）和不同特性的质量描述制定出分数范围，再根据具体样品的质量情况给予合适的分数。

①描述分析的组成

定性方面：主要指的是性质，包括外观（颜色、表面质地、大小和形状、产品结构）、气味（嗅觉感应、鼻腔感觉）、风味（嗅觉感应、味觉感应、口腔感觉)、口感、质地(机械参数、几何参数、脂肪/水分参数)等。

定量方面:主要指强度,表达了每个感官特性(词汇/定性因素)的程度,这种程度通过一些测量尺度的数值来表示。

时间方面:主要指呈现的顺序,感官评价时,品评员一次只能使有限的几个感官特性表现出来,但由于综合因素的存在,样品的化学组成和一些物理性质可能会改变某些性质被识别的顺序,也包括后/余味和后/余感。

综合方面:主要指总体感觉,包括气味和风味的总强度、综合效果(一种产品当中几种不同的风味物质相互作用的效果)、总体差别(那些感官特性之间存在差异,差异的程度)、喜好程度分级等。

②常用的描述分析方法

风味剖析法:由4～6人受过培训的品评人员组成评价小组,对一个产品能够被感知到的所有气味和风味,它们的强度、出现的顺序以及余味进行描述、讨论,达成一致意见之后,由品评小组组长进行总结,并形成书面报告。

质地剖析法:是对食品质地、结构体系从其机械、几何、水分等方面的感官分析,分析从开始咬食品到完全咀嚼食品所感受到的以上这些方面的存在程度和出现的顺序,如脆、粗糙、光滑等。

定量描述分析法:利用统计分析方法对数据进行分析,需要10～12人品评人员,这类检验方法可用于确定产品之间差别的性质、提供与仪器检验数据相对比的感官数据。

时间-强度描述分析法:某些产品的感官性质的强度会随时间而发生变化,采用时间-强度曲线可以描述感官性质随时间的变化情况,在整个操作过程中,品评人员使用的品评方法是一样的。还有自由选择剖析法、系列描述分析法等。

③描述型分析的应用

A. 简单描述性检验法 评尝员对构成样品质量特征的各个指标,用合理、清楚的文字,尽量完整地、准确地进行定性的描述,以评价样品品质的检验方法,称为简单的描述性检验法。对用于识别或描述某一特殊样品或许多样品的特殊指标,或将感觉到的特性指标建立一个序列。常用于质量控制,产品在贮存期间的变化或描述已经确定的差异检测,也可用于培训评尝员。这种方法通常有两种评价形式:由评尝员用授意的词汇对样品的特性进行描述及提供指标评价表、评尝员按评价表中所列出描述各种质量特征的词汇进行评价。比如:外观(色泽深、浅、有杂色、有光泽、苍白、饱满)、口感(黏稠、粗糙、细腻、油腻、润滑、酥、脆)、组织结构(致密、松散、厚重、不规则、蜂窝状、层状、疏松等)。评尝员完成评价后进行统计分析,根据每一描述性词汇使用的频数，得出评价结果。

应用：识别和描述某一特殊样品或许多样品的特殊指标；将感觉到的特性指标建立一个序列。这种检验方法可用于描述已经确定的差别，也可用于培训评尝员。

评尝员：对特性指标的识别和描述，需要 5 个以上专家；对所感觉到的特性指标确定一个序列，需要 5 人以上优选评尝员。

方法：这种检验可适用于一个或多个样品。当在一次评价会上呈现多个样品时，样品分发顺序可能对于检验结果产生某种影响，可通过使用不同的样品顺序重复进行检验估计出这种影响的大小。第一个出现的样品最好是对照样品。每个评尝员独立地评价样品并做记录，可以提供一张指标检查表，可先由评价小组负责人主持一次讨论，然后再评价。

结果分析：设计一张适合于样品的描述性词汇表。根据每一描述性词汇的使用频数得出评价结果，最好对评价结论做公开讨论。

B. 定量描述和感官剖面检验法 评尝员对构成样品质量特征的各个指标的强度，进行完整、准确的评价。可在简单描述试验中所确定的词汇里选择适当的词汇，可单独或结合地用于鉴评气味、风味、外观和质地。此方法对质量控制、质量分析、确定产品之间差异性质、新产品研制、产品品质的改良等最为有效，并且可以提供与仪器检验数据对比的感官参考数据。检验内容主要用适当的词汇评价感觉到的产品特性；记录显现及察觉到的各质量特性所出现的先后顺序；对所感觉到的每种质量特性的强度做出评估，包括用直线评估、数字评估（没有—0、很弱—1、弱—2、中等—3、强—4、很强—5）、综合印象评估（对产品总体的评估：如优＝3、良＝2、中＝1、差＝0）、强度变化的评估（如用时间-感觉强度曲线，表现从感觉到样品刺激，到刺激消失的感觉。强度变化，如产品中的甜味、苦味的感觉强度变化）。

应用：这类检验方法可用于确定产品之间差别的性质、质量控制、提供与仪器检验数据相对比的感官数据。

评尝员：由 5 人以上优选评尝员或专家组成评价小组。

方法：用被检验的样品的各种特性预先进行一次试验，以便确定出其重要的感官特性。用这些试验结果设计出一张描述性词汇表并确定检验样品的程序。评价小组经过培训掌握方法，特别是学会如何使用这些术语词汇。在这一阶段提供一组纯化合物或自然产品的参比样是很有用的。这些参比样会产生出特殊的气味或风味或者具有特殊的质地或视觉特性。在检验会议上，评尝员对照词汇表检查样品。在强度标度上给每个出现的指标打分。要注意所感觉到的各因素的顺序，包括后味出现的顺序并对气味和风味的整个印象打分。

结果分析：一种方式是先由评尝员分别评价，然后评价小组负责人列表这些结果并组织讨论不同意见，如有必要还可对样品重新检查。根据讨论结果，评价小组对剖面形成一致的意见。另一种方式是不讨论或至多只有一个简短的讨论，得到的剖面是多少评尝员评分的平均值。处理这些结果没有简单的统计方法，但多变量分析技术可用来揭示产品之间和评尝员之间是否有显著差异。

6. 园艺产品感官品质分析后的处理

鉴别和挑选园艺产品时，遇有明显变化者，应当立即做出能否供给食用的确切结论。对于感官变化不明显的园艺产品，尚需借助理化指标和微生物指标的检验，才能得出综合性的鉴别结论。因此，通过感官鉴别之后，特别是对有疑虑和争议的水果产品，必须再进行实验室的理化和细菌检验，以便辅助感官鉴别。尤其是混入了有毒、有害物质或被分解蛋白质的致病菌所污染的水果产品，在感官评价后，必须做上述两种专业操作，以确保鉴别结论的正确性，并且应提出该产品是否存在有毒、有害物质，阐明其来源和含量、作用和危害，根据被鉴别产品的具体情况提出食用或处理原则。

园艺产品的食用或处理原则是在确保群众身体健康的前提下，尽量减少国家、集体或个人的经济损失，并考虑到物尽其用。通常有以下 4 种具体方式：①正常园艺产品：经过鉴别和挑选的产品，其感官性状正常，符合国家标准，可供食用。②无害化园艺产品：产品在感官鉴别时发现了一些问题，对人体健康有一定危害，但经过处理后，可以被清除或控制，其危害不会再影响到食用者的健康。如高温加热、加工复制等。③条件可食园艺产品：有些园艺产品在感官鉴别后，需要在特定的条件下才能供人食用。如有些园艺产品已接近保质期，必须限制出售和限制供应对象。④危害健康园艺产品：在园艺产品感官鉴别过程中发现的对人体健康有严重危害的水果产品，不能供给食用，必须在严格的监督下毁弃。

【任务实践】

实践一：不同园艺植物果实品质鉴评

1. 材料

根据实际条件在苹果、梨、桃、番茄、西瓜等果蔬植物中选择一至多种，准备 3～5 个不同品种的果实。

2. 用具

游标卡尺、天平（台秤）、烘箱、榨汁机、果实硬度计、手持测糖仪等。

3. 操作步骤

（1）实验内容　实验内容包括：①外观品质：包括果实大小、形状、颜色、光泽及缺陷等；②质地品质：包括果实汁液含量、果肉的硬度、粗细、韧性及脆性等；③风味品质：包括果实甜味、酸味、辣味、涩味、苦味和芳香味等。

（2）方法

①外观品质　果实大小和重量：大小以果实最大横径表示，用游标卡尺测量；重量以天平或台秤称量。

果实形状：用文字描述，结合果形指数（纵径与横径的比值）。

颜色：是否具有本品种可采收成熟时固有的色泽。果实颜色由底色和面色两部分组成，如富士苹果底色黄绿或黄色，面色为红色。一般以果实的面色面积表示果实的着色度。面色的分布特征为色相，分条红、片红、红晕等。若由两种色彩描述时，以后者为主，前者为辅，如黄绿色表示以绿色为主。需计算着色面积可采用在果面上粘贴纸条法。有时以分级法表示着色程度。

果面光洁状况：包括果实表面锈斑的大小、多少、分布；皮孔大小、是否明显；果皮细或粗糙；表面的裂纹、裂口；果面是否光滑，果面果粉、蜡质覆盖是否完好；光泽、茸毛有无和表面农药残留等。

缺陷：是指机械损伤、病虫害、日灼、裂果、畸形等影响果面的不足。可用分级法表示果面缺陷的发生率及严重程度。如1级：无症状；2级：症状轻微；3级：症状中等；4级：症状严重；5级：症状很严重。此外，还应注意果实的整齐度。

②内部品质　果汁含量：苹果等果实可测定水分含量，含水量高表示果汁含量高。番茄等果实可直接榨汁测定果汁含量。

果肉硬度：用果实硬度计测定去皮或不去皮的果肉或果实硬度。

果实硬度是指水果单位面积（S）承受测力弹簧的压力（N），它们的比值定义为果实硬度（P）。

$$P = N/S$$

式中：P——被测水果硬度值，10^5Pa 或（kg/m^2）；

N——测力弹簧压在果实面上的力，N 或（kg）；

S——果实的受力面积，m^2。

测量仪器：果实硬度计，型号包括 GY-1、GY-2、GY-3 等。

使用方法：测量前，转动表盘，使驱动指针与表盘的第一条刻度线对齐（GY-1 型的刻度线为 2，GY-2 和 GY-3 型的刻度线为 0.5）；将待测水果削去 1cm^2 左右的皮。测量时，用手握硬度计，使硬度计垂直于被测水果表面，压头均匀压入水果内，此时驱动指针开始驱动指示指针旋转，当压头压到刻度线（10mm）处停止，指示指针指示的读数即为水果的硬度，取 3 次平均值。测量后，旋转回零旋钮，使指针复位到初始刻度线。

果肉感官质地：通过品尝来评价果实肉质的粗细、松脆程度、石细胞量、化渣与否、粉质性等感官指标。

③风味品质 通过品尝评价果实的甜、酸、芳香等味感。

果实糖度：一般指的是果实的可溶性固形物的含量，不同部位含量不同。

测量仪器：手持测糖仪，是一种用于测量液体浓度的精密光学仪器。产品结构包括折光棱镜、盖板、校准螺栓、光学系统管路、目镜等。

测量步骤：将折光棱镜对准光亮方向，调节目镜视度环，直到标线清晰为止。测定前先调校仪器。首先使标准液、仪器及待测液体基于同一温度；掀开盖板，然后取1~2滴标准液滴于折光棱镜上，并用手轻轻按压盖板得出一条明暗分界线。旋转校准螺栓使目镜视场中的明暗分界线与基准线重合。开始测定前掀开盖板，用柔软绒布擦净棱镜表面，取1~2滴被测溶液滴于折光棱镜上，盖上盖板轻轻按压，读取明暗分界线的相对刻度，即为被测液体的含量。测量完毕后，直接用潮湿绒布擦去棱镜表面及盖板上的附着物，待干燥后，妥善保存起来。折光仪是以20℃为基准温度进行设计的，自动温度补偿型在常温下带有了自动温度补偿功能，无须查表。普通型应在20℃校准标准线，然后当温度低于20℃时，用测得的含糖量百分比减去修正值，反之加上修正值。

4. 观察描述分析

在各单项质量指标鉴定的基础上，对果品质量进行综合评价。评价的方法主要有两种：一是在果实符合卫生标准的基础上，主要根据大小、色泽、缺陷等外观品质进行分级（许多果品都制定有相应的分级标准，可参考分级标准），然后统计各级果实的比率，这种方法多用于生产和流通环节对果品质量的鉴定。二是将果品的主要外观和内在指标予以一定权重，对各项指标评分，然后计算综合分数，这种方法多用于栽培和育种的研究工作中。

实践二：不同园艺植物性状描述及其性状评定

1. 材料

园艺植物，如月季、石榴等。

2. 用具

放大镜、尺子、纸、笔等。

3. 操作步骤

（1）确定描述识别对象。

（2）选择具有本品种典型性状的植株10株左右，按株形、枝、叶、茎、花等项目进行细致地观察描述记录，突出主要特点。

（3）记载描述内容。

【关键问题】

园艺产品感官检验常用的一般术语及其含义

不同品种的感官质量指标不尽相同，主要包括产品的大小、形状、颜色、光泽、汁液、硬度（脆度、质地）、新鲜度、缺陷等。

（1）大小　大小可用最大横切面的直径来表示。或者用单个个体的重量来表示。直径的大小可用游标卡尺测量。通常同一品种的产品中，个体体积过大者，往往会组织疏松，风味较淡，呼吸作用旺盛，不耐贮藏；体积过小者，则由于个体发育不良，品质差，也不耐贮藏。只有中等大小的个体，品质好，耐贮藏，在市场上也较受欢迎。但是，目前在同一种类不同品种之中，个体小的品种反而有走俏的趋势，如微型西瓜每千克的价格是大个品种的几倍。究竟多大的个体质量好，要看不同品种标准的要求。如苹果的国家标准（GB 10651—2008）鲜苹果中，将苹果分为大型果品种、中型果品种和小型果品种，大型果中优等品的果径要大于或等于70mm，一等品的果径要大于或等于65mm，二等品的果径要大于或等于60mm，而对中型苹果品种相应等次的果径要求都减少了5mm。

（2）形状　要求果实蔬菜发育到应有的较正常的形状。果实的形状一般用果形指数即果实纵径与横径的比值来表示。不同种类、品种的不同等次都有相应的规定。

（3）颜色　颜色是重要的外观品质。可用肉眼对比评价水果的颜色，也可通过测定果实表面反射光的情况来确定果实表面颜色的深浅和均匀性，还可用光透射仪测定透光量来确定果实内部果肉的颜色和有无生理失调，可用化学方法、比色法等来测定不同的色素含量。

（4）光泽　光泽也是重要的外观指标之一。光泽的强弱一般用眼睛直接观察，光泽好的产品，市场竞争力强些。

（5）汁液　可用压榨法测定产品的出汁率，也可用物理、化学法测定水果的含水量，汁液多或含水量高，表明水果新鲜度好。

（6）硬度　果实的硬度是指果肉抗压力的强弱，抗压力越强，果实的硬度就越大。一般随着果实的成熟度的提高，硬度会逐渐下降，因此根据果实的硬度可判断果实的成熟度。果实硬度的测定，通常用手持硬度压力测定计在果实阴面中部去皮测定，所测得果实硬度以 kg/cm^2 表示。如红元帅系和金冠苹果适宜采收时期的硬度为 $7kg/cm^2$，青香蕉为 $8.2kg/cm^2$，秦冠、国光为 $9.1kg/cm^2$，鸭梨为 $7.2\sim7.7kg/cm^2$，莱阳梨为 $7.5\sim7.9kg/cm^2$。此外，桃、李、杏的成熟度与硬度的关系也十分密切。

（7）感官质地　感官质地是指通过品尝来评价果实肉质的粗细、松脆程度、园艺产品质量检测与否的感官指标。

（8）缺陷　缺陷是指水果表面或内部的某些不足，如刺伤、碰压伤、磨伤、水锈、日灼、药害、雹伤、裂果、畸形、病虫果、小疵点等。一般将水果产品的缺陷分为 5 个等级，数字越大，表明缺陷越严重。

（9）新鲜度　新鲜度是反映水果是否新鲜、饱满的重要品质指标。水果组织中的含水量很高，大部分品种的含水量在 90% 以上，如此多的水分，除了维持水果正常的代谢以外，还赋予水果新鲜、饱满的外观品质和良好的口感。如果水果严重失水，则可能导致重量减轻、腐烂变质、生理失调、风味变差、不耐贮藏等。新鲜度的评价，一般是用眼睛观察对比的方法进行，也可用蒸馏法、干燥法测量果品蔬菜的含水量，还可将产品称重，以其失重率来衡量。

【思考与讨论】

1. 说明感官检验的类型。

2. 感官检验方法有哪几种？

【知识拓展】

1. 教你鉴别——问题水果识别小常识

首先要看水果的外形、颜色。非自然成熟的水果存储的糖量不足，果皮就算褶皱了，也未必成熟。

（1）问题水果：西瓜。自然成熟的西瓜，由于光照充足，瓜皮花色深亮，条纹清晰，瓜蒂老结；催熟的瓜皮颜色鲜嫩，条纹浅淡，瓜蒂发青。其次，通过闻水果的气味来辨别。自然成熟的水果，大多在表皮上能闻到一种果香味；催熟的水果不仅没有果香味，甚至还有异味。催熟的果子散发不出香味；催得过熟的果子往往能闻得出发酵气息；注水的西瓜能闻得出自来水的漂白粉味。最后，催熟的水果有个明显特征，就是分量重。同一品种大小相同的水果，催熟的、注水的水果同自然成熟的水果相比要重很多，很容易识别。作为生津止渴的佳品，西瓜如今已是一年四季都有供应了。但是反季节西瓜的选购一定要当心。市面上存在着超量使用催熟剂、膨大剂及剧毒农药的西瓜，西瓜成了"毒瓜"。吃了后，会出现恶心、呕吐、腹泻等中毒症状。其特征是瓜皮黄绿条纹不均匀，瓜瓤特别鲜艳，瓜子却是白色的，吃起来没有甜味。此外，6～10kg 的超重西瓜（正常为 4kg 左右）、歪瓜畸果、口感特殊，有麻感的西瓜，消费者也得格外注意辨别问题西瓜。

（2）问题水果：草莓。"外强中干"的草莓。市面上能见到的中间有空心、形状畸形不规则且又过于硕大的草莓，外表的奇异可能会吸引众多眼球，然而这类草莓除极少部分属于高产新品种外，一般都是使用过量激素所致。用了催熟剂或其他激素类药物的草莓生长周期短、颜色鲜艳，但固有的香味却减少了，吃起来缺少甜味和草莓的酸味，如同嚼蜡。

（3）问题水果：香蕉。香蕉由于含有所有的维生素和矿物质，还具有多种药用功效，非常受市民欢迎。但不法商贩为了让香蕉表皮变得嫩黄好看，用过量二氧化硫来催熟，看上去鲜嫩欲滴，但果肉吃上去是硬硬的，还有些干涩，一点也不甜。众所周知，二氧化硫对人体是有害的。正确的方法应该是加热加温熏熟。

（4）问题水果：葡萄。消费者选购葡萄基本上都是看颜色，一般要注意会变色的葡萄。认为紫的总是比较甜。于是一些不法商贩和果农使用化学药剂乙烯利，用水将其按比例稀释后，将没有成熟的青葡萄放入稀释液中浸湿，过一两天青葡萄就变成紫葡萄，这样的葡萄对人体的危害显而易见。

食品安全快速检测网的专家建议，为了安全起见，水果买回家后，要将其在清水冲洗超过 10s，然后在水中泡一泡，去除残留的少量农药，也可以通过光照、削皮等办法清除不同的残毒。

2. 教你鉴别——问题蔬菜识别小常识

（1）问题蔬菜：生姜。不良商贩将品相不好的生姜用水浸泡后，使用有毒化工原料硫黄进行熏制，以便看起来更水嫩更黄亮，就像刚摘的一样。辨别方法，看："脏"点的最好。姜在窖藏时埋在沙土里，要想买到放心的生姜，最好是上面沾点泥的。正常的姜颜色发暗、发干。闻：就是检查生姜的表面有没有异味或硫黄味。尝：抠一小块放嘴里尝一下，姜味不浓或味道改变的要慎买。因为硫黄熏制只会对姜皮造成影响，对姜肉影响不大，因此最好的方法是把所有的姜都去皮吃。

（2）问题蔬菜：青豆。有批发商用焦亚硫酸钠、果绿等化工原料，将黄豆染成青豆大量批发，赚取其中差价。干黄豆染成青豆用的是一种叫焦亚硫酸钠的化工原料，如果摄入过量，会对人体造成较大的危害。辨别方法：鲜的青豆表皮色泽十分均匀，闻起来有一股果香味，咀嚼有淡淡的甜味。

（3）问题蔬菜：豆芽。生产豆芽过程中是不允许使用任何添加剂的。而一些黑加工点使用了尿素、恩诺沙星、6-苄氨基腺嘌呤、无根剂等添加剂，人长期食入后可致癌。辨别方法：鉴别健康豆芽要注意，细长有须的更天然。用清水泡发的豆芽一般是细长、有根须的，颜色发暗，豆子的芽胚发乌，水分含量较低。

（4）问题蔬菜：黄瓜。许多人去菜场买菜时喜欢挑选顶花带刺的黄瓜，认为这种黄瓜较新鲜。然而，这种看上去非常新鲜的黄瓜可能是用植物生长调节剂"扮嫩"的。辨别方法，看：自然成熟的黄瓜，由于光照充足，所以瓜皮花色深亮，顶着的花已经枯萎，瓜身上的刺粗而短。闻：自然成熟的黄瓜，大多在表皮上能闻到一种清香味。掂：催熟的同自然成熟的相比水分含量大，要重很多，用手掂一下很容易识别。

（5）问题蔬菜：韭菜。韭菜容易生韭蛆，这种虫子往往生在韭菜的根部，而且很难杀死。菜农们有时会使用大剂量的农药，甚至高毒、高残留的有机磷农药反复"灌根"，以达到杀虫的效果。辨别方法：毒韭菜从外观上很难辨别，越是施用高毒农药"灌根"的韭菜，长势越好，叶子绿油油的，看起来非常漂亮。在购买时，见到那些发暗发黑呈墨绿色，看上去叶片肥大的韭菜要谨慎购买。

（6）问题蔬菜：蘑菇。有些商贩用荧光粉漂白蘑菇，一方面是为了让蘑菇看起来好看，有卖相；另一方面还能够增加分量并延长保存时间。长期食用荧光粉洗出来的蘑菇可致癌。辨别方法，看：正常蘑菇一定会有褐色斑点稍微带黄。摸：正常蘑菇摸起来表面发涩干燥。闻：正常蘑菇有一股自然的清香。

【专业网站链接】

1. http：//yuanyi. biz　中国园艺产品网。
2. http：//www. zgncpw. com　中国农产品网。
3. http：//spaq. neauce. com　中国食品安全检测网。

【数字资源库链接】

1. http：//www. icourses. cn/home　爱课程资源网。
2. http：//www. dushu. com/book　11671159/读书网。
3. http：//jpk. sicau. edu. cn　四川农业大学精品课程资源网。
4. http：//www. cnshu. cn/qygl　精品资料网。

任务二　主要水果感官品质的分析

【观察】

夏黑无核葡萄（图1-2），欧美杂交种，三倍体品种。由日本山梨县果树试验场用巨峰二倍体与无核白杂交育成的，1997年8月获得品种登记，1998年引入我国。夏黑葡萄的特点是早熟，无核，高糖低酸，香味浓郁，肉质细脆，硬度中等，在欧美葡萄品种里算比较硬的。早熟欧美品种，7月就可以吃到葡

图 1-2 馋涎欲滴的夏黑无核葡萄

萄了。果穗圆锥形或有歧肩，果穗大，平均穗重 420g 左右，果穗大小整齐，果粒着生紧密。果粒近圆形，自然粒重 3.5g 左右，经赤霉素处理后可达 7.5g，果皮紫黑色，果实容易着色且上色一致，成熟期一致。果粉厚，果皮厚而脆。果肉硬脆，无肉囊，果汁紫红色，可溶性固形物含量 20％，有较浓的草莓香味，无核，品质优良。香甜可口，微微发酸，皮紧，黏果肉，可不吐皮。是中国市场上好吃的葡萄品种之一。那么具体如何来对夏黑葡萄进行感官鉴评呢？

思考 1：鲜食葡萄品质感官评价的主要内容有哪些？

思考 2：国际对鲜食葡萄感官评价的具体标准有哪些？

思考 3：你认为夏黑葡萄具体感官评价的内容和描述方法都有哪些？

案例评析：葡萄原产品的品质包括大小、颜色、无瑕疵等表现特征及风味、质地和可接受性等内在特征。据此，可以认为，葡萄果实能够满足人们某种需要的各种优良质量性状的总和即构成了葡萄的品质。感官评价的主要内容包括：①果穗和果粒美观诱人。果穗不很紧密、中等大小，外形好看，果粒大小和色泽一致，果粒较大，与果柄附着较牢，穗轴柔软而坚韧，可长时间保持不干枯。②果皮薄而韧，易吞食（即可以"吃葡萄不吐葡萄皮"），果皮上有果粉，外形美观。③果肉紧厚，不黏滑，脆而多汁。④汁液味美，香甜爽口，甜而不腻，葡萄汁甜味主要是来自含糖量。为保证优良的品质，鲜食葡萄应达到一定的糖度要求，前苏联要求鲜食葡萄含糖量一般在 16.5％以上。但不同品质、不同产地有所变化。例如，美国对以下品种的葡萄糖度（可溶性固形物）的最低要求是：无核白 15%～17%，保加尔、皇帝、康可等 15.5%，所有玫瑰品种 17.5%。对鲜食葡萄风味有重要意义的不仅仅是含糖量高低，而且还要看相应的含酸量，即要求适宜的糖酸比。在含糖 17%～19%，含酸 0.6%～0.9% 的情况下，鲜食葡萄一般具有最佳的风味。根据比奥勒蒂的意见，适宜的糖酸比为（30～40）：1，美国要求所有鲜食品种的糖酸比要大于 20：1。关于我国不同地区、不同品种的适宜的糖酸比应是多少，这方面缺乏研究资料。根据中国农业大学葡萄教研组对宣化牛奶葡萄的初步分析，其浆果可溶性固形物与含酸量的适宜比为（35～40）：1。⑤耐贮藏易运输。果皮较厚韧，穗轴不易断裂，果粒附着牢固，浆果的耐压力在 1 500g 以上，耐拉力在 300g 以上。⑥果粒无核。无核葡萄自然最受消费者欢迎，但无核品种的果粒一般偏小，故培育风味好的大粒无核葡萄，一直是育种专家追求的目标。

【知识点】

1. 水果感官品质外观指标的检验

（1）大小　用果径表示，指果实最大横切面的直径。用卡尺或卷尺测定。

（2）形状　用果形指数表示，即果实纵径与横径的比值。果形端正的，果实发育正常，品质好，一般应用计算机控制显示器选果。

（3）颜色　不同果品成熟时具有固有的颜色。如苹果有浓红、鲜红、条红、暗红、金黄色、黄色、黄绿、绿色、黄绿色等。柑橘有红皮、黄皮品种，也有橙红色、橙黄色、黄绿、绿色品种。

（4）光泽　果品表面蜡层的厚度及结构、排列都会影响果品表面的光滑度，也是构成果品质量的因素之一。

（5）缺陷　果品表面或内部的各种缺陷，如果锈、果面的刺伤或碰伤、磨伤、日灼病、药害、雹伤、裂果、病虫果等。可用 5 级分类法表示：1 级：无症状；2 级：症状轻微；3 级：症状中等；4 级：症状严重；5 级：很严重。

2. 水果感官品质外观理化指标的检验

（1）果实硬度　用果实硬度计测试，将样果在果实胴部中央阴阳两面的预测部位削去薄薄一层果皮，尽量少损及果肉，削的部位面积略大于压力计测头面积，将压力计测头垂直对准果面的测定部位，缓缓施加压力，使测头压入果肉至规定标线为止，从指示器直接读数，即为果实硬度，统一规定以 N/cm^2 来表示（每批试验果不得少于 10 个果，求其平均值，计算至小数点后一位）。

（2）纤维和韧性　果品的纤维多则食用品质差。用纤维仪测切割阻力或用化学分析测定纤维或木质素含量。

（3）汁液　可测水分含量，含水量高表明果实多汁、新鲜，也可感官品评。

（4）感官质地　主要是鉴评者进行品尝，通过咀嚼、评价果肉的粗细、硬度、脆度、粉碎性和油性。

3. 水果感官风味品质的检验

（1）甜味　果品的甜味主要与含糖量有关，可用化学方法测定，某些商品可以用试纸速测葡萄糖，也可粗略地测定总可溶性固形物含量。因为糖是最主要的可溶性固形物，常用手持折光仪或比重计来测糖含量，每批试验不得少于10个果样，每一实验重复2～3次，求其平均值。使用仪器连续测定不同试样时，应在使用后用清水将镜面冲洗洁净，并用干燥镜纸擦干以后，再继续测试。

（2）酸味　果品的酸味主要与含糖量和糖/酸的比值有关。总酸（可滴定酸）可用酸碱中和法测定。

（3）涩味　果品的涩味主要是可溶性单宁引起的，含量低时令人感到清凉爽口。

（4）苦味　通过测定生物碱或葡萄糖苷来测定。

（5）香气　通过品评小组的感官鉴评，也可用气相色谱法测定代表某种果品特殊风味的挥发物来确定其风味。

（6）感官评定　根据一些感官特性如甜、酸、涩、苦、香气等；对果品的风味进行综合主观评定。由品评小组找出并且描述样品之间的差异，确定品评果品中的主要挥发物。

【任务实践】

实践一：苹果分级及感官鉴评

1. 材料

选用当地常见苹果品种进行感官鉴评。

2. 用具

天平、游标卡尺、硬度计、手持测糖仪。

3. 操作步骤

（1）评判标准　本次主要以国内常见红富士苹果的质量标准为例。

①个头　精品果：最大横断面直径75mm以上，含75mm，大型果80mm以上。

一级果：最大横断面直径75mm以上，含75mm。

二级果：最大横断面直径70mm以上，含70mm。

三级果：最大横断面直径 65mm 以上，含 65mm。

②果形　精品果：圆形端正；最高面和最低面之差不超过 0.3cm，具有本品种应有的形状特征；高桩，果形指数 0.87 以上，并带有果梗。

一级果：圆形；基本端正，最高面和最低面之差不超过 0.5cm；果形指数 0.8 以上，具有本品种形状特征，带有果梗。

二等果：扁圆形或圆形；基本端正，最高面和最低面之差不超过 1cm；果形指数 0.75 以上，具有本品种形状特征，带果梗。

三级果：扁圆或圆形，有偏斜（最高面和最低面差不超过 1.2cm；无明显畸形）。

③果面　精品果：果面底色发亮、光洁、干净，允许有轻微锈斑一处，但不超过 0.5cm²。

一级果：果面光洁，允许有轻微锈斑一处，但不超过 1cm²。

二级果：基本光洁，允许有轻微果锈两处，但每处不超 1cm²，允许有轻度微裂；裂口发黄且愈合。

三级果：锈斑不超过 1cm²，允许有微裂，但裂口不变黑，梗凹处有锈，不能延伸到果肩。

④色泽　精品果：具有本品种的色泽；红色品种具备鲜艳全红色，包括萼凹部分；梗凹深处可不着色，但肩部分必须着色，整个果面颜色基本均匀一致。

一级果：具有本品种的色泽；红色品种具备鲜艳红色，着色面在 90% 以上，允许萼凹处有 10% 不着色，果肩处有果台副梢遮盖线一条，其余必须全着色。

二级果：具有本品种的色泽，红色品种着色在 70% 以上，果肩周围除允许有果台副梢遮盖线 2 条外，其余部分全着色，果顶部分允许不着色。

三级果：具有本品种的颜色，红色品种着色在 60% 以上。

⑤硬度　精品果：中早熟品种 6.8kg/cm²，中晚熟品种 8kg/cm²，晚熟品种 8.5kg/cm²。

一级果：中早熟品种 6.5kg/cm²，中熟品种 7.5kg/cm²，晚熟品种 8kg/cm²。

二级果：中早熟品种 7kg/cm²，中晚熟品种 7.8kg/cm²，晚熟品种 8.5kg/cm²。

⑥固形物含量　精品果：早熟品种在 12% 以上，中熟品种在 14% 以上，晚熟品种在 16% 以上。

一级果：早熟品种在 11% 以上，中熟品种 12%～14%，晚熟品种在 15% 以上。

二级果：早熟品种在11％以上，中熟品种在12％以上，晚熟品种在14％以上。

三级果：早熟品种在10％以上，中熟品种在12％以上，晚熟品种在14％以上。

（2）练习内容 ①目测观察色泽、果面等。②游标卡尺测量纵横径，天平称单果重。③品尝及风味描述。④硬度计测定硬度。⑤手持测糖仪测定可溶性固形物等。

（3）结果记录 将选取的苹果按照分级标准进行分级，并进行感官评定，结果记录如表1-2所示。

表1-2 苹果分级及感官鉴评

种类	品种	评定（检测）项目														综合评价
		外观品质（10分）					质地品质（10分）				风味品质（10分）					
		大小（3分）	形状（2分）	色泽（3分）	光洁度（1分）	缺陷、果锈、整齐度（1分）	总评	硬度（3分）	纤维韧性（3分）	汁液（3分）	感官质地（1分）	总评	甜味（3分）	酸味（2分）	涩味（2分）	香气（2分）	感官评定（1分）	总评
苹果	1																	
	2																	
	3																	

说明：①苹果果实成熟时各具有本品种应有的形状，大体上有圆球形、长圆形、扁圆形、卵圆形、葫芦形、圆锥形、纺锤形等多种果形。果形端正是指果实没有不正常的明显的凹陷或突起，以及外形偏缺现象，反之即为畸形果；②苹果肉质可按松软、绵软、松脆、硬脆、硬、硬韧分类。

实践二：梨分级及感官鉴评

1. 材料

选用当地常见梨品种进行分级鉴评。

2. 用具

天平、游标卡尺、硬度计、手持测糖仪。

3. 操作步骤

（1）分级方法 大小：特级（55～60mm）；一级（50～65mm）；二级（45～55mm）。

①特级 该级的梨必须品质极优，且在形状、大小和颜色方面，具有该品种的特性，果柄必须完整，果肉必须十分完整，无损伤，且表皮不能有粗糙的赤褐色斑，必须没有缺陷。但在不影响果实总体外观、品质、耐贮性和包装外

观的情况下，可以允许有非常轻微的表面缺陷。不能含有石细胞。

②一级　该级梨品质优良，且在形状、大小和颜色方而，具有该品种的特性，果肉必须十分完整，无损伤，且表皮不能有粗糙的赤褐色斑。在不影响果实总体外观、品质、耐贮性和包装外观的情况下，可以允许有下列缺陷：形状有轻微缺陷；发育有轻微缺陷；颜色有轻微缺陷；果皮有轻微缺陷，但是不能超过如下规定：长圆形果皮缺陷不超过 2cm²；有缺陷的表皮面积不超过 1cm²，但黑心病除外（其累计面积不得超过 0.25cm²）；轻微擦伤不得超过 1cm²，且没有褐色的果实。果柄可以受到轻微的损伤。不能含有石细胞。

③二级　该级梨达不到以上两个等级的要求，但是符合上述规定的最低要求。果肉不能有严重的缺陷。在不影响果实品质、耐贮性和外观等品种基本特性的情况下，允许有以下缺陷：形状方面的缺陷；发育方面的缺陷；颜色方面的缺陷；轻微粗糙的赤褐色斑；果皮缺陷，但是不超过以下指标；长圆形缺陷不超过 4cm；其他缺陷总面积不超过 2.5cm²，包括轻微变色的擦伤，但黑心病除外（其累计面积不得超过 1cm²）；轻微褐色的外伤不能超过 1.5cm²。

（2）练习内容　①目测观察色泽、果面等。②游标卡尺测量纵横径，天平称单果重。③品尝及风味描述。④硬度计测定硬度。⑤手持测糖仪测定可溶性固形物等。

（3）结果记录　将选取的梨按照分级标准进行分级，并进行感官评定，结果记录如表1-3所示。

表1-3　梨分级及感官评价

种类	品种	评定（检测）项目														综合评价
		外观品质（10分）					质地品质（10分）				风味品质（10分）					
		大小（3分）	形状（2分）	色泽（3分）	光洁度（1分）	缺陷、果锈、整齐度（1分）	总评	硬度（3分）	纤维韧性（3分）	汁液（3分）	感官质地（1分）	总评	甜味（3分）	酸味（2分）	涩味（2分）	香气（2分）	感官评定（1分）	总评	
梨	1																	
	2																	
	3																	

说明：①果实成熟时各具有本品种应有的形状，大体上有圆球形、长圆形、扁圆形、卵圆形、葫芦形、圆锥形、纺锤形等多种果形。果形端正是指果实没有不正常的、明显凹陷或突起，没有外形偏缺现象，反之即为畸形果；②可按柔软易溶于口、软、沙面、韧、疏松、脆、紧密、硬以及果肉细嫩、石细胞多少等评定；③操作过程中，如果样品少，应先测定果实的硬度，再测定果实大小及形状，然后测定可溶性固形物等其他指标。

【关键问题】

水果果实感官鉴评的主要内容

1. 外在品质　大小、形状、颜色、光泽、缺陷。

2. 理化指标　果实硬度、纤维和韧性、汁液、感官质地。

3. 风味品质　主要包括甜味、酸味、涩味、苦味等。

【思考与讨论】

简述不同水果感官鉴评的主要指标。

【知识拓展】

1. 举例说明中国各地特色水果

（1）北京市　北京鸭梨、京白梨、大磨盘柿、密云金丝小枣、门头沟大核桃。

（2）上海市　南汇水蜜桃、崇明金瓜、新长发糖炒栗子。

（3）天津市　天津小枣、天津红果、天津板栗、天津核桃、天津鸭梨、盘山柿子。

（4）重庆市　柑橘、橙、柚。

（5）辽宁省　辽宁苹果、辽西秋白梨、榛子、山楂、辽阳香水梨、北镇鸭梨、大连黄桃、香蕉李、软枣、猕猴桃、板栗。

（6）吉林省　桔梗、山葡萄、越橘、苹果梨、猕猴桃。

（7）内蒙古自治区　哈密瓜。

（8）山西省　稷山枣、临漪石榴、汾阳核桃、清徐核桃、山楂。

（9）甘肃省　兰州香桃、临泽红枣、河西沙枣、陇南猕猴桃、陇南甜柿、天水花牛苹果、冬果梨、软儿梨、兰州白兰瓜。

（10）青海省　雪莲花。

（11）广西壮族自治区　罗汉果、沙田柚、荔枝、香蕉、柑橙、金橘、木菠萝、桂圆、芒果、山楂、山葡萄、恭城目柿、灌阳红枣、扁桃、猕猴桃、白果、甘蔗、环江香粳、木薯。

（12）广东省　荔枝、黄登菠萝、杨桃、菠萝蜜、荔枝蜜、香蕉、椰子、龙眼、木瓜。

（13）福建省　枇杷、龙眼、荔枝、菠萝蜜、坪山柚、文旦柚、橄榄、天宝香蕉、凤梨、柑橘、福建蜜饯、馆溪蜜柚、漳州芦柑。

（14）浙江省　镇海金橘、温州瓯柑、奉化水蜜桃、萧山杨梅、塘栖枇杷、义乌南枣、昌化山核桃、湖州雪藕。

（15）江苏省　常熟水蜜桃、宝岩杨梅、徐州丰县红富士苹果、沛县冬桃、香芋、薄荷脑、泰兴白果、宜兴板栗。

（16）江西省　南丰蜜橘、上饶早梨、猕猴桃。

（17）山东省　曲阜大果旦杏、纪庄大青梨、烟台苹果、烟台大樱桃、莱阳梨、肥城桃、乐陵金丝小枣、大泽山葡萄、泰安板栗、高密蜜枣。

（18）安徽省　寿县郝圩酥梨、太平猴魁、砀山酥梨、黄水猕猴桃、怀远石榴、宣州板栗、萧县葡萄、三潭枇杷。

（19）河北省　承德沙棘、核桃、猕猴桃、赵州雪花梨、兴隆红果大山楂、沧州金丝小枣、宣化葡萄、涉县核桃。

（20）河南省　开封大京枣、兰考葡萄、百子寿桃、安阳内黄大枣、糖油板栗、商丘永城枣干、孟津梨、灵宝苹果、贵妃杏、广武石榴。

（21）湖北省　江陵酥黄蕉、襄樊金黄蜜枣、洪湖的莲子、柑橘、核桃。

（22）湖南省　湘莲、金橘、安江香柚、中华猕猴桃。

（23）云南省　大理雪梨、象牙芒果、无眼菠萝。

（24）四川省　自贡红橘、四川柑橘、泸州桂圆、阿坝苹果、潼南黄桃、金川雪梨、佘江荔枝、巴山核桃。

（25）陕西　延安苹果、韩城秦冠苹果、火晶柿子。

（26）宁夏回族自治区　"大青"葡萄、西瓜。

（27）新疆维吾尔自治区　喀什无花果、石榴、甜瓜、葡萄及葡萄干、哈密瓜、香梨、野苹果、雪莲。

（28）西藏自治区　人参果、雪莲。

（29）黑龙江省　椴树蜜、猕猴桃。

2. 苹果质量的感官鉴别

（1）大小　果实的大小反映了果实的发育情况，同一品种，个形大的一般要比个形小的发育充分，质量好，可食成分多，商品价值大。值得注意的是，果实的大小不能以体积大小作为标准，果实的大小除了考虑体积外，还应考虑其含量、体积和重量相称，即个大、量重的果实，其组织结构紧密，质地松脆，质量最好；若果小、量重，则可能是僵果，个大、量轻，则肉质松绵，风味欠佳。

（2）果形

①果实形状　同一品种果实的形状，因受外界环境条件和农业技术措施等不同因素的影响而有差异。质量好的苹果应具有本品种正常的形状特征，发育健全，果形端正。若果实受精不良，种子偏少，则会形成畸形果，另外一些外

力的作用也会引起畸形，如严重的雹伤、缩果症或其他伤残造成的发育不健全。果形端正与否也反映了果实的内在质量，并对商品外观及经济价值具有一定影响。不同品种果实都有其特定的形状和大小，如有的品种为卵圆形（肩部与果顶横径小于胴部横径），有的为圆形（果实纵径与横径基本相等），有的为圆锥形（果形高桩、肩部宽而平坦、顶部狭小），有的为椭圆形（果实顶部与肩部横径基本相等）。

②果萼　不同品种苹果萼片的开闭程度不同，如开萼、半开萼、闭萼等，萼洼也有深浅、广狭之分，另外萼洼的周边变化也互不相同。

③果梗　苹果的品种不同，其果梗特征也有明显不同，如果梗的粗细、长短、梗洼的深浅、广狭及周边变化等。果梗与果实内部是相连的，在果实成熟时，果梗与果枝间形成离层，使果实脱离果树成为一个完整的独立体，果梗离层组织则对果实形成一个保护层，使其不致失水，同时也阻止了微生物由此的侵入。若果梗被折断或失去，则果实水分就会从果梗折断处大量蒸发，造成失水皱缩，不耐贮藏，而病菌也易从伤处侵入，使果实腐烂变质。

果梗的存在不仅对果实具有保护作用，同时还增加了果实的美观性，因此果梗的存在和完整与否也是鉴别苹果质量的重要指标。

（3）色泽和质地　苹果的色泽可分为底色和面色，底色是苹果表皮的基本色，也即固有的阴面色泽，是判断果实成熟度的重要依据，许多苹果在成熟时，向阳面因红色素的形成而呈现鲜艳的红色或紫红色，光照对红色素的形成有直接影响。光照充足，红色素形成多、色泽鲜艳，因此向阳面的这种颜色称为面色。面色的特征也因苹果品种不同而呈多种变化。面色色彩及浓淡的不同，称为色调，而色彩在果皮上的分布情况即果实的上色特征（片红、满红、条红或断续条纹等），称为色相。

果皮质地主要有粗糙、光滑、厚薄、韧脆等。

（4）果肉硬度　苹果果实在成熟前由于细胞壁和胞间层含不溶性的原果胶较多，果实坚硬，随着果实的成熟，不溶的原果胶逐渐转变成可溶的果胶，从而果实的硬度下降，随着成熟度的提高，硬度逐渐降低。因此，未熟的果实，硬度很高，成熟适中的果实，软硬合适，而过度成熟的果实，则因果胶被进一步分解为果胶酸，使果实变软，食用品质下降，不耐贮藏。

（5）糖酸比　未熟的果实因含有较多的单宁、有机酸，味酸涩，随着果实的成熟，一部分淀粉和有机酸被转化为糖，因此成熟的果实，可溶性固形物明显上升，酸度下降，甜度增加，果实酸甜比适中，风味好，品质佳；成熟不足的果实含酸量高，含糖量低，味酸涩，风味差；成熟过度的果实，由于糖分等营养物质的消耗变得淡而无味，营养价值也大大降低。

（6）机械伤及病虫害　病虫害对苹果的危害很大，容易造成果实的腐烂变质，使果实商品价值降低，微生物引起的病害还具有传染性，造成的损失更大，因此质量好的苹果要求无病虫害。

机械伤也是影响苹果质量的一类伤残，由于苹果的组织结构柔嫩，在生产和流通中极易受到各种机械伤害，如刺伤、碰伤、压伤等，破坏商品的完整性，果实受伤后，伤口不易愈合，给微生物的侵入和生长创造了条件，容易腐烂，同时还破坏了果实的组织，使果实呼吸强度增大，营养消耗增加，品质下降。

附：常见苹果感官描述

①黄魁，又名大黄皮，一般于 7 月中旬成熟，果实为有棱圆锥形。果重100～150g，果梗稍长，中粗，梗洼狭，周边有锈，果萼大，闭萼；果面黄绿色，成熟后黄白色，果肉黄白色，质稍粗而松软，多汁、酸味较强，略有香气。

②伏花皮，又名虎皮、黄花皮，成熟期为 8 月上旬，果实圆形或扁圆形，果重 100～150g，果梗短，果面黄绿色，光滑，熟时有明显红色断续条纹和绿色果点，果肉带绿白色，肉脆多汁，甜酸适中，略带香气。

③祝光，又名优祝，于 8 月上中旬成熟，果实圆形或长圆形，均匀整齐，一般果重 100～150g，果梗细长，萼洼广，萼开或半开，果面黄绿色，阳面有暗红条纹，果皮光滑而薄，果肉黄白，质脆多汁，甜酸适中，品质上等，采后放置 10～20d 即变松软。

④红玉，又名绵红、满红，不同产区其成熟期有所不同，早者在 9 月上旬，迟者在 10 月上旬，果实近圆形，果形中等，果梗细长，萼洼稍狭深，果面黄绿色，熟后全面浓红色，有不明显小果点，果肉黄白色，肉质细脆多汁，初采时酸味较重，稍贮后甜酸适口，有香气，耐贮藏。

⑤金冠，又名金帅，黄元帅，于 9 月上旬成熟，果实圆锥形或卵圆形，一般果重 150～200g，果梗细长，梗洼狭深，顶部有微小隆起，萼洼狭稍深，闭萼，果皮金黄色，阳面有时微起红晕，果肉淡黄色，质密细脆，汁多味甜，甜多酸少，采后贮藏一段时间，风味更佳，贮藏期间，果皮易皱缩，但肉不绵软、香味不减。

⑥红香蕉，又名红元帅、元帅，于 9 月中下旬成熟，果实长圆锥形或圆锥形，顶部有 5 个明显棱，一般果重 200～240g，果梗短粗，梗洼深广，萼洼广深，有 5 条深沟，萼大而闭、果面黄绿色或黄色、成熟后全面红色，有暗红条纹和灰白色果点，果粉厚，果肉黄白色，肉质松脆可口，汁多，有浓郁香蕉香味，品质极佳，但贮后易发绵。

⑦国光，亦称小国光，成熟期在 10 月中旬，果实圆形或扁圆形，果重 100～150g，果梗短大，梗洼广中深，萼洼浅而稍广，周边平滑，果皮黄绿色，有红色粗细不均条纹，有明显小果点；果肉黄白色，肉质坚脆，汁多爽口，酸甜可口，极耐贮藏。

⑧青香蕉，又称香蕉苹果，于 10 月初至 10 月底成熟；果实圆锥形或矮圆锥形，果顶有 5 个棱，果肩宽而稍斜；果重 130～200g，果梗粗短，萼洼浅狭，有皱曲，果面底色青绿，有时阳面有淡红晕，果肉淡黄色，采时肉稍坚实，味甜带酸，有香气，耐贮藏。

⑨秦冠，于 10 月中下旬成熟，果重 200g，果实短圆锥形，果皮底色黄绿，阳面暗红，有断续条纹，有锈，皮厚，果肉黄白色，质细松脆，汁多，甜酸适中，有香气，不皱皮，贮后品质更佳，耐贮藏。

⑩甜香蕉，又名印度，10 月上旬至 10 月下旬成熟，果实长圆形或扁圆形，呈斜状，左右不对称，果顶有 5 个不明显的棱，一般果重 200～250g，果梗肥大粗短，梗洼狭深，萼洼浅小，闭萼，果面底色青绿、阳面常有紫色晕、果皮厚且粗糙、有韧性，果点大而多，果肉黄白色，肉质致密而硬，汁液少，味甘甜，稍有清香，极耐贮藏，经贮后风味更佳。

⑪富士，又称红富士，系国光与元帅杂交品系，于 10 月中下旬成熟，果实近圆形，部分果顶有 5 个棱，果皮绿黄色，有断续暗红条纹，果肉黄白色，肉质坚脆，较硬，中等粗，果汁多，甜微酸，清脆爽口，品质极佳，耐贮藏。

3. 教你鉴别——怎样挑选好水果

（1）大小　好的水果一般都是中等大小。太小的可能是发育不良，就算发育良好，品质也很不均匀，而且偏酸的多。太大的由于营养过剩，可能有些不该长的地方也长过头了，这就降低了可食用率，如大柚子内部的木质化。有的水果个头出奇得大，是因为水热条件好而生长过于迅速，这可能导致积累不足，味道偏淡，或者根本就是空心的——这个现象在草莓身上十分常见。

（2）形状　挑那些最接近植物分类学描述的水果肯定是没错的，这至少证明了它发育良好。有俗谚云"歪瓜裂枣才甜"。

（3）色泽　好的水果一定是色泽均匀的。水果上出现差别太大的两种颜色（比如深红和深绿），证明这个果子的成长历程一定充满了艰辛，这样的果子吃起来不是偏酸就是偏涩，甚至有可能甜过头。以桃子为例，半熟的桃子尖是红的，下面都是绿的，绿的部分吃起来味同嚼蜡，红的部分相对它的颜色也令人失望；而成熟的桃子有时甚至全身都是白的（水蜜桃），但是绝对味甜多汁。另外，有一种叫"红花桃"的本地品种，果肉是红的，偏涩但回味极佳——这个品种有时完全成熟了也会半红半绿，这个样子的红花桃吃起来味道和磺胺差不多。均匀的前提下，就是颜色要浅，尤其是绿色要浅，因为水果的成熟伴随着叶绿素的降解。另外，对于水果上出现的黑斑、褐斑，如果你还没有专业到能分辨这个斑对水果的品质有无影响，最好别选择食用。

（4）触感　主要针对一些需要去皮的水果，比如柑橘类和西瓜。过于粗糙的表面代表着皮厚，因为粗糙是果皮组织增生所致，体现在柑橘上就是油泡大而突出，西瓜就是表面坑坑洼洼。表面过于光滑也不好，这说明果子可能还没成熟，比如柚子，表面特种光滑的通常都能把牙酸掉。

（5）压感　一方面可以判断皮的厚薄；另一方面可以判断成熟的程度，所以挑大形水果的时候按一下是很有用的。对于柚子，如果按下去感觉深不见底（皮厚）或者手指生疼（生的），最好不要购买；如果感觉软但是很快就有比较硬的东西阻止你按下去的感觉，说明这个柚子皮很薄。对于西瓜，生的是按不动的，一按一个坑的是熟过头的，那种弹性十足的瓜通常能满足你的要求。此外，对于较小形的水果也可以按一下，如脆苹果和面苹果，因为水果在成熟过程中伴随着果酸和果胶的降解，硬度和弹性都是会下降的，根据这个可以选择你所需要的口味和口感。

（6）水试　随着水果成熟过程中果胶和果酸的降解，细胞间隙会变大；同时水果的体积也会变大，而且空腔中还会充满气体，所以密度是会下降的。放在水中，未成熟的果子会沉下去，而熟了的会浮上来，这个法子只适合一些特定的情况。

古语有云，"要知道梨子的味道，就要亲口尝一尝"。对于水果品质的最终鉴定还是要靠口感来进行鉴评，来确定其品质。

【专业网站链接】

1. http：//www. china-fruit. com. cn　中国果品网。

2. http：//gp. zgny. com. cn　中国果品信息网。

3. http：//www. shuiguo. org　中国水果信息网。

4. http：//spaq. neauce. com　中国食品安全检测网。

5. http：//www. aqsc. gov. cn　中国农产品质量安全网。

6. http：//www. hagreenfood. org. cn　河南省农产品质量安全网。

【数字资源库链接】

1. http：//www. jingpinke. com　国家精品课程资源网。

2. http：//www. dushu. com/book/11671159　读书网（园艺产品质量检测）。

3. http：//book. douban. com/subject/2200109　豆瓣读书（园艺产品质量检验）。

4. http：//wenku. baidu. com　百度文库。

任务三　主要蔬菜感官品质检测

【观察】

图 1-3　不同种类的蔬菜

图 1-3 为不同种类的蔬菜。蔬菜作为一种商品，在流通过程中，消费者主要是依据蔬菜的感官、外形来判断和选择蔬菜产品。在制定蔬菜的验收标准时，对蔬菜质量优劣的检验，不仅要考虑蔬菜产品的营养成分含量及其有害物质残留是否控制在允许的限量标准范围内，还有一个很重要的方面就是要考虑蔬菜的外观商品性状是否符合要求。通常蔬菜外在感官质量的判断，是通过人的视觉、触觉和嗅觉来进行鉴定的。如蔬菜病虫害感染、生理病害程度；蔬菜的色泽、形状、大小、整齐度；蔬菜个体的结构特点；蔬菜洁净状况等都是通过感官进行鉴别与选择的。那么具体如何来对不同种类的蔬菜进行感官鉴评呢？

> 思考 1：不同种类蔬菜评价的主要内容有哪些？
>
> 思考 2：不同种类蔬菜外在商品质量的基本要求和检验方法有哪些？

【知识点】

1. 蔬菜感官品质外观指标的检验

（1）蔬菜的合格质量　蔬菜的合格质量是指商品蔬菜在流通过程中消费者

能接受的最低限度，低于这一要求就不能作为商品蔬菜上市。这个最低质量标准主要是根据是否明显地感受病虫害、机械伤害、生理病害，以及严重的菜体污染等来确定。例如，叶菜类蔬菜叶片上有明显的较多的病斑，菜豆豆荚上有散生的炭疽病病斑，大白菜叶层内有较多的蚜虫，番茄果实挤破或生理裂果，萝卜"黑心"，蔬菜在贮运及销售中受到较严重燃油或粉尘等污染的，均应视为不合格商品。通常凡产品上有病虫危害以及有生理障碍病状的都可视为不合格商品。

（2）蔬菜的外观质量　外观质量主要指蔬菜的颜色、大小、形状、整齐度及结构等外观可见的质量属性。例如，茄子的皮色有绿、白、紫等不同色泽及长、圆、短粗、灯泡等各种形状，大小也差异很大，但一般在质量上均要求色泽正常而有光泽，果实生长到品种的正常商品成熟度大小，形状符合品种的正常特征，如鹰嘴茄，果实尖端部分应略有弯曲，灯泡茄应呈灯泡状等。又如胡萝卜色泽有红、黄、橙等各种颜色，直根长短依品种不同，但要求色泽正常，肉质直根直而无歧根。蔬菜商品的整齐度是体现商品群体质量的重要外观质量标准，包括颜色、形状、大小整齐，同一优良品种，在颜色、形状的整齐度上一般比较容易达到较高标准，而个体大小可能悬殊较大，虽然可以通过分级将其分为若干等级，但优质蔬菜的商品率就会大大降低。蔬菜商品在个体组成结构上的差异往往也是鉴别质量的一种标准，如大白菜、甘蓝的包心紧实度，黄瓜果实上的刺瘤多少，大葱有无分蘖及葱白的长度及粗度，芹菜叶柄的宽度等，其结构特征多与蔬菜的食用质量有关。

（3）蔬菜的口感质量　口感质量不容易从外观上判断，主要是通过食用后才能鉴别。口感是一个较复杂的质量内容，因为它涉及风味、质地等多方面因素，而风味与质地又与产品内在的营养成分、新鲜度、硬度、坚韧度、多汁性及粉度有关，另外还与消费者的口感与味觉差异有关。但从总体上看，口感确实是商品质量的重要内容，且大体上都能从这一角度判别商品质量的好坏，质量的差异往往会超过每个人在口味上的差别，因此这一质量标准还是基本可靠的。当然，消费者在选购蔬菜时很难甚至不可能及时通过品尝来判断其质量，只能用眼、手、鼻等器官的感觉来确定其质量。

（4）蔬菜的洁净质量　主要包括两方面内容，即蔬菜的清洁程度及净菜百分率。蔬菜的清洁程度主要是指菜体表面是否受到明显的污染，这是很容易判断的，"萝卜快了不洗泥"的状况已经不适应蔬菜商品经济发展的要求，对一些易受土壤、肥料污染表面的叶菜、根菜都应清洗上市，以提高其商品质量。净菜百分率则指蔬菜的可食部分占整个商品蔬菜的百分率。净菜上市是对生产者、消费者以及环境净化都有益的事。

2. 不同种类蔬菜感官品质外观指标的检验

（1）果菜类 果菜主要包括茄科、葫芦科、豆科等。大部分果菜多在夏秋之间收获。但近年来随着设施蔬菜栽培技术的发展，一年四季均可生产，全年供应。根据栽培方法、栽培时期、消费者喜好、利用等不同，一种蔬菜有若干特性不同的体系或品种。因此，在鉴别时，首先要了解体系或品种的名称与特性，在与特性适合的环境中，以卓越的技术栽培，外形和内容都能充分体现特性的蔬菜产品，才能说是品质优良的产品。

以果菜而论，必须授粉完全。授粉完全的果实饱满、硬度高、收成好；授粉不完全的体形小、畸形、不饱满，甚至落果。一般情况下，果实是纵径先增长，随着发育，横径逐渐肥大。所以体形小的，可以认为是生长不充分。再从光泽看，日照充分的果实，有品种特有的色泽，发亮，果皮也很充盈；日照不充分的，光泽不好，果皮不充盈。果皮的色泽与充实度同果实的熟度有关，未熟或过熟收获的，果皮和果肉色泽嫩，或呈铁灰色。果菜的果实同叶和茎一起成长，养分的需要量比其他蔬菜多。如肥料不足，果实瘦小，味道和质量也不好。鲜度对任何一种蔬菜都是重要的，果菜比叶菜鲜度降低慢。收获后，经过一段时间，果实的光泽消失，果梗的切口干燥，逐渐呈陈旧色（香瓜、南瓜），茄子、西红柿的果蒂干燥转化显著。此外，还要注意病虫害、病毒征候、搬运中受伤、冻伤、空洞果、裂果等。

①茄子 形状有圆形的、卵形的和长形的。黑紫色、有光泽的居多数，也有淡绿色的、白色的。果皮的色素主要是茄素，向阳栽培的色泽鲜艳发亮，叶荫下的和收获后经过一段时间的色泽变暗，果皮张紧，果蒂颜色充分显露的表明茄子品质好。过熟则果皮失去光泽，蒂部出现褐色斑点，籽实变硬，会影响食用。

②番茄 颜色有朱红色、红色、桃红色、黄色等，有供生食用的，供加工用的，也有生食、加工兼用的品种。果形以饱满、果肉厚的为好。果实的颜色是由胡萝卜素和番茄红素形成的。高温期的果实成三角形，果肉薄。果面受到强烈光照时变得发绿、发硬，蒂部附近龟裂，果色也因番茄红素生成减少而使红色变淡，果肉粗糙、不柔软、失去弹性，味道不好。果肉内部生成空洞，成为空洞果。有的果实顶部尖，籽实周围的胶状物质变绿。有些品种中番茄特有的香味少。一般露天地里收获的番茄，香味比温室和高温期收获的要强。番茄的鲜度，可由果梗摘取口的栓化程度和蒂部的枯萎、转生程度来决定。

③青椒 辣椒的一个变种，有圆形的、细长形的，亦称柿子椒，都没有辣味（有一部分有辣味）。品种有很多个，营养价值高，市场需要量很大。品质好的青椒，形态端正，有3～4条沟，果皮厚而张紧，颜色和光泽都好。籽聚

在一堆占的部分小，不太硬，呈淡绿白色。没有变成褐色时食用最好。随着熟度的发展，果皮光泽消失，发红，过熟时籽发硬。收获时带有果梗 5～7mm。收获后经过一段时间，果皮和果梗容易枯萎，所以可以根据枯萎程度判断鲜度。果皮白的，有腐败斑、病斑和伤口的，品质不佳。

④黄瓜　大的类别分为华南系、华北系、杂种系、泡菜（Pickle）系。华南系和杂种系是从冬天到春天短日照栽培，早熟。杂种系的夏型和华北系是初夏到秋季栽培。华南系的春黄瓜长度多在 25cm 以下，刺少。华北系晚熟的品种多为25～30cm 以上的长形，刺多，纵向小皱纹明显，果形以笔直不弯曲、中部不细、下部不粗的为好。酷暑期收获的和收获后经过一段时间的，果皮、果肉都因失去水分而变软。果实中部小刺的尖端是黑色的称为黑刺，白色的称为白刺。白刺的品质好，种植多，随着熟度的增加，果皮枯萎，籽多，影响食用。所以嫩时采摘为好，鲜度可根据果实尖端残留花的枯萎程度来判断，残留有黄花的好。果实有苦味（西洋苦瓜素）的不好。

⑤南瓜　具有品种固有的果形，端正，果皮硬而张紧，果梗充实的为好。有的品种果面有鼓包，以鼓包发达、隆起、条沟排列整齐的为好。有的品种果面有光泽，重实感明显。有病斑和伤口的容易腐烂。可根据果梗和果面的充实程度判断熟度，嫩的不好吃，完全成熟的才好。黑皮的品种收获后经过一段时间果皮变成褐色，营养价值降低。

⑥西瓜　果形端正、饱满、有重实感；果皮硬而充实、厚度薄的为好；含糖量 10％以上的好吃。判断西瓜的熟度主要包括以下几个方面：卷须有 1/3 以上枯萎；果梗生长的毛消失，果实上部和下部很饱满；果面硬，稍粗；果面的颜色和花纹的颜色明显；果实底部与地面接触部分黄色程度增加；根据叩打声音等。收获后的新旧程度，可以根据果梗的枯萎程度和由褐色变成黑色的程度等判断。

⑦香瓜和甜瓜　果实分为面的和脆的。果形有圆形的、洋梨形的和枕形的，以形状端正的为好。果色因品种而异，绿皮成熟后果色变浅，发白，黄皮的颜色深为好。果皮以薄的为好，面的香瓜比脆的香瓜皮稍厚些。果肉也各不相同，果面瓜肉要求柔软细密，脆的瓜种除了细密以外，还要吃起来酥脆，糖分最好在 13％以上。果面的网纹较细，分布均匀，大小网纹混杂的不好。黄色香瓜接近成熟时，果梗附近或底部出现裂纹，有茶褐色油状物，味道没有什么变化，但商品价值降低。果梗短而粗的好，T 字形果梗以粗的为好。熟度以开花后 30～40d 能嗅到香味的为宜。上市时可早收获几天，经过几天后熟后食用。果实的后熟程度可根据果底软硬和香味判断。

（2）叶菜类　叶菜主要包括油白菜类、葱韭类、芽菜类等。叶菜属凉性，水分含量多，不耐高温、干燥，耐较低的温度，除夏季高温期外，多数可全年种植，高寒地区高温期上市的也很多。叶菜类是很多地方特有的品种。一种叶菜常有很多品种，甚至有的同种异名。叶菜主要是利用叶，鉴别时首先要看叶的形态，应该是品种固有的形态，包心的要形状端正，包得紧。菜叶的颜色根据栽培时期、品种、肥料等而异，一般春、秋季的颜色鲜，冬季的色深，夏季的色浅。菜叶的水分含量很难判定，但以筋脉发达，叶肉厚的为好。供生食用的生菜、芹菜等，鲜度是很重要的，口感脆、香味大的好。熟食用的菠菜、茼蒿等，叶肉厚、柔软的味道好。重视香味的芹菜、蜂斗菜、紫苏等，必须具有特有的香味。种植的早晚叶质也不同，一般早生种梗短，叶肉薄，晚生种梗长，叶肉厚；同一品种也会因种植类型不同而叶质不同。许多叶菜（莴苣、菠菜除外）低温时会长花芽，花芽遇暖而抽薹，叶菜不需要花，花芽发育夺去叶菜的养分，使叶菜的品质降低，所以对花芽开始发育将要抽薹的叶菜需予以注意。另外，还要对有病毒征候的叶菜，出现病斑的、烂心的和受伤的等加以注意。

①白菜 白菜分为包心的、半包心的和不包心的。包心的以直到顶部包心紧、分量重、底部突出、根部切口大的为好。包心的和不包心的叶形不一样，包心的不同品种之间相差不大，叶中心白色部分薄而宽、叶肉不突出的好。叶的边缘本是从最下端开始的，与其他菜类杂交的，则从最下部 1～2cm 处开始。超过一定熟度的，根的切口 3～4cm 处裂开、叶中心白色部分叶肉突出。降霜期收获的白菜，叶尖受霜害呈黄褐色；春天收获的，花芽发达，开始抽薹，味道不好。需要注意的是受病毒侵染叶上有病斑的，因缺钙而烂心的，以及看到黑斑性细菌病的小黑粒斑的等。

②甘蓝 除绿叶的以外，甘蓝也有紫叶的，称红球甘蓝。结球的形状主要是球形和扁球形，都以具有品种原有的形状、饱满、包得紧的为好。菜叶如果发育过度，中央的叶脉（主脉）粗而硬，影响食用。最好是叶身充分发育，片数多，很好地重合在一起，结球底部的切口粗，说明长得好。木质化而褐变的，或者是超过一定的熟度，或者是受根朽病侵害，味道都不好。有黑斑病、菌核病、黑腐病、软腐病的病斑或腐败部分，以及氮肥过剩或缺钙的，会造成新叶、心叶腐败的腐心病，叶肉薄，咬劲差，味道不好。缺镁和锰的，除叶脉以外叶子变黄，从叶的边缘枯卷，还有因病毒侵害而使叶子卷曲的。春季或夏初收获的，结球的顶部稍隆起或发尖，是结球内部花芽发育，抽薹，味道不好。

③菠菜 菠菜有很多品种，有很多好的杂交种，春播夏收，夏播秋收，秋播冬收，晚秋播春收，可以全年供应。菠菜受日照时间长，就会长出花芽，开

始抽薹，春天和夏天播种的，必须使用对日照不敏感的品种。通过杂交，已培育出对日照不敏感的品种。菠菜是雌雄异株，雌株叶多、叶大，适于食用，雄株叶少，抽薹开花早。雌株和雄株出现的比率为 1：1，雌株的商品价值高。菠菜的维生素 A、维生素 C 含量高，但贮藏一段时间后含量会减少，以新鲜、叶大而肥厚、叶质柔软、无病斑及枯萎情况、叶柄不突起而柔软、叶色鲜明的为好。特别是春收的，易抽薹而且薹很长，及早收获为好。

④葱　葱的品种很多，作为经济作物种植的就有很多种。大葱的叶鞘只有一条根，而且粗的为好，有的品种分蘖成 2～3 根。叶鞘的长度因品种而异，大体在 35～40cm。叶鞘的质量，要求肉不突出，咬劲好，过熟的则变硬，而且一般夏天的葱比秋、冬天的葱硬。叶身的粗细、长短因品种而异，要有品种固有的颜色，表面要有蜡状物质覆盖。叶身如果有铁锈状粉末的锈病、褐色椭圆斑的露菌病、害虫残留的白色小纵斑以及根部有土壤线虫小瘤的都不好，生长过程中叶身受严重损伤的，早春接近抽薹的，肉质硬，味道均差。

⑤芹菜　芹菜根据叶柄和叶的颜色分为黄色和绿色两种，近年又有二者中间的品种。中间品种兼有黄、绿品种的优点，叶为绿色或淡绿色。没有病斑、不枯萎、不卷缩、平滑、叶数多的为好。叶柄宽而厚、没有裂缝和小孔、第一节在 17cm 以上，没有病斑和腐败处、纤维不太发达、没有突起的芹菜品质优良，根部容易干燥，根干，叶便随之枯萎。根部有根线虫的小瘤和土壤传染病的白霉或粉状物的，风味不好。芹菜所特有的香气是很重要的。芹菜属于凉性蔬菜，可以全年生产。但是在高温期除了高寒地区以外，一般地区生产的芹菜品质差，易腐败，筋多，香气小。当低温时，花芽分化，转暖时开始抽薹，所以晚秋、早春播种的芹菜，株的中心叶伸长，有抽薹的危险，开始抽薹的芹菜，香气和味道都变差。

（3）茎菜类

①洋葱　外皮很干，容易破碎，具有品种固有的颜色，平滑而有光泽的为好。干燥不良有皱纹、有痣状暗斑的不好。鳞叶厚实，外皮用手按很松，是休眠以后开始发芽，收获后 2～3 个月休眠结束，从球的中心开始发芽，7 月收获的 10 月以后可发芽，鳞叶养分的消耗加大，原有的刺激性成分和风味都降低。故以高寒地带 10 月以后收获、正处在休眠期的洋葱为好。洋葱在蔬菜中作为贮藏蔬菜起着重要作用。洋葱中还有呈红紫色的甜洋葱，也可按上述标准鉴别。

②韭菜　品种很少。以叶数多、厚而重、叶体充分发达、坚硬的为好。带褐色的、带伤的、有病斑的不好。肉质要有咬劲，气味不是很大，要整齐。

③大蒜　鲜茎被白色或淡褐色的外皮包住，重量 30～40g，直径 4～9cm，

肥大的蒜瓣4～10个呈放射状排列。大蒜可生食或制成干燥粉末使用，在烹调时用于调味、用作香辣调味料、用作强壮剂等，利用价值很高。蒜瓣的肉为白色，有特有的气味和辣味，质地细密而硬的好。收获迟而过熟的，鳞茎裂开，蒜瓣分离，风味和药效都差。大蒜的病害有锈病、软腐病等，易受病毒危害，必须注意。

（4）根菜类

①萝卜　形态、性状有各种各样，品种多达几百个，用于经济栽培的也有上百个，属于冷凉性蔬菜。颜色一般为白色，也有带红色的和头部附近带绿色的；同是白色的，不是乳白、灰白，而是雪白的为好。萝卜叶的形状也因品种而异，以锯齿细、副叶大的为好。在同一品种中，叶色有深浅之分，深绿的称黑叶，浅绿的称黄叶。秋、冬收获的品种一般叶色深，春、夏收获的品种多为鲜绿色。叶柄有圆形的和平宽的，秋、冬收获的一般为平宽形，春天收获的多为圆形。萝卜的头部发黑而且变得粗糙的，是已过适宜的收获期，严重的变黑且有裂纹的，多半萝心已发糠。根体硬而紧，具品种应有的形态，颜色嫩白无污垢的为好。根体两侧长出小根的小洞垂直排列的，说明生长良好，小洞排列弯曲的不好。肉质细密、多汁，从中心呈放射状生长，没有太多木质化的，咬劲好。超过规定生育天数收获的，萝卜会发糠，肉质衰萎粗糙，褪色，水分减少，煮不烂，咬劲差，风味不好，腌咸菜也不适宜，营养价值也降低。根据萝卜的颜色和用手叩打的声音，即可判断是否已经发糠。还可切开叶柄进行判断，把距根部1～2cm处尽量靠外的叶横着切断，看切口在叶里侧有一排绿点，围绕绿点的中心部分有白泡状的洞时，则萝卜必定已糠，故以没有白泡状洞的为好。叶根的中心部分已经抽薹的，当然已糠，肉质不好，味道差。

②胡萝卜　耐暑性强，适于越夏种植，秋、冬收获（因容易抽薹，不适于春、夏收获）。多为中、长形。欧洲系多为短形，对气候不敏感，除酷暑、严寒以外，可全年上市。品种共有上百个。形状有长圆锥形、圆筒形、棍棒形等。又有尖头和钝头之分。具有品种固有的形状，长度、重量达到一定标准，小根不粗，肉充实，底部没有鳞纹，有重实感的为好。胡萝卜的颜色有朱红色、橘红色、橘黄色、橙色。黄色为胡萝卜素着色，红色为番茄红素着色。根体内部分心部和皮层部，心部肉稍粗，皮层部肉细密，有弹性，风味好。

③姜　以根茎（块茎）肉多，分支肥大，成块状的为好。外皮呈淡黄色或白色，肉为黄色，纤维少，细密，长得充实的好。生长过度，纤维和粗根发达，肉变得坚硬，口感不好。姜芽是软化的嫩芽，以新鲜、色泽好、叶鞘和未展开叶不枯萎、无污损、香味高、柔软的为好。姜的品质主要看辣味、香气和颜色，根据用途选择适宜的品种。切口流出恶臭汁液的，受10℃以下冷害的，

以及成熟过度的，肉质差，水气少，利用价值低。

【任务实践】

实践一：番茄的抽样检验技术

1. 材料

产区的番茄品种。

2. 用具

电子秤、记录本、钢笔等。

3. 操作方法

（1）分级方法

①一等　具有同一品种的特征，果实色泽良好，果面光滑、新鲜、清洁，硬实，无异味，成熟度适宜，整齐度较高；无烂果、过熟、日伤、褪色斑、疤痕、雹伤、冻伤、皱缩、空腔、畸形果、裂果、病虫害及机械伤等。

A. 规格

特大果：单果重≥200g；

大果：单果重150～199g；

中果：单果重100～149g；

小果：单果重50～99g；

特小果：单果重<50g。

B. 限度　品质不合格个数之和不得超过5%；其中软果和烂果之和不得超过1%；规格不合格个数不得超过10%。

②二等　具有相似的品种特性，果实色泽较好。果面较光滑、新鲜、清洁、硬实，无异味，成熟度适宜，整齐度较高；无烂果、过熟、日伤、褪色斑、疤痕、雹伤、冻伤、皱缩、空腔、畸形果、裂果、病虫害及机械伤等。

A. 规格

大果：单果重≥150g；

中果：单果重100～149g；

小果：单果重50～99g；

特小果：单果重<50g。

B. 限度　品质不合格个数之和不得超过10%，其中软果和烂果之和不得超过1%；规格不合格个数不得超过10%。

③三等　具有相似的品种特性，果实色泽较好，果面清洁、较新鲜，硬实，无异味，不软，成熟度适宜；无烂果、过熟、严重日伤、大疤痕、严重畸形果、严重裂果、严重病虫害及机械伤等。

A. 规格

大中果：单果重≥100g；

小果：单果重 50～99g；

特小果：单果重<50g。

B. 限度　品质不合格个数之和不得超过 10%，其中软果和烂果之和不得超过 1%；规格不合格个数不得超过 10%。

（2）番茄的检验规则　同品种、同等级的番茄作为一个检验批次。

检验方法：

①抽样方法采用随机取样，抽取量按数量抽取。

②将抽取的样品逐件称量，每件重量一致，不得低于包装外标志的重量，若为弥补运输途中的自然损耗，可适当多装，但上限不得超过 5%。然后，将样品逐件打开，取出番茄平铺于检验台上，不可重叠，记录其个数，进行个体检查。

③品种特征，果形、色泽、光滑、新鲜、清洁、绿肩、异味、硬度、成熟度、整齐度等采用感官鉴定。

④烂果、日伤、褪色斑、雹伤、冻伤、皱缩、空腔、机械伤等采用目测，过熟用目测和手摸，畸形果和裂果用目测及测量。病虫害对果实外部有明显症状或外观不明显而对内部有怀疑者，都将取样果用小刀解剖检验，如发现内部症状，则需扩大验果数量。

⑤果重的检验，先将称取的每件重量减去容器重量，求得每件的净重，再数每件容器所装的果实数，求得每个番茄的平均果重及应在的等级，检查与包装外标志所示的等级是否一致，接着检测果重的限度。

⑥每批番茄抽样检验后，对不符合该等级标准的番茄，按记录单上记载的各项记录，如一个果实同时具有几种缺陷，则选一个主要缺陷，按一个残次果计算，这样分别计算百分率，百分率则需保留一位小数。计算公式：单项不合格果＝单项不合格果数/检验批总果数×100%；不合格果百分率等于各单项百分率的总和。

（3）要求　每批受检番茄，按其品质和大小抽样检验，各箱（筐）不合格果百分率按其平均值计算，总的不得超过该等级规定限度范围。如当某容器不合格果百分率超过规定限度时，为避免不合格率变异幅度太大，特作如下规定：

①规定限度总的不超过 5% 和 1% 者，则任何一容器内果实，不合格果百分率的上限不得超过 10% 和 2%，尤其是烂果与软果之和不得超过 2%。

②规定限度总的不超过 10% 者，则任何一容器内果实，不合格果百分率

的上限不得超过 15%。

③如若超过上述规定，则应降到相应的等级或作等外级品处理。

4. 调查记录对番茄进行分级。

实践二：西瓜、甜瓜果实品质鉴定

1. 材料

产区的西瓜、甜瓜品种。

2. 用具

电子秤、手持测糖仪、刀、尺子、记录本、钢笔等。

3. 结果记录　结果记录填入表 1-4、表 1-5 中。

表 1-4　西瓜、甜瓜果品质鉴定（一）

品种	单瓜重（kg）	果面特征	纵径（cm）	横径（cm）	果形指数	果皮厚度（测3次平均值）	种、皮重（kg）
网纹甜瓜							
无籽西瓜							
黑美人							
黄甜瓜							
礼品西瓜							

表 1-5　西瓜、甜瓜果实品质鉴定（二）

品种	果肉颜色	种子数	可溶性固形物（%）		可食率（%）	其他：口感、风味、异味
			边（3次平均）	中间（3次平均）		
网纹甜瓜						
无籽西瓜						
黑美人						
黄甜瓜						
礼品西瓜						

【关键问题】

蔬菜感官鉴别的技术要点

蔬菜有种植和野生两大类，其品种繁多而形态各异，难以确切地感官鉴别其质量。我国主要蔬菜种类有 80 多种，按照蔬菜食用部分的器官形态，可以将其分成根菜类、茎菜类、叶菜类、花菜类、果菜类和食用菌类六大类型。从蔬菜色泽看，各种蔬菜都应具有本品种固有的颜色，大多数有发亮的光泽，以此显示蔬菜的成熟度及鲜嫩程度。除杂交品种外，别的品种都不能有其他因素造成的异常色泽及色泽改变。从蔬菜气味看，多数蔬菜具有清新、甘辛香、甜酸香等气味，可以凭嗅觉识别不同品种的质量，不允许有腐烂变质的亚硝酸盐味和其他异常气味。从蔬菜滋味看，蔬菜因品种不同而各异，多数蔬菜滋味甘淡、甜酸、清爽鲜美，少数具有辛酸、苦涩等特殊风味以刺激食欲，如失去本品种原有的滋味即为异常，但改良品种应该除外，例如大蒜的新品种就没有"蒜臭"气味或该气味极淡。就蔬菜的形态而言，由于客观因素而造成的各种蔬菜的非正常、不新鲜状态，例如蔫萎、枯塌、损伤、病变、虫害侵蚀等引起的形态异常，以此作为鉴别蔬菜品质优劣的依据之一。

【思考与讨论】

不同蔬菜的感官鉴评。

【知识拓展】

1. 有机蔬菜的选购鉴别

（1）有机蔬菜吃起来清脆，主要的感官是新鲜，即使是烹调后，还是会有不一样的感觉，这不是普通蔬菜经过处理可以制造出来的口感。

（2）在有机食品店或者正规超市购买。市场摊贩的蔬菜来源经常变换，并不稳定。如果对有机蔬菜了解不多，建议你去有信誉的有机食品店购买。超市也是不错的选择，有时超市会因为大宗采购，价格比有机食品店便宜。

（3）选购时要注意蔬菜包装上的有机认证标志。

（4）注意包装袋上是否明确标示生产者及验证单位之相关资料（名称、地址、电话）等，可以依据这些资料到相关网站或者相关部门查询。

2. 鉴别食用菌类的质量

食用菌类是一种特殊的蔬菜，它属于低等植物菌类中的真菌，主要有香菇、平菇、木耳、银耳等。这类蔬菜有野生或半野生的，也有人工栽培的。食用菌的味道鲜美，除含有丰富的蛋白质、维生素以及磷、钾、铁、钙等矿物养分外，还含有一般蔬菜所不具备的多种氨基酸，被人们称为"保健食品"。

在食用这类蔬菜时，值得注意的是不要误食毒菌，否则就会造成中毒，如头痛、恶心、呕吐、腹泻、昏迷、幻视、精神失常，甚至死亡。鉴别毒菌的方法是：可吃的菌类颜色大多是白色或棕黑色，肉质肥厚而软，皮干滑并带丝光。毒菇则大多是颜色美丽，外观较为丑陋，伞盖上和菇柄上有斑点，有黏液状物质附着，用手接触可感到滑腻，有时具有腥臭味，皮容易剥脱，伤口处有乳汁流出，并且很快变色。

（1）银耳　银耳又称白木耳，是我国的一种经济价值很高、很珍贵的胶质食用菌和药用菌。它不仅和其他山珍海味一样是席上珍品，而且在祖国医学中也是一味久负盛名的良药。

良质银耳：干燥，色泽洁白，肉厚而朵整，圆形伞盖，直径 3cm 以上，无蒂头，无杂质。

次质银耳：干燥，色白而略带米黄色，整朵，肉略薄，伞盖圆形，直径 1.3cm 以上，无蒂头，无杂质。

劣质银耳：色白或带米黄色，但不干燥，肉薄，有斑点，带蒂头，有杂质，朵形不正，直径 1.3cm 以下。

（2）黑木耳　黑木耳由于生长环境不同，采收季节和晾晒程度不同，可分为拳耳、流耳、流失耳等五种次品。品种特征如下：拳耳：因在阴雨多湿季节晾晒不及时形成的，在翻晒时互相黏裹所致的拳头状木耳。流耳：在高温、高湿条件下，采收不及时而形成的色泽较浅的薄片状木耳。流失耳：因高温、高湿导致木耳胶质溢出，肉质破坏而失去商品价值的木耳。虫蛀耳：被虫蛀食而形成的残缺不全的木耳。霉烂耳：木耳保管不善，被潮气侵蚀后形成结块发霉变质的木耳。

良质黑木耳：耳面黑褐色，有光亮感，耳背呈暗灰色，不混有拳耳、流耳、流失耳、虫蛀耳、霉烂耳，朵片完整，不能通过直径 2cm 的筛眼，耳片厚度 1mm 以上，杂质含量不得超过 0.3%。

次质黑木耳：耳面黑褐色有光亮感，耳背呈暗灰色，不混有拳耳、流耳、流失耳、虫蛀耳、霉烂耳，朵片基本完整，不能通过直径 1cm 的筛眼，耳片厚度在 0.7mm 以上，杂质含量不超过 0.5%。

劣质黑木耳：耳片色泽多为黑褐色至浅棕色，拳耳不得超过 1%，流耳不得超过 0.5%，不得混有流失耳、虫蛀耳、霉烂耳，朵片小状成碎片，不能通过直径 0.4cm 的筛眼，耳片厚度 0.7mm 以下，杂质含量不得超过 1%。

（3）蘑菇　蘑菇是食用菌中的一大类，野生蘑菇种类较多，因生长地理环境、气候条件不同，形态和种类也有所不同。人工培植蘑菇的种类日渐增多。市场上深受欢迎的有金针菇、香菇、平菇等。

良质食用菌菇：具有正常食用菌菇的商品外形，色泽与其品种相适应，气味正常，无异味，品种单纯，大小一致，不得混杂有非食用菌、腐败变质和虫蛀菌株。

次质食用菌菇：具有正常食用菌菇的商品外形，色泽与其品种相适应，气味正常、品种不纯、大小不一致，混杂有其他品种，菌盖或菌柄有虫蛀痕迹。

劣质食用菌菇：不具备正常食用菌菇的商品外形或者食用菌菇的商品外形有严重缺陷，色泽与其相应品种不一致，品种不纯，混有非食用菌以及腐败变质、虫蛀等菌体，甚至有掺杂的菌株、菌柄、菌盖等物，碎乱不堪，并有杂质。

3. 鉴别黑木耳的质量

（1）黑木耳的质量鉴别方法

①朵形　以朵大均匀，耳瓣舒展少卷曲，体质轻，吸水后膨胀性大的为上品；朵形中等，耳瓣略有卷曲，质地稍重，吸水后膨胀性一般，属于中等品；如果朵形小而碎，耳瓣卷曲，肉质较厚或有僵块，质量较重的，属于下等品。

②色泽　每个朵面以乌黑有光泽、朵背略呈灰白色的为上等品；朵面灰黑，无光泽者为中等品，朵面灰色或褐色的为下等品。

③干度　质量好的木耳干而脆，次的木耳发艮扎手。通常要求木耳含水量在11％以下为合格品。试验木耳水分多少的方法是：双手捧一把木耳，上下抖翻，若有干脆的响声，说明是干货，质量优，反之，说明货劣质次。也可以用手捏，若易捏碎，或手指放开后，朵片能很快恢复原状的，说明水分少，如果手指放开后，朵片恢复原状缓慢的说明水分较多。

④品味　取木耳一片，含在嘴里，若清淡无味，则说明品质优良，如果有咸、甜等味，或有细沙出现，则为次品或劣品，不能购买。

（2）分级

①一级品　表面青色，底灰白，有光泽，朵大肉厚，膨胀性大，肉质坚韧，富有弹性，无泥杂、无虫蛀、无卷耳、无拳耳（由于成熟过度及久晒不干，经多次翻动而使木耳黏在一起的干品）。

②二级品　朵形完整，表面青色，底灰褐色，无泥杂，无虫蛀。

③三级品　色泽暗褐色，朵形不一，有部分碎耳、鼠耳（因营养不足或秋后采收而形成的小木耳），无泥杂，无虫蛀。

④四级品　通过检验不符合一、二、三级的产品，如不成朵形或碎耳数量很多，但无杂质、无霉变现象。

⑤等外级　碎耳多，含有杂质，色泽差。

4. 鉴别黑木耳的真假

黑木耳中掺假的物质有糖、盐、面粉、淀粉、石碱、明矾、硫酸镁、泥沙等。掺假的方法是：将以上某物质用水化成糊状溶液，再将已发开的木耳放入浸泡，晒干，使以上这些物质黏浮在木耳上，因此木耳的重量大大增加。有些假木耳，用的是化学药品，对人体健康是有害的。

掺假木耳的鉴别方法：

①看色泽：真木耳，朵面乌黑有光泽，朵背略呈灰白色，假木耳的色泽发白，无光泽。

②看朵形：真木耳，耳瓣舒展，体质轻，假木耳呈团状。

③试水分：真木耳，一般质地较轻，含水量都在11%以下，假木耳水分多，用手掂掂，会感到分量重。用手研磨后，手指上会留下掺假物。

④品滋味：真木耳，清淡无味，假木耳皆有掺假物的味道。如尝到甜味的，说明是用饴糖等糖水浸泡过的；有咸味的，是用食盐水浸泡过的；有涩味的，是用明矾水浸泡过的。

5. 鉴别银耳的质量

银耳又名白木耳，是天然稀有的珍贵药品，产于四川、福建、贵州、湖北、湖南等省（自治区、直辖市）的山林地区。它有滋阴、补肾、润肺、强心、健脑、补气等功效，是延年益寿的最佳补品。银耳含有丰富的蛋白质、多种维生素和10多种氨基酸、肝糖和有机磷化物。近年来，国内外广泛试用银耳治疗肿瘤，它不仅能增强机体的抗肿瘤免疫力，抑制肿瘤生长，而且能增强肿瘤患者对放射治疗或化学治疗的耐受能力，防止或减轻骨髓抑制。

（1）银耳质量优劣鉴别的方法

①朵形　形似菊花，瓣大而松，质地轻者为上品，朵形小或未长成菊花形的为下品。

②色泽　色白如银，白中透明，有鲜亮的光泽为上品，色泽发黄或色泽不匀，有黑点、不透明者为下品。

③组织　个大如碗，朵片肉质肥厚，胶质多，蒂小，水分适中者为上品，朵片肉质单薄，无弹性，蒂大者为下品。

④杂质　银耳中无碎片，无杂质为上品，银耳容易破碎，碎片多，杂质多者为下品。

（2）分级

①一级品　足干，色白，无杂质，不带耳脚，朵整肉厚，呈圆形，朵的直径在4cm以上。

②二级品　足干，色白，无杂质，不带耳脚，朵整肉厚，朵形不甚圆，直径在2cm以上。

③三级品　足干，色白，略带米黄色，朵肉略薄，无杂质，不带耳脚，整朵呈圆形，朵的直径在2cm以上。

④四级品　足干，色白，带米黄色，有斑点，朵肉薄，不带耳脚，整朵呈圆形，朵的直径大于1.3cm。

⑤等外品 足干，色白，带米黄色，朵中有斑点，耳肉薄，略带耳脚（其数量不得超过 5.0%），无杂质，无碎末，朵形不一，朵的直径小于 1.3cm。

【专业网站链接】

1. http：//www.vegnet.com.cn 中国蔬菜网。
2. http：//www.pooioo.com 中国食品网。
3. http：//yuanyi.biz 中国园艺产品网。
4. http：//www.zgncpw.com 中国农产品网。
5. http：//www.shucai001.com 中国寿光蔬菜网。
6. http：//www.cfvin.com 中国水果蔬菜网。

【数字资源库链接】

1. http：//www.jingpinke.com 国家精品课程资源网。
2. http：//book.douban.com/subject/2200109 豆瓣读书（园艺产品质量检验）。
3. http：//www.doc88.com/p-1961690047417.html 道客巴巴（新鲜园艺产品的感官鉴定）。
4. http：//www.wenku.baidu.com 百度文库。

技术实训

园艺植物果实感官质量评价

1. 实训目的

园艺产品质量包括感官品质、营养品质和卫生品质等几个方面，依据研究目的可以采用不同的质量标准，但实际工作中进行质量评价往往难以对所有内容一一进行检验，就需要选取主要的和最有代表性的性状进行鉴定。果蔬产品质量评价所用的方法很多，有些指标可以进行感官分析，有些需要进行理化检测，可以根据要求和实验条件确定。

园艺植物种类、品种不同，产品器官质量评价的内容也不同。果品质量评价主要包括以下几个方面，实验时可根据具体情况选作其中部分内容。可溶性固形物以外的营养成分和一些有害物质测定可结合其他课程或实验进行。

①外观品质：包括果实大小、形状、颜色、光泽及缺陷等。
②质地品质：包括果实汁液含量、果肉的硬度、粗细、韧性及脆性等。
③风味品质：包括果实甜味、酸味、辣味、涩味、苦味和芳香味等。
④营养价值：指果实中各种营养成分含量。

⑤卫生质量：指农药、重金属、亚硝酸盐等各种有害物质残留。

通过实训了解和掌握园艺植物果实产品品质评价的内容、标准和方法。

2. 实训材料与用具

（1）材料　选择苹果、梨两种水果，每种选 3 个品种的果实。

（2）用具　游标卡尺、天平、烘箱、榨汁机（器）、果实硬度计、手持测糖仪、农药残毒快速测定仪等。

3. 实训方法

（1）外观品质

①果实大小和重量：大小以果实最大横径表示，用游标卡尺测量。重量用天平称量。

②果实形状：用文字描述，结合果形指数（纵径与横径的比值）。

③颜色：是否具有本品种可采收成熟时固有的色泽。果实颜色由底色和面色两部分组成，如富士苹果底色黄绿或黄色，面色为红色。一般以果实的面色面积表示果实的着色度。面色的分布特征为色相，分条红、片红、红晕等。若由两种色彩描述时，以后者为主，前者为副，如黄绿色表示以绿色为主。需计算着色面积可采用在果面上粘贴纸条法。有时以分级法表示着色程度。

④果面光洁状况：果实表面锈斑的大小、多少、分布；皮孔大小、是否明显；果皮细或粗糙；表面的裂纹、裂口；果面是否光滑，果面果粉、蜡质覆盖是否完好；光泽、茸毛有无和表面农药残留等。

⑤缺陷：指机械损伤、病虫害、日灼、裂果、畸形等影响果面的不足。可用分级法表示果面缺陷的发生率及严重程度。如 1 级：无症状；2 级：症状轻微；3 级：症状中等；4 级：症状严重；5 级：症状很严重。此外，还应注意果实的整齐度。

（2）内部品质

①果汁含量：苹果等果实可测定水分含量，含水量高表示果汁含量高。

②果肉硬度：用果实硬度计测定去皮或不去皮的果肉或果实硬度。

③果肉感官质地：通过品尝来评价果实肉质的粗细、松脆程度、石细胞量、化渣与否、粉质性等感官指标。

（3）风味品质　通过品尝评价果实的甜、酸、芳香等味感。

（4）营养价值　主要以手持测糖仪测定果肉的可溶性固形物含量。

（5）卫生质量　利用农药残毒快速测定仪法测定有机磷和氨基甲酸酯类农药残留量。

取 4g 切碎的果肉，放入提取瓶内，加入 20mL 缓冲液，振荡 1～2min，倒出提取液，静止 3～5min；于小试管内分别加入 50mL 酶，3mL 样本提取液，50μL 显色剂，于 37～38℃ 下放置 30min 后再分别加入 50μL 底物，倒入比色杯，用专用速测仪测定。以酶抑制率表示农药残留情况。

4. 实训要求

（1）实训前认真预习实习内容。

（2）对实训所得的数据能够进行相应的处理与分析。

（3）能够针对实训结果独立完成实训报告。

5. 技术评价

完成实训报告。附实训报告内容：在各单项质量指标鉴定的基础上，对果品质量进行综合评价。

评分标准：

（1）果形　主要指果实形状是否端正，是否具有本品种固有的外观形状。

5 分：果形端正，代表本品种典型特性；3～4 分：果形基本端正，能代表本品种的特性。1～2 分：品种典型性较差。

（2）重量　平均单果重。

5 分：单果重 200g 以上；3～4 分：单果重 150～200g；1～2 分：单果重 150g 以下。

（3）果实大小

8～10 分：果形指数达到 1 以上，横径在 8cm 以上；5～8 分：果形指数达到 0.8～1.0，横径在 6～8cm；1～5 分：果形指数在 0.5 以下，横径在 6cm 以下。

（4）色泽

8～10 分：有光泽，色泽红润，着色面积达到 1/2；5～8 分：有光泽，色泽红润，着色面积达到 1/3；1～5 分：色泽较差，着色面积达到 1/3。

（5）果皮及果点

8～10 分：有蜡质，果点较小，光滑，皮薄；5～8 分：有蜡质，果点小，较光滑，皮较厚；1～5 分：锈斑，果点较大，粗糙，皮厚。

（6）果肉风味

15～20 分：酸甜可口，果香味浓；10～15 分：酸甜，香味较淡；5～10 分：较酸，香味无。

（7）硬度

10～15 分：硬度在 $6×10^5$Pa 以上；5～10 分：$4×10^5～6×10^5$Pa；1～5 分：$4×10^5$Pa 以下。

（8）可溶性固形物的含量

10～15 分：可溶性固形物的含量达到 15% 以上；8～10 分：可溶性固形

物的含量 10％～15％；5～8 分：可溶性固形物的含量 10％以下。

（9）果心大小

8～10 分：小于横径 1/3；5～8 分：相当于横径 1/3；1～5 分：超过横径 1/3。

填写苹果果实品质鉴评（表 1-6）和梨果实品质鉴评（表 1-7）。

表 1-6　苹果果实品质鉴评

果样品代号	外　观					内　质			
	果实形状 5分	果实重量 5分	果实大小 10分	色泽 10分	果皮及果点 10分	果肉风味 20分	硬度 15分	可溶性固形物的含量 15分	果心大小 10分
1									
2									
3									

表 1-7　梨果实品质鉴评

果样品代号	外　观					内　质			
	果实形状 5分	果实重量 5分	果实大小 10分	色泽 10分	果皮及果点 10分	果肉风味 20分	硬度 15分	可溶性固形物的含量 15分	果心大小 10分
1									
2									
3									

模块二　园艺产品营养成分的检测分析

目标：本模块主要包括园艺产品中水分、酸度、糖类、维生素、脂类、蛋白质、灰分及矿物质等理化指标的检验分析。通过本模块的学习，学生应掌握园艺产品各项理化指标的测定技术，熟悉园艺产品的营养价值，培养学生实际动手操作和数据分析的基本能力。

模块分解：模块分解如表1-8所示。

表1-8　模块分解

任务	任务分解	要求
1. 园艺产品营养成分水分的测定	1. 园艺产品中水分成分的认识 2. 园艺产品水分测定方法的选择	1. 了解园艺产品水分的一般术语及其含义 2. 掌握园艺产品水分测定的内容及方法
2. 园艺产品营养成分酸度的测定	1. 园艺产品中酸度成分的认识 2. 园艺产品中不同酸度的测定	1. 了解园艺产品酸度的一般术语及其含义 2. 掌握园艺产品酸度测定的内容及方法
3. 园艺产品营养成分糖类的测定	1. 园艺产品中糖类成分的认识 2. 园艺产品中不同糖类的测定	1. 了解园艺产品糖类的一般术语及其含义 2. 掌握园艺产品糖类测定的内容及方法
4. 园艺产品营养成分维生素的测定	1. 园艺产品中维生素成分的认识 2. 园艺产品中不同维生素的测定	1. 了解园艺产品维生素的一般术语及其含义 2. 掌握园艺产品维生素测定的内容及方法
5. 园艺产品营养成分脂类的测定	1. 园艺产品中脂类成分的认识 2. 园艺产品中脂类测定方法的选择	1. 了解园艺产品脂类的一般术语及其含义 2. 掌握园艺产品脂类测定的内容及方法
6. 园艺产品营养成分蛋白质的测定	1. 园艺产品中蛋白质成分的认识 2. 园艺产品蛋白质测定方法的选择	1. 了解园艺产品蛋白质的一般术语及其含义 2. 掌握园艺产品蛋白质测定的内容及方法
7. 园艺产品营养成分灰分及矿物质元素的测定	1. 园艺产品中灰分及矿物质元素成分的认识 2. 园艺产品不同灰分的测定 3. 园艺产品不同矿物质元素的测定	1. 了解园艺产品灰分及矿物质元素的一般术语及其含义 2. 掌握园艺产品灰分及矿物质元素测定的内容及方法

任务一　园艺产品营养成分中水分的测定

【案例】

图 1-4　园艺产品检测

2 400 多年前的中医典籍《黄帝内经·素问》已有"五谷为养，五果为助，五畜为益，五菜为充，气味合而服之，以补精益气"及"谷肉果菜，食养尽之，无使过之，伤其正也"的记载。上述平衡饮食的内容古而不老，很有科学道理。"五谷为养"是指黍、秫、菽、麦、稻等谷物和豆类作为养育人体之主食。"五果为助"系指枣、李、杏、栗、桃等水果、坚果，有助养身和健身之功。水果富含维生素、纤维素、糖类和有机酸等物质，可以生食，且能避免因烧煮破坏其营养成分。有些水果若饭后食用，还能帮助消化。故五果是平衡饮食中不可缺少的辅助食品。"五菜为充"则指葵、韭、薤、藿、葱等蔬菜。各种蔬菜均含有多种微量元素、维生素、纤维素等营养物质，有增食欲、充饥腹、助消化、补营养、防便秘、降血脂、降血糖、防肠癌等作用，故对人体的健康十分有益。那么多园艺产品其营养价值如何确定？

> 思考 1：园艺产品中基本营养成分指标及其监测分析方法有哪些？
>
> 思考 2：园艺产品对人体的主要作用有哪些？
>
> 思考 3：你认为在生活中如何合理地选择和食用园艺产品？

【知识点】

水分是园艺产品的天然成分，通常虽不看作营养素，但它是动植物体内不可缺少的重要成分，具有十分重要的生理意义。水分是园艺产品中含量最高的化学成分，但含量差异很大，为 $70\%\sim97\%$，一般果品含水量为 $70\%\sim90\%$，

蔬菜含水量为 $75\%\sim97\%$,。产品中水分含量的多少,直接影响其感官性状,影响胶体状态的形成和稳定。控制产品水分的含量,可防止其腐败变质和营养成分的水解。因此,了解产品中水分的含量,不仅能掌握其成分的一个基础数据,同时增加了其他测定项目数据的可比性。在园艺产品中水分存在形态和食品一样,主要有游离水和结合水(化合水)两种。

1. 园艺产品中水分成分的认识

(1) 园艺产品中水分的种类

①游离水(或称自由水)　游离水是指组织、细胞中容易结冰、也能溶解溶质的这一部分水。因为只有游离水分才能被细菌、酶和化学反应所触及,因此又将其称为有效水分,可用水分活度进行估量。该水基本保持本身的物理特性,这一部分水分的作用力是毛细管力,由于结合松散,所以用干燥的方法很容易从园艺产品中分离出来。游离水大致可以分为三类:滞化水、毛细管水和自由流动水。

滞化水(不可移动水):被组织中的显微和亚显微结构与膜所阻留住的水。

毛细管水:在生物组织的细胞间隙和制成食品的结构组织中通过毛细管作用所阻留的水。

自由流动水:植物导管和细胞内液泡以及动物的血浆、淋巴和尿液等内部的水。

②结合水(化合水)　结合水是以氢键与园艺产品的有机成分相结合的水分,如葡萄糖、乳糖、柠檬酸等晶体中的结晶水或明胶、果胶所形成冻胶中的结合水。结合水与一般水不一样,在园艺产品中结合水不易结冰(冰点 $-40℃$),不能作为溶质的溶剂,也不能被微生物所利用,但结合水对园艺产品的风味和口感起着重要的作用。由于结合水的蒸气压比游离水低很多,因此结合水的沸点高于一般水,而冰点低于一般水,这种性质使得含有大量游离水的新鲜园艺产品在冰冻时细胞结构容易被冰晶所破坏,而几乎不含游离水的植物种子和微生物孢子却能在很低的温度下保持其生命力,但结合水较难分离,如果将其强行除去,则会改变园艺产品的风味和质量。

(2) 园艺产品水分存在的作用

①水分是园艺产品保持新鲜状态不可缺少的物质,是衡量园艺产品新鲜状态的标志,是保持产品良好性状(感观)的重要指标,如新鲜卷心菜的含水量可以达到 90%,西瓜含水量为 96%。但含水量高也给微生物的繁殖创造了条件,使果蔬容易腐烂变质。

②某些园艺产品的水分减少到一定程度时将引起水分和其他组分平衡关系的破坏,会使蛋白质变性,糖和盐结晶,降低产品复水性、保藏性及组织形态

等，缺水会引起不可逆新陈代谢，导致衰老。

（3）园艺产品中水分测定的意义

①确定园艺产品中的实际含水量（或干物质的含量），为园艺产品加工和贮藏提供基础数据。

②能以全干物质为基础计算园艺产品中其他组分的含量，以增加其他测定项目的可比性。

（4）园艺产品中水分测定的概念

①平衡水分是指在一定的干燥介质条件下，园艺产品排出和吸收水分，当排出和吸收水分的速度相等时，只要干燥介质条件不发生变化，园艺产品中所含的水分也将维持不变，不会因与干燥介质接触时间长短而发生变化，这时园艺产品中含水量称为在该种干燥介质条件下的平衡水分。

在干燥过程中除去的水分是园艺产品所含水分中大于平衡水分的部分。这一部分水分主要指游离水和部分结合水。

②水分活度是指在一定条件下，园艺产品是否被微生物所感染，并不取决于园艺产品中的水分总含量，而仅仅取决于园艺产品中游离水的含量，因为只有游离水才能有效地支持微生物的生长与水解化学反应，因此用水分活度指示园艺产品的腐败变质情况远比水分含量好。

水分活度的定义是：

$$A_w = \frac{P}{P_0}$$

式中：A_w——水分活度；

P——园艺产品样品中的水蒸气分压；

P_0——在相同温度下纯水的蒸气压。

水分活度和相对湿度在数值上存在着可以互换的关系：$A_w \times 100\% =$ 相对湿度。纯水的 $A_w = 1$；水果等含水量高的园艺产品 A_w 值为 $0.98 \sim 0.99$。各种微生物得以繁殖的 A_w 条件为：细菌 $0.94 \sim 0.99$，酵母菌 0.88，霉菌 0.80。当水分活度保持在最低 A_w 值时（即水分主要以结合水存在时），园艺产品具有最高的稳定性。

2. 园艺产品水分测定方法的选择

水分的测定方法很多，主要有直接法和间接法两大类。直接法：利用水分本身的物理化学性质来测定水分含量的方法，如重量法（凡操作过程中包括有称量步骤的测定方法称为重量法），如直接干燥法、减压干燥法、红外线干燥法、蒸馏法等；间接法：利用食品的密度、折射率、电导、介电常数等物理性质测定的方法，如卡尔·费休法、近红外光谱法、水分活度值测定法等。

（1）直接干燥法（常压干燥法） 直接干燥法是将园艺产品样品直接加热干燥，使其水分蒸发，以样品在蒸发前后的失重来计算水分含量的一种测定方法，原样重量－干燥后重量＝水分重量。直接干燥法是适合于大多数园艺产品测定的常用方法。

①原理 在一定的温度（95～105℃）和压力（常压）下，将样品在烘箱中加热干燥，除去水分，干燥前后样品的质量之差为样品的水分含量。

②试剂 盐酸：6mol/L。量取 100mL 盐酸，加水稀释到 200mL。

氢氧化钠：6mol/L。取 24g 氢氧化钠加水溶解并稀释到 100mL。

海沙或河沙：用水洗去泥土的海沙或河沙，先用盐酸（6mol/L）煮沸0.5h，用水洗至中性，用氢氧化钠溶液（6mol/L）煮沸 0.5h，用水洗至中性，经 105℃ 干燥备用。

③操作方法 材料：采集、处理及保存过程中，要防止组分发生变化，特别要防止水分的缺失或受潮。

固体样品：选取小于 14％ 的固体样品（安全水分样品）和大于 16％ 的固体样品。

样品预处理：小于 14％ 的固体样品必须先磨碎，全部经过 20～40 目筛，混匀。大于 16％ 的固体样品采用二步法：先称总重量，然后自然风干至安全水分标准，一般 15～20h，称重，再粉碎、过筛、混匀，在磨碎过程中，注意防止样品中水分含量的丢失。

操作步骤：首先取干净的称量瓶，置于（100±5）℃ 干燥箱中，瓶盖斜支于瓶边，加热 0.5～1h，取出，盖好，置于干燥器内冷却 0.5h，称量，然后重复干燥至恒重。然后称取 2.0～10.0g 的处理样品，放入此恒重的称量瓶中，加盖，称重后放在（100±5）℃ 干燥箱中，干燥 2～4h 后，盖好，取出，放入干燥器中冷却 0.5h 后称重，再放入同温度的干燥箱中干燥 1h 左右，取出放入干燥器内冷却 0.5h 后再称重，这前后两次的重量差不超过 2mg，即为恒重，或者继续重复干燥至恒重。

半固体或液体样品：首先将 10g 洁净干燥的海沙及一根小玻璃棒放入蒸发皿中，在（100±5）℃ 干燥箱中干燥 0.5～1.0h 后取出，放入干燥器内冷却0.5h 后称重，并重复干燥至恒重。然后准确称取 5～10g 样品，置于蒸发皿中，用小玻璃棒搅匀后放在沸水浴中蒸干，并不断搅拌，擦干皿底后置于（100±5）℃ 干燥箱中干燥 4h 后盖好取出，放入干燥器内冷却 0.5h 后称重，按固体样品操作步骤反复干燥至恒重。

计算公式：

$$X = \frac{M_1 - M_2}{M_1 - M_0} \times 100\%$$

式中：X——样品中水分的含量，%；

   M_1——称量皿（或蒸发皿加海沙、玻璃棒）和样品的质量，g；

   M_2——称量皿（或蒸发皿加海沙、玻璃棒）和样品干燥后的质量，g；

   M_0——称量皿（或蒸发皿加海沙、玻璃棒）的质量，g。

两步干燥法按下式计算水分含量：

$$X = \frac{(M_3 - M_4) + M_4 \times 2}{M_4} \times 100\%$$

式中：X——样品中水分的含量，%；

   M_3——新鲜样品质量，g；

   M_4——风干样品质量，g；

   Z——风干样品的水分含量，%。

④注意事项　本法不大适用于胶体或半胶体状态的样品。糖类，特别是果糖，对热不稳定，当温度超过 70℃ 时会发生氧化分解。因此对含果糖比较高的样品及其制品，宜采用减压干燥法。含有较多氨基酸、蛋白质及羰基化合物的样品，长时间加热会发生羰氨反应析出水分。因此，对于此类样品，宜采用其他方法测定水分。

水果、蔬菜样品，应先洗去泥沙后，再用蒸馏水冲洗 1 次，然后用干净的纱布吸干表面的水分。

水分测定的称量恒重是指前后两次称量的质量差不超过 2mg。

操作条件的选择：干燥温度为（100±5）℃。对热稳定的样品可提高到 120~130℃ 范围内进行干燥；对还原糖含量较多的产品应该先用低温（50~60℃）干燥 0.5h，然后再用 100~105℃ 干燥。时间一般以干燥至恒重为准。105℃烘箱法：一般干燥时间为 4~5h；130℃烘箱法：干燥时间为 1h。该种方法基本能够保证水分完全蒸发。如果对水分测定结果的准确度要求不高的样品，可采用在一定的干燥时间内完成测定，如各种饲料中水分含量的测定。

在烘干过程中，有时样品内部的水分还来不及转移至物料表面，表面便形成一层干燥薄膜，以至于大部分水分留在园艺产品内不能排除。例如，在富含糖分的水果、富含糖分和淀粉的蔬菜等样品时，如不加以处理，样品表面极易结成干膜，妨碍水分从园艺产品内部扩散到它的表层。

加入海沙（或河沙）可使样品分散，水分容易除去。海沙（或河沙）的处理方法是：用水洗去泥土后，先用 6mol/L 盐酸溶液煮沸 0.5h，用水洗至中性，再用氢氧化钠溶液 6mol/L 煮沸 0.5h，用水洗至中性，经 105℃干燥备用。如无海沙，可用玻璃碎末或石英砂代替。

称量皿有玻璃称量瓶和铝质称量皿两种，前者适用于各种样品，后者导热性能好、质量轻，常用于减压干燥法。但铝质称量皿不耐酸碱，使用时应根据测定样品加以选择。称量皿的规格：以样品置于其中，平铺开后厚度不超过称量皿 1/3 为宜。测定过程中，称量皿从干燥箱中取出后，应该迅速放入干燥器内进行冷却。

干燥器内常用硅胶作为干燥剂。当硅胶蓝色减退或变红时，应及时更换，置 135℃左右干燥箱中烘干 2～3h 后使用。

测定水分后的样品，可以供灰分、脂肪等指标测定利用。

（2）减压干燥法

①原理 利用在低压下水的沸点降低的原理，在一定温度及压力下，将样品烘干至恒重，以烘干失重求得样品中的水分含量。本法适用于测定在较高温度下易挥发、分解、变质或不易除去结合水的产品水分含量的测定。

②操作方法 样品处理用直接干燥法。

操作步骤：干燥条件温度 40～100℃，受热易变化的园艺产品加热温度为 60～70℃（有时需要更低），压强为 700～13 300kPa。

样品测定：将需要干燥的样品放入称量瓶中，然后一起置于真空干燥箱内，抽出干燥箱内空气至所需压力（一般为 40 000～530 000kPa），并同时加热至所需温度（60±5）℃，关闭真空阀，停止抽气，使干燥箱内保持一定的温度与压力。经过一定时间（4～5h）后，打开活塞，使空气经干燥装置慢慢进入，待干燥箱内的压力恢复正常后再打开。取出称量瓶，放入干燥器内冷却 0.5h 后称重，重复以上操作至恒重。

计算方法同直接干燥法。

③注意事项 本法适用于胶体样品、高温易分解的样品及水分较多的样品，由于采用较低的蒸发温度，可防止含脂肪高的样品中的脂肪在高温下氧化；可防止含糖高的样品在高温下脱水炭化；也可防止含高温易分解成分的样品在高温下分解。

减压干燥箱（或称真空干燥箱）内的真空是由于箱内气体被抽吸所造成的，一般用压强或真空度来表征真空的高低，采用真空表测量。真空度和压强的物理意义是不同的，气体的压强越低，表示真空度越高；反之，压强越高，真空度就越低。真空干燥箱常用的测量仪表为弹簧管式真空表，它测定的实际上是环境大气压与真空干燥箱中气体压强的差值。被测系统的绝对压强与外界大气压和读数之间的关系为：绝对压强＝外界大气压－读数，国际单位制中规定压强的单位是帕斯卡（Pa），但在实际工作中经常使用的单位是托（Torr，非法定计量单位）或汞柱高度（mmHg，非法定计量单位）。

温度及时间的控制应该根据实际情况进行，干燥冷却时，减压干燥法中由于天平与被称量物之间的温度差会引起明显的误差，在操作中应力求被称量物与天平的温度相同后再称重，一般冷却时间 0.5～1h。减压干燥时，自烘箱内部压力降至规定真空度时起计算烘干时间。一般每次烘干时间为 2h，但是有的样品需要 5h。

减压干燥法能加快水分的去除，且操作温度较低，大大减弱了样品氧化或分解的影响，可得到较准确的结果。

（3）红外线干燥法　红外线干燥法是一种快速测定水分的方法，随着微电脑技术的发展，红外线水分测定仪的性能得到很大提高，在测定精度、速度、操作简易、数字显示等方面都表现出优越的性能。

①原理　红外线干燥法是用红外线灯管作为加热源，利用红外线的辐射热与直射热加热样品，高效快速地蒸发水分，根据干燥前后重量的减少测定水分。红外线辐射源包括有红外线灯泡、远红外辐射干燥箱等。这种方法适用于水分的快速测定，一般测定时间为 10～30min，可以同时测定 2～3 份样品。

②操作方法　准确称取样品 10.0g 左右，置于烘干称重的直径 10cm 的表面皿上，用事先与表面皿一同烘干称重的小玻璃棒将样品铺成薄层。打开 500W 红外线灯，5min 后将盛有样品的表面皿连同小玻璃棒一起放在灯下，距离为 15～20cm，干燥 12min 后取出，置于干燥器内冷却 30min，称重。再放入红外线灯下干燥 5min，冷却后再称重，重复操作至恒重。

计算方法同直接干燥法。

③注意事项　先找出测得结果与标准法（如烘箱干燥法）测得结果相同的测定条件，再在该条件下使用。每台仪器都需用已知水分含量的标样校正。更换灯管后也应进行校正。

试样可直接放入试样皿中，也可将其先放在铝箔上称重，再连同铝箔一起放在试样皿上。黏性、糊状的样品放在铝箔上摊平即可。

调节灯管高度时，开始要低，中途再升高；调节灯管电压则开始要高，随后再降低。这样既可防止试样分解，又能缩短干燥时间。

根据测定仪的精密度与方法本身的准确程度，分析结果精确到 0.1% 即可。

（4）蒸馏法

①原理　园艺产品中的水分与有机溶剂共同蒸出，收集馏出液于接收管内，由于密度不同，馏出液在接收管中分层。根据馏出液中水的体积计算水分

含量。本法适用于测定含较多挥发性物质的园艺产品，如干果、香辛料等。对于香辛料，蒸馏法是唯一公认的水分含量标准分析方法。蒸馏法操作简便、结果准确，样品在化学惰性气雾的保护下进行蒸馏，样品的组成及化学变化小，因此应用十分广泛。

②仪器与试剂

A. 仪器　水分蒸馏装置。

B. 试剂　蒸馏法中使用的有机溶剂应根据测定样品的性质和要求加以选择。一般常用的有机溶剂为苯、甲苯和二甲苯。试剂处理使用前将 2～3mL 水加到 150mL 有机溶剂里，按水分测定方法操作，蒸馏除去水分，残留溶剂备用。

③操作方法　称取的试样量应适当，控制其含水量为 2～5mL。一般水果、蔬菜约 5g。

操作步骤：称取适量样品，放入 250mL 蒸馏瓶中，加入新蒸馏的甲苯（或苯、二甲苯）50～75mL，连接好冷凝管，从冷凝管上端注入甲苯，装满刻度管。加热蒸馏，馏出速度约为每秒 2 滴，当大部分水分蒸出后，速度可加快，每秒钟 4 滴，当水分全部蒸出后，刻度管中水分体积不再增加时，从冷凝管上端加入甲苯冲洗，如冷凝管内壁附有水滴，可用附有小橡皮头的铜丝擦下，再蒸馏 5～10min 至无水滴附着管壁为止，读取刻度中水层的体积。蒸馏时间 2～3h。

计算公式：

$$X = VM \times 100\%$$

式中：X——样品中的水分含量，mL/100g，%；

　　　　V——刻度管内水的体积，mL；

　　　　M——样品的质量，g。

④注意事项　本法与干燥法有较大的差别，干燥法是以经过烘烤干燥后减失的质量为依据，而蒸馏法是以蒸馏收集到的水量为准，避免了挥发性物质减失的质量对水分测定的误差及脂肪氧化对水分测定的误差。因此，适用于含水较多又有较多挥发性成分的蔬菜和水果。

样品为粉状或半流体时，先将瓶底铺满干洁的海沙，再加入样品及甲苯。对富含糖分或蛋白质的样品，适宜的方法是将样品分散涂布于硅藻土上；对热不稳定的样品，除选用低沸点的溶剂外，也可将样品分散涂布于硅藻土上。

蒸馏法是利用所加入的有机溶剂与水分形成共沸混合物而降低沸点。样品性质是选择溶剂的重要依据，对热不稳定的样品，一般不用二甲苯。对于一些含有糖分、可分解释放出水分的样品，如某些脱水蔬菜（洋葱、大蒜）等，宜选用低沸点的苯作溶剂，但蒸馏时间将延长。

所用甲苯必须无水，也可将甲苯经过氯化钙或无水硫酸钠吸水，过滤蒸馏，弃去最初馏液，收集澄清透明溶液即为无水甲苯。

采用专门的水分蒸馏器。水分与比水轻、同水互不相溶的溶剂如甲苯（沸点 110℃）、二甲苯（沸点 140℃）等有机溶剂共同蒸出，冷凝回流于接收管的下部，而有机溶剂在接收管的上部，当有机溶剂注入接收管并超过接收管的支管时就回流入蒸馏瓶中，待水分体积不再增加后，读取其体积。

一般加热时要用石棉网，如样品含糖量高，用油浴加热较好。

为避免接收器和冷凝管壁附着水珠，仪器必须干净。

（5）卡尔·费休　该方法是 1935 年卡尔·费休（Karl·Fischer）提出的测定水分的容量分析方法，是一种快速、准确测定水分的滴定分析方法，被广泛应用于多个领域。在分析检验中，凡是用常压干燥法会得到异常结果的样品，或是以减压干燥法测定的样品，都可用本法进行测定。

①原理　园艺产品中的水分可与卡尔·费休试剂（简称 KF 试剂）中的 I_2 和 SO_2 发生氧化还原反应：

$$I_2 + SO_2 + 2H_2O \Longleftrightarrow 2HI + H_2SO_4$$

上述反应是可逆的，当硫酸浓度达到 0.05g/L 以上时，即可能发生可逆反应。若在体系中加入适量的碱性物质吡啶（C_5H_5N）以中和生成的酸，则可以使反应顺利地向右进行。

$$C_5H_5N \cdot I_2 + C_5H_5N \cdot SO_2 + C_5H_5N + H_2O \longrightarrow 2C_5H_5N \cdot HI + C_5H_5N \cdot SO_3$$

生成的硫酸吡啶很不稳定，能与水发生副反应，消耗一部分水而干扰测定：

$$C_5H_5N \cdot SO_3 + H_2O \longrightarrow C_5H_5NH \cdot SO_4H$$

如体系中有甲醇存在，则硫酸吡啶可生成稳定的甲基硫酸氰氢吡啶：

$$C_5H_5N \cdot SO_3 + CH_3OH \longrightarrow C_5H_5NHSO_4 \cdot CH_3$$

于是促使测定水的滴定反应能定量完成。由此可见，滴定操作所用的标准溶液中是含有 I_2、SO_2、C_5H_5N 以及 CH_3OH 的混合溶液，此溶液称为卡尔·费休试剂。

卡尔·费休法滴定的总反应式为：

$$(I_2 + SO_2 + 3C_5H_5N + CH_3OH) + H_2O \longrightarrow 2C_5H_5N \cdot HI + C_5H_5N \cdot HSO_4CH_3$$

整个滴定操作在氮气流中进行，终点常用"永停滴定法"确定（永停滴定法也叫双指示电极电流滴定法，滴定至微安表指针偏转至一定刻度并保持 1min 不变，即为终点），此种方法更适宜于测定深色样品及微量、痕量水分时采用；也可采用试剂本身所含的 I_2 作为指示剂，当溶液颜色由淡黄色转变为棕黄色时即为终点。

②仪器与试剂　仪器：卡尔·费休水分测定仪主要部件包括反应瓶、自动注入式滴定管、磁力搅拌器、氮气瓶，以及适合于永停滴定法测定终点的电位测定装置等。

试剂：无水甲醇：含水量控制在 0.05% 以下。量取甲醇 200mL，置于干燥烧瓶中，加表面光洁的镁条 15g、碘 0.5g，加热回流至金属镁开始转变为白色絮状的甲醇镁时，再加入甲醇 800mL，继续回流至镁条溶解；分馏，收集 64～65℃ 馏分备用。用干燥的吸滤瓶作接收器，冷凝管顶端和接收器支管上要装置氯化钙干燥管。

无水吡啶：含水量控制在 0.1% 以下。无水吡啶的脱水方法是取吡啶 200mL 置于烧瓶中，加苯 40mL，加热蒸馏，收集 110～116℃ 馏分备用。

碘：将碘置于硫酸干燥器内放置 48h 以上。

无水硫酸钠、硫酸、5A 分子筛。

二氧化硫：利用钢瓶装的二氧化硫或用硫酸分解亚硫酸钠而制得。

水-甲醇标准溶液：1mL 含 1mg 水，准确吸取 1mL 水注入预先干燥的 1 000mL 容量瓶中，用无水-甲醇稀释至刻度，摇匀备用。

卡尔·费休试剂由碘、吡啶、二氧化硫组成。三者比例为：$I_2:SO_2:C_5H_5N=1:3:10$。配制方法：取无水吡啶 133mL，碘 42.33g，置于具塞棕色试剂瓶中，振摇至碘全部溶解，再加无水-甲醇 333mL 称重。待烧瓶充分冷却（可置冰盐浴中）后，通入干燥的二氧化硫至试剂瓶重量增加 32g，然后加塞、摇匀。在暗处放置 24～48h 后再标定。配制好的试剂应避光、密封、置于阴凉干燥处保存，以防止水分吸入。

新配制的卡尔·费休试剂很不稳定，随放置时间增加，浓度逐渐降低。在前二三日内，滴定度有显著下降，以后降低缓慢，一周以后，滴定度每日约减少 1%，之后则变化更趋缓慢。滴定度开始迅速下降的原因主要是试剂中各组分所含残存水分的作用，随后滴定度缓慢下降的原因则是副反应的影响。因此，卡尔·费休试剂配制以后，应放置一周以上，用前再进行标定。

卡尔·费休试剂的标定方法一般有纯水标定、含水-甲醇标准溶液标定和稳定的结晶水合物标定三种。

纯水标定法：取数个干燥具塞滴定瓶，加入 25mL 无水-甲醇，用卡尔·费休试剂滴定至终点。这时滴定瓶内呈无水状态，随即用注射取样器迅速注入已准确称量的纯水 30.0mg，在剧烈搅拌下，以卡尔·费休试剂滴定至终点，求得每毫升卡尔·费休试剂相当于水的质量 m。

含水-甲醇标准溶液标定法：首先是配制含水-甲醇标准溶液，用无水-甲醇加入定量的蒸馏水配成的。无水-甲醇应经过金属镁粉二次处理，然后蒸馏，把蒸出的甲醇立即用来配制。然后取充分干燥的 500mL 容量瓶，在瓶中加入无水-甲醇 400mL，用移液器准确称取蒸馏水 0.25g，注入容量瓶中，迅速塞牢瓶塞，振荡均匀后，用无水-甲醇定容至刻度。即使经过多次处理的甲醇，也难免含有微量水分，因此必须对此值予以校正。可在不断搅拌，保持相同条件下，用无水-甲醇及配制好的含水-甲醇分别滴定同量卡尔·费休试剂，得到 Va 和 Vb，然后求校正值 F，最后开始标定：在干燥的滴定瓶中加入无水甲醇 10mL，以卡尔·费休试剂滴至终点。然后准确量取一定量的含水-甲醇标准溶液，用卡尔·费休试剂在不断搅拌下滴定。由试剂的消耗量 V（单位为 mL），计算卡尔·费休试剂的滴定度 T（mg/mL）。以含水-甲醇标准液标定卡尔·费休试剂结果准确、操作简便，而且可进行反滴定。但是，含水-甲醇标准溶液比一般水溶液的膨胀系数更大，标定时须注明当时温度。在使用中温度有明显差别时，需对水-甲醇标准溶液的体积予以校正。当使用含水-甲醇标准液反滴定时，更要注意这种温度对体积造成的影响。

稳定的结晶水合物标定法：卡尔·费休试剂的结晶水合物有一水合草酸铵 $(NH_4)_2C_2O_4 \cdot H_2O$、三水合乙酸钠 $CH_3COONa \cdot 3H_2O$、一水合柠檬酸和二水合酒石酸钠等。其中以二水合酒石酸钠为最好，它的理论含水量为 15.66%。在 150℃加热后含水量为 15.652%，将其暴露于相对湿度为 20%～79%的空气中，此水合物增加重量为 0.01%～0.09%。

③测定方法　标定：在水分测定仪的反应器中加入 50mL 的无水甲醇，接通电源，启动电磁搅拌器，先用卡尔·费休试剂滴入甲醇中使其中残留的微量水分与试剂作用达到计量点，保持 1min 不变，此时不记录卡尔·费休试剂的消耗量，然后用 $10\mu L$ 的移液器从反应器的加料口缓缓注入 $10\mu L$ 水-甲醇标准溶液（相当于 0.01g 水），用卡尔·费休试剂滴定到原定终点，记录卡尔·费休试剂的消耗量。卡尔·费休试剂的水含量 T（mg/mL）按下式计算：

$$T = \frac{m}{V} \times 1000$$

式中：m——所用水-甲醇标准溶液中水的质量，g；

V——滴定消耗卡尔·费休试剂的体积，mL。

样品水分的测定：固体样品先粉碎混匀，然后准确称取 0.3～0.5g 样品置于称量瓶中。在水分测定仪的反应器中加入 50mL 无水甲醇，用卡尔·费休试剂滴定其中的微量水分，滴定至终点并保持 1min 不变时（不记录其中的试剂用量）。打开加料口迅速将已称好的试剂加入反应器中，立即塞好橡皮塞，开动电磁搅拌器，使样品中的水分完全被甲醇所萃取，用卡尔·费休试剂滴定至终点并保持 1min 不变，记录所使用试剂的体积。

样品中水分含量的计算公式：

$$X = T \times 10V \times m$$

式中：X——样品中水分的质量分数，%；

　　　T——卡尔·费休试剂的水含量，mg/mL；

　　　V——滴定所消耗卡尔·费休试剂的体积，mL；

　　　m——样品质量，g。

④注意事项　卡尔·费休法只要现成仪器及配好卡尔·费休试剂，是快速而准确测定水分的方法，除用于食品分析外，还广泛用于测定化肥、医药以及其他工业产品中的水分含量，如果食品中含有氧化剂、还原剂、碱性氧化物、氢氧化物、碳酸盐、硼酸等，都会与卡尔·费休试剂所含组分起反应，干扰测定。对于含有诸如维生素 C 等强还原性组分的样品不宜用此法测定。

固体样品细度以 40 目为宜。最好用破碎机处理而不用研磨机，以防水分损失，另外粉碎样品时保证其含水量均匀也是获得准确分析结果的关键。

本法所用仪器一般用手动或自动的卡尔·费休滴定仪。一般有：能自动校零的滴定管；试剂贮存器；磁搅拌器；滴定容器（建议用 300mL Berze Lius 烧杯，它底部侧面有个活护，以防空气中水的污染）。各滴定设备可在商店购买，也可组装。成品滴定仪有 Fischer Scientific Co. 36 型手控 KF 滴定仪，可供选择。

滴定仪的调节与使用注意事项：组装滴定仪并按制造者的说明调节好，待用于直接滴定。调节定时器至终点。加入足够的无水甲醇盖过电极探测点上的电极并启动搅拌器。调节速度，以使搅拌充分又不飞溅，勿让搅拌棒触及电极，滴定至达到满意的终点。新装配的仪器或较长时间未使用的仪器需要重复此步骤以干燥体系。

当进行样品测定时，若在两个样品滴定之间有较长的时间间隔，则在加入下一个样品之前，用试剂滴定仪来调节滴定瓶中液体至终点。

滴定操作过程中，借通入的惰性气体（氮气或二氧化碳）保持很小的正压，以驱除空气。

冷凝管在使用前要用无水甲醇回流处理，具体操作为加热回流 15min，然后移开热源静置 15min，使冷凝管内壁附着的液体流下来。

（6）近红外光谱法（NIR）

近红外光谱是指波数为 4 000～12 000cm^{-1}（波长为 0.80～2.5μm，也就是 800～2 500nm）的电磁波，是化合物中 C-H、O-H、N-H 等基团伸缩振动的倍频或合频的吸收，特别适合于对样品中水分的测定。其特点是吸收较弱，样品不需稀释就可测量，易于实现简便、快速地非破坏分析水分含量的方法。

①样品的制备　样品磨碎，过 30 号筛，保存于密闭容器里。

②仪器　近红外光谱仪（配有卤钨灯光源、铟镓砷检测器、附漫反射积分球、样品旋转器和石英样品杯、OMNIC 样品采集软件），TQ8.0 分析软件，HC-100 型粉碎机，电子分析天平，电热鼓风干燥箱。

③测定方法　每份样品取约 5g，混合均匀后放入石英样品杯中，摊平，然后以空气为参比，扣除背景，采集近红外光谱图。采样方式：积分球漫反射；采集区间：4 000～12 000cm^{-1}；分辨率 8cm^{-1}；扫描次数 64 次；温度（20±1）℃；相对湿度 35％～37％。每个样品重复扫描 3 次，取其平均光谱，作为样品的 NIR 光谱图。

④注意事项　本法为测定微量水的方法，适用于含水量少的食品，如干菜类等。

测定中所用全部玻璃仪器均应烘干。

【任务实践】

实践一：叶菜类组织含水量的测定

植物组织的含水量是反映植物组织水分生理状况的重要指标，如水果、蔬菜含水量的多少对其品质有影响，种子含水状况对安全贮藏更有重要意义。利用水遇热蒸发为水蒸气的原理，可用加热烘干法来测定植物组织中的含水量。植物组织含水量的表示方法，常以鲜重或干重（％）表示，有时也以相对含水量（即组织含水量占饱和含水量的比值）（％）表示，后者更能表明它的生理意义。

植物组织中的水分以自由水和束缚水两种不同的状态存在。自由水（free water）是指在生物体内或细胞内不被胶体颗粒或大分子所吸附、能自由移动、并起溶剂作用的水。束缚水（bound water）是指被细胞内胶体颗粒或大分子吸附或存在于大分子结构空间、不能自由移动、具有较低的蒸汽压、在远离 0℃ 以下的温度下结冰，不起溶剂作用并对生理过程是无效的水。由此可见，它们在细胞中所起的作用不同。因此两者比例的不同，会影响到原生质的物理性质，进而影响代谢的强度。自由水占总含水量的比例越大，原生质的黏度越小，且原生质呈溶胶状态，代谢也愈旺盛；反之，则生长较缓慢，但抗性较强。因此，自由水和束缚水的相对含量可以作为植物组织代谢活动及抗逆性强弱的重要指标。

基于自由水与束缚水的特点以及水分依据水势差而移动的原理，将植物组织浸入高浓度（低水势）的糖溶液中一定时间后，自由水可全部扩散到糖液中，组织中便留下束缚水。自由水扩散到糖液后（相当于增加了溶液中的溶剂）便增加了糖液的质量，同时降低了糖液的浓度。测定糖液的终浓度，再根据已知的该糖液的初始浓度及质量，即可求出糖液的最终质量。糖液质量的变化值即为植物组织中的自由水的量（即扩散到高浓度糖液中水的量）。最后，用同样植物组织的总含水量减去此自由水的含量即是束缚水的含量。

1. 材料

材料为各种叶菜类蔬菜的新鲜叶片。

2. 用具

（1）仪器　阿贝折射仪、分析天平、烘箱、恒温水浴锅、打孔器（面积 $0.5cm^2$ 左右）、干燥器、称量瓶、坩埚钳、烧杯、托盘、量筒、真空泵等。

（2）试剂　60%～65%的蔗糖溶液：用托盘天平称取蔗糖 60～65g，置烧杯中，加蒸馏水 40～55g，使溶液总重量为 100g，溶解后备用。

3. 操作步骤

（1）总含水量（自然含水量）的测定　每一份植物样本准备 3 只称量瓶（3 次重复，下同），依次编号，在烘箱内 80～90℃条件下干燥 2～3h，干燥器中冷却后分别准确称重（W_1）。

对同一植株，可选取不同高度、长势以及叶龄的代表性叶片数片，对每一份样品用打孔器钻取小圆片 150 片（注意避开粗大的叶脉），立即装到上述称量瓶中（每瓶随机装入 50 片），盖紧瓶盖并精确称重（W_2）。

将称量瓶连同小圆片置烘箱中 105℃下烘 15min 以杀死植物细胞，再于 80～90℃下烘至恒重（称重时须置干燥器中，待冷却后称）（W_3）。设称量瓶质量为 W_1，称量瓶与新鲜叶片小圆片的重量为 W_2，称量瓶与烘干的小圆片的质量为 W_3（以上质量单位均设为 g，下同）。

则总含水量（鲜重%）可按下式计算：

$$总含水量（鲜重）=\frac{W_2-W_3}{W_3-W_1}\times 100\%$$

根据上式可分别求出 3 次重复所得到的总含水量值并进一步求出其平均值与标准差或标准误。

（2）自由水含量的测定　另取称量瓶 3 只，编号、烘干至恒重后，分别准确称重（W_1）。

用打孔器打取叶圆片 150 片，立即随机装入三个称量瓶中（每瓶装 50 片），盖紧瓶盖并立即称重（W_2）。

3 只称量瓶中各加入 60%～65%的蔗糖溶液 10mL，再分别准确称重（W_3）。

将各瓶置于干燥器中抽至真空，使糖溶液充分进入细胞间隙。然后将各瓶置于暗中 1h，其间不时轻轻摇动。到预定的时间后，充分摇动溶液。用阿贝折射仪分别测定各瓶中的糖液浓度（C_2），同时测定原糖液浓度（C_1）。

则自由水的含量（鲜重％）可由下式算出：

$$自由含水量（鲜重）= \frac{(W_3-W_2) \times (C_1-C_2)}{(W_2-W_1) \times C_2} \times 100\%$$

根据上式同样可求出 3 个不同的测定值并进一步求出其平均值与标准差或标准误。

（3）束缚水含量的计算

束缚水的含量（鲜重％）＝总含水量（鲜重％）－自由水含量（鲜重％）

实践二：园艺产品中水分活度（A_w）的测定

水分活度是表示产品中水分存在的状态，即反映水分与内部成分的结合程度或游离程度，结合程度越高，则水分活度值越低；结合程度越低，则水分活度值越高。水分活度值对产品的色、香、味、质地及稳定性都有重要影响。测定方法可以采用 Aw 测定仪，是在一定温度下，用标准饱和氯化钡溶液校正 A_w 测定仪的 A_w 值，在同一条件下测定样品，利用 A_w 测定仪器装置中的传感器，根据食品中水蒸气压力的变化，从仪器的表头上可读出指针所指示的水分活度。

1. 材料

园艺产品，如番茄、黄瓜、猕猴桃等果实。

2. 用具

A_w 测定仪、恒温箱、饱和氯化钡溶液。

3. 操作步骤

（1）仪器校正　把两张滤纸浸入饱和氯化钡溶液中，待滤纸均匀地浸湿后，用小夹子轻轻地将它放在仪器的样品盒内，然后将具有传感器装置的表头放在样品盒上，小心拧紧，移至 20℃恒温箱内，维持恒温 3h 后，用小钥匙将表头上的校正螺丝拧动，使 A_w 值为 9.000，重复以上过程再校正一次。

（2）样品测定　取经 15～25℃恒温后的适量试样置于仪器样品盒内，保持表面平整而不高于盒内垫圈底部，然后将具有传感器装置的表头置于样品盒上（切勿使表头黏上样品）轻轻地拧紧，移至 20℃恒温箱内，保持恒温 2h 后，不断从仪器表头上观察仪器指针的变化状况，待指针恒定不变时，所指示的数值即为此温度下试样的水分活度值。

如果试样不是在 20℃恒温条件下测定时，可根据表 1-9 所列的 A_w 校正值即可将其校正为 20℃时的数值。

表 1-9 A_w 值的温度校正

温度（℃）	校正值	温度（℃）	校正值
15	−0.010	21	+0.002
16	−0.008	22	+0.004
17	−0.006	23	+0.006
18	−0.004	24	+0.006
19	−0.002	25	+0.010
20	±0.000		

4. 注意事项

（1）取样时，对于果蔬样品要迅速捣碎利用。

（2）测量头为贵重的精密器件，在测定时，一定要轻拿轻放，切勿使表头直接接触样品和水，若不小心接触了，需蒸发干燥进行校准后才能使用。

【关键问题】

1. 基本知识点

水分、水分活度、蒸发、干燥、恒重的概念。

2. 水分测定的方法

直接干燥法、减压干燥法、化学干燥法、红外线干燥法、微波干燥法、蒸馏法、卡尔·费休法、水分活度值测定法、近红外线分光光度法。要求掌握天平称量操作，电热干燥箱、干燥器、蒸馏装置的正确使用方法。

【思考与讨论】

1. 水分测定的意义有哪些？

2. 园艺产品中水分以何种状态存在？干燥过程中主要除去的是哪一部分水分？

【知识拓展】

1. 水的生理功能

水在体内并非以纯水形式存在，而是一种溶解多种有机营养物质的溶液。其生理功能包括：①细胞的主要组成成分；②参与体内各种生化反应及一系列生理活动；③是体内的重要溶剂；④是血液的主要成分；⑤调节体温；⑥具有润滑功能。

2. 水体污染对人体健康的危害

水是人体主要的组成部分，人体的一切生理活动，如输送营养、调节温度、排泄废物等都要靠水来完成。人喝了被污染的水体或吃了被水体污染的食物，就会对健康带来危害。饮用水中氟含量过高，会引起牙齿珐斑及色素沉淀，严重时会引起牙齿脱落。相反含氟量过低时，会发生龋齿病等。当人畜粪便等生物性污染物管理不当也会污染水体，严重时会引起细菌性肠道传染病，如伤寒、霍乱、痢疾等，也会引起某些寄生虫病等。19 世纪欧洲一些城市由于饮水不清洁，时常发生霍乱，1882 年德国汉堡市由于饮水不洁，导致霍乱流行，死亡 7 500 多人。水体中还含有一些可致癌的物质，农民常常施用一些除草剂或除虫剂，如苯胺、苯并芘和其他多环芳烃等，它们都可进入水体。这些污染物可以在悬浮物、底泥和水生生物体内积累，若长期饮用这样的水，就可能诱发癌症。

3. 番茄制品水分的测定（快速微波能干燥法）

（1）材料　用微波能把水分从样品中去除。在干燥前和干燥后用电子天平读数来测定失重并且用带有数字百分读数的微处理机将失重换算成水分含量。

（2）仪器　微波水分分析仪：仪器最低检出量为 0.2mg 水分。水分/固体范围0.10%～99.9%，读数精度 0.01%，包括自动平衡的电子天平，微波干燥系统和数字微处理机。电子天平的秤盘装在干燥室内。

（3）番茄制品

①番茄：取 4g。

②番茄浓汤：固形物为 10%～15%，取 2g。

③番茄酱：固形物达 30%，进行 1∶1 稀释（质量比），在微型杯搅碎机中搅拌，在密闭瓶中振摇，混匀，取 2g 稀释样。

（4）测定　待测样品按要求先制备好。将带有玻璃纤维垫和聚四氟乙烯平皿置于微波炉内部的称量器上，去皮重后调至零点。将 10.00g 样品均匀涂布于平皿的表面，在聚四氟乙烯圈上盖上玻璃纸，将平皿放在微波炉膛内的称量台上，关上门，将定时器定在 2.25min，电源定在 74 单位，启动检测器，当仪器停止后，直接读取样品中水分的百分含量。

定期地按样品分析要求进行校正，当样品所得值超过 2 倍标准偏差时，才有必要调整，调整时间和电源使之保持相应的值。

【任务安全环节】

1. 在减压或加压状态下使用玻璃器皿时，必须有防护屏，以防玻璃爆裂。

2. 实验室应该准备足够的安全眼镜、手套、防护服装、紧急清洗设施以及处理遗漏的器材，主要是防止浓酸、浓碱类及其他易挥发性药品的危害。

3. 实验室必须有足够的消防装置。

4. 注意高温防烫。

【专业网站链接】

1. http：//www. cnfoodw. com　中国食品网。

2. http：//www. neasiafoods. org　中国食品营养网。

3. http：//www. cnys. com　中华养生网。

4. http：//spaq. neauce. com　中国食品安全检测网。

5. http：//www. aqsc. gov. cn　中国农产品质量安全网。

6. http：//www. hagreenfood. org. cn　河南省农产品质量安全网。

【数字资源库链接】

http：//www. icourses. cn/home　爱课程资源网。

任务二　园艺产品营养成分中酸度的测定

【案例】

美国 BHL 首席技术专家，美国著名科学家，安可健产品发明人 Sang Whang 先生提出了最新的人体酸碱性的理论，其中有以下主要观点：①人体体质确实有酸碱性。这个结论目前在医学界是大家公认的，并不存在分歧。②正常人体的体液 pH 精确保持在 7.35～7.45，也就是呈弱碱性的时候是最佳状态，而且要求非常严格，高一点低一点都不行。只有过量服用和接触化学碱或者化学药物，才会形成人体过碱，造成碱性中毒（如痛风病人过量服用抗痛风药，会造成秋水仙碱中毒）。③酸性体质的三元酸性界定法：人体血液 pH，尿液 pH，唾液 pH（三元）都低于标准值的人体称为酸性体质人体（所以酸性体质并不是整个人体组织都是酸性）。经检测，如果人体血液 pH 低于 7.4，尿液 pH 低于 5.5，唾液 pH 低于 7，那就可以判定为酸性体质。因此酸性体质对人体非常有害。必须注意饮食控制酸性体质，首先从食物上入手。

思考 1：园艺产品酸碱性果蔬的种类有哪些？

思考 2：如何知道某种产品中酸度的含量？

【知识点】

园艺产品中的酸性物质包括有机酸、无机酸、酸式盐以及酸性有机化合物，这些酸有些是本身固有的，如苹果酸、柠檬酸、酒石酸、醋酸、草酸等有机酸，有些是加工过程中添加的，如园艺产品中的柠檬酸，还可以发酵产生酸，如泡菜中的乳酸和醋酸。

1. 园艺产品中酸度成分的认识

（1）酸度的概念　园艺产品中的酸性物质构成了酸度，在园艺产品加工过程中通过对酸度的控制和测定来保证产品的品质。酸度（或称有效酸度）与总酸度在概念上是不相同的。酸度是指溶液中 H^+ 的浓度，准确地说是指的 H^+ 活度，常用 pH 表示，可用酸度计测量。

有机酸是园艺产品特有的酸味物质，在园艺产品组织中以游离态或酸式盐的形式存在。对于新鲜园艺产品来说，有机酸的种类和含量因品种、成熟度、生长条件等不同而异，它们对园艺产品的风味、颜色及其质量有着直接的影响。

园艺产品中主要的有机酸为柠檬酸、苹果酸、草酸和酒石酸，另外，还含有少量的乙酸、苯甲酸、水杨酸、琥珀酸、延胡索酸等。

柠檬酸（$C_6H_8O_7$）为三元酸，是园艺产品中分布最广的有机酸。在柑橘类及浆果类果实中含量最多，尤其是在柠檬中可达干重的 $6\%\sim8\%$、石榴中高达 9%，蔬菜中以番茄中含量较多。柠檬酸是园艺产品加工中使用最多的酸味剂，通常使用量为 $0.1\%\sim1.0\%$。

苹果酸（$C_4H_6O_5$）为二元酸，几乎存在于一切果实中，尤其以仁果类的苹果、梨，核果类的桃、杏、樱桃等含量较多。蔬菜中以莴苣、番茄含量较多。苹果酸大都与柠檬酸共存，杏中含有近乎等量的苹果酸和柠檬酸。在柑橘类果实中则不含苹果酸。

酒石酸（$C_4H_6O_6$）为二元酸，存在于许多水果中，尤以葡萄中含量最多。在葡萄中除少量呈游离状态外，大部分以酒石酸氢钾（酒石）的形式存在。在苹果、桑葚等水果中没有发现酒石酸，甜樱桃和草莓中有极少量的酒石酸。酒石酸的酸味比柠檬酸、苹果酸都强，但口感稍有涩味，多与其他酸并用，加工中使用量一般为 $0.1\%\sim0.2\%$。

草酸（$H_2C_2O_4$）是园艺产品中普遍存在的一种有机酸，以钾盐和钙盐的形式存在。在菠菜、竹笋等蔬菜中含量较多，而水果中含量很少。

另外，在未成熟的水果（如樱桃）、低等植物（如蘑菇）中，存在有琥珀酸（$C_4H_6O_4$）及延胡索酸（$C_4H_4O_4$）。苯甲酸以游离态形式存在于李子、蔓越橘等水果中。水杨酸则常以酯态或葡萄糖苷的形式存在于草莓等浆果中。在同一个园艺产品中，往往几种有机酸同时存在，但在分析有机酸含量时，是以主要酸为计算标准。通常仁果类、核果类及大部分浆果类以苹果酸计算；葡萄以酒石酸计算；柑橘类以柠檬酸计算；蔬菜和山上野果则可用草酸计算。水果中苹果酸和柠檬酸的含量如表 1-10 所示，蔬菜中苹果酸和柠檬酸的含量如表 1-11 所示。

表 1-10　水果中苹果酸和柠檬酸的含量

水果	苹果酸（%）	柠檬酸（%）	水果	苹果酸（%）	柠檬酸（%）
苹果	0.27~1.02	0.03	樱桃	1.45	—
梨	0.16	0.42	橙子	0.18	0.92
杏	0.33	1.06	柚子	0.08	1.33
桃	0.69	0.05	柠檬	0.29	6.08
葡萄	0.31	0.02	香蕉	0.50	0.15
李	0.92	0.03	草莓	0.16	1.08

表 1-11　蔬菜中苹果酸和柠檬酸的含量

蔬菜	苹果酸（%）	柠檬酸（%）	水果	苹果酸（%）	柠檬酸（%）
白菜	0.10	0.14	菠菜	0.09	0.08
白萝卜	0.23	—	芹菜	0.17	0.01
胡萝卜	0.24	0.09	洋葱	0.17	0.22
黄瓜	0.24	0.01	土豆	—	0.15
番茄	0.05	0.47	南瓜	0.32	0.04
茄子	0.17	—	豌豆	0.08	0.11

（2）酸度测定的意义

①通过测定酸度可以判断园艺产品的成熟程度，一般成熟度越高，酸的含量越低，例如，如果测定出葡萄所含的有机酸中苹果酸高于酒石酸时，说明葡萄还未成熟，因为成熟的葡萄中含有大量的酒石酸。番茄在成熟过程中，总酸度从绿熟期的 0.94% 下降到完熟期的 0.64%，同时糖的含量增加，糖酸比增大，具有良好的口感。

②通过测定酸度，可对园艺产品的质量进行鉴定。可以判断产品的新鲜程度，例如，水果产品中有游离的半乳糖醛酸，说明受到霉烂水果的污染。挥发酸含量的高低，是衡量水果发酵制品质量好坏的一项重要技术指标。

③园艺产品的酸度对其色、香、味及稳定性等都有影响。例如，果蔬中所

含色素的色调与其酸度密切相关，叶绿素在酸性条件下变成黄褐色的脱镁叶绿素，花青素在不同酸度下颜色不同。园艺产品中果实的口感取决于糖酸的种类、含量及比例，酸度降低则甜味增加，同时水果中适量的挥发酸也会带给其特定的香气。

④园艺产品中的有机酸即果酸，可使园艺产品具有浓郁的水果香味，还可以改变水果制品的味感，刺激食欲，促进消化，并有一定的营养价值，在维持人体酸碱平衡方面具有显著作用。产品中有机酸含量高，则其 pH 低，而 pH 的高低对产品的稳定性有一定的影响，不同园艺产品加工中控制 pH≤3 可以抑制酶促褐变的发生，保持水果的本色。降低 pH 可抑制酶的活性和微生物的生长，pH 也是水果、蔬菜罐头杀菌条件的重要依据。有机酸还可以提高产品维生素 C 的稳定性，防止其被氧化。

（3）酸度的分类　酸度可分为总酸度、有效酸度、挥发酸度。

①总酸度　是指园艺产品中所有酸性物质的总量。包括离解的和未离解的酸的总和。常用标准碱溶液进行滴定，并以样品中主要代表酸的百分含量来计算，所有总酸又称为可滴定酸度。

②有效酸度　是指园艺产品中呈游离状态的 H^+ 的浓度（或称活度），常用 pH 来表示，用 pH 计（酸度计）来测定。

人的味觉很多时候是对 H^+ 有感觉，所以总酸度高的，口感不一定酸。在一定的 pH 下，人们对酸味的感受强度不同，如醋酸＞甲酸＞乳酸＞草酸＞盐酸，一般产品在 pH＜3.0 时，难以适口；在 pH＜5.0 时，为酸性食品；在 pH＞5.0 时，无酸味感觉。果蔬的 pH 如表 1-12 所示。

表 1-12　果蔬的 pH

品种	pH	品种	pH	品种	pH
苹果	2.5～5.0	草莓	3.0～4.5	甘蓝	5.2
梨	3.2～4.8	柠檬	2.2～3.5	青辣椒	5.4
杏	3.2～4.9	橙子	3.6～4.9	菠菜	5.7
桃	3.2～5.0	西瓜	6.0～6.4	番茄	4.1～4.8
李	2.8～4.1	南瓜	5.0	豌豆	6.1
樱桃	3.5～4.1	胡萝卜	5.0		

③挥发酸度　是指容易挥发的有机酸，如甲酸、乙酸（醋酸）及丁酸等低碳链的直链脂肪酸，其大小可以通过蒸馏法分离，再用标准碱溶液来滴定。

2. 园艺产品酸度测定方法的选择

（1）总酸度的测定（滴定法）

①原理 园艺产品中的有机酸，以酚酞为指示剂，用氢氧化钠（NaOH）标准溶液滴定至终点（溶液显淡红色），0.5min内不褪色即可。根据标准溶液的浓度和消耗的体积，计算出样品中的酸含量。本法适用于所有色泽较浅的园艺产品中总酸含量的测定。

②试剂 氢氧化钠标准溶液（0.1mol/L）：称取4g纯固体氢氧化钠，加水100mL，使氢氧化钠全部溶解，然后加水定容到1 000mL，摇匀。标定：将邻苯二甲酸氢钾于120℃烘箱中烘1h至恒重，冷却25min，然后精确称取0.3～0.4g于250mL锥形瓶中，加入100mL蒸馏水振摇溶解，加2～3滴酚酞指示剂，用配制的氢氧化钠标准溶液滴定至溶液显微红色30s不褪色。同时做空白实验。

酚酞指示剂（10g/L）：称取1g酚酞溶解在90mL乙醇和10mL水中。

计算公式：

$$N=\frac{M\times1000}{(V_1-V_2)\times204.2}$$

式中：N——氢氧化钠标准溶液的浓度，mol/L；

M——邻苯二甲酸氢钾的质量，g；

V_1——标定时所用氢氧化钠标准溶液的体积，mL；

V_2——空白实验所耗用氢氧化钠标准溶液的体积，mL；

204.2——邻苯二甲酸氢钾的摩尔质量，g/mL。

③操作方法

A. 样品处理 固态样品：园艺产品原料及其制品，去除非可食部分（皮、柄、核、仁）后切成块状，置于组织捣碎机中捣碎并混匀。

液态样品：不含二氧化碳的果汁等混合样品，直接取样。

测定步骤：固态样品称取捣碎并混合均匀的样品20.0～25.0g于小烧杯中，用150mL蒸馏水将样品转入250mL锥形瓶中。充分振摇后水浴（75～80℃）加热30mim后，冷却加水至刻度，摇匀后滤纸过滤。准确吸取50mL滤液于250mL锥形瓶中，加入酚酞指示剂3～5滴，用0.1mol/L的氢氧化钠标准溶液滴定至终点，30s不褪色，记录消耗0.1mol/L氢氧化钠标准溶液的体积数。

液态样品。准确吸取样品50mL（必要时减量或加水稀释）于250mL容量瓶中，以下步骤同固态样品。

B. 结果计算公式

$$X=\frac{C\times V\times K}{M}\times\frac{V_0}{V_1}\times100\%$$

式中：X——总酸度，%；

　　　C——NaOH 标准溶液的浓度，mol/L；

　　　V——滴定消耗标准溶液的体积，mL；

　　　M——样品质量（或体积），g（mL）；

　　　V_0——样品稀释液总体积，mL；

　　　V_1——滴定时吸取样液体积，mL；

　　　K——换算成折算系数。苹果酸 0.067，酒石酸 0.075，乙酸 0.060，草酸 0.045，乳酸 0.090，柠檬酸（含一分子水）为 0.070。

④注意事项　园艺产品中含有多种有机酸，总酸测定的结果一般以样品中含量最多的酸来表示。例如，柑橘类果实及其制品以柠檬酸表示；葡萄及其制品以酒石酸表示；苹果、核果类及其制品和蔬菜以苹果酸表示；发酵产品如调味品等以乙酸表示。

园艺产品中的有机酸均为弱酸，用强碱氢氧化钠滴定时，其滴定终点偏碱，一般在 pH8.2 左右，所以可选用酚酞作为指示剂。

若样液颜色过深（如带色果汁）或浑浊，终点不易判断时，可采用电位滴定法。也可制备成脱色样液后测定：取样品 25mL 置于 100mL 容量瓶中，加水至刻度。用此稀释液加活性炭脱色，加热到 $50\sim60℃$ 后过滤。取此滤液 10mL 于三角瓶中，加水 50mL 测定，计算时换算为原样品量。

二氧化碳对测定有影响，稀释用的蒸馏水中不含二氧化碳，一般的做法是分析前将蒸馏水煮沸并迅速冷却，以除去水中的二氧化碳。样品中若含有二氧化碳也有影响，所以对含有二氧化碳的样品，在测定前须除掉二氧化碳。

（2）挥发酸的测定　园艺产品本身所含有的一部分挥发酸含量较为稳定，但如果原料不合格（贮藏不当）或违反工艺操作（加工不当），会由于糖的发酵而导致挥发酸含量增加，降低产品品质。所以挥发酸的含量是园艺产品加工中一项非常重要的控制指标。

总挥发酸包括游离态和结合态两部分。游离态挥发酸可用水蒸气蒸馏得到，而结合态挥发酸的蒸馏比较困难，测定时可加入磷酸使结合态挥发酸析出后再进行蒸馏。

测定挥发酸含量的方法有两种：直接法和间接法。测定时可根据具体情况选用。直接法是通过水蒸气蒸馏或溶剂萃取等方法将挥发酸分离出来，然后用标准碱液进行滴定。间接法则是先将挥发酸蒸馏除去，用标准碱液滴定残留的不挥发酸，然后从总酸度中减去不挥发酸，即可求得挥发酸的含量。直接法操作方便，较常用，适用于挥发酸含量比较高的样品。

①原理 样品经过适当处理，加入适量磷酸使结合态的挥发酸游离出来，用水蒸气蒸馏使挥发酸分离，经冷藏、收集后，用标准碱液滴定，根据所消耗的标准碱溶液浓度和体积，计算挥发酸的含量。

②试剂 氢氧化钠标定溶液（0.1mol/L）：称取 1g 酚酞溶解在 90mL 乙醇和 10mL 水中。

酚酞指示剂（10g/L）：称取 1g 酚酞溶解在 90mL 乙醇和 10mL 水中。

磷酸溶液（100g/L）：称取 10.0g 磷酸，用少量无二氧化碳的蒸馏水溶解并稀释至 100mL。

③操作方法 准确称取混合均匀的样品 2～3g（视挥发酸含量的多少酌情增减），用 50mL 新煮沸并已冷却的蒸馏水，将样品全部倒入 250mL 圆底烧瓶中，加入 100g/L 磷酸 1min，将烧瓶与冷凝器及水蒸气发生器连接，通入水蒸气使挥发酸蒸馏出来。加热蒸馏至馏出液达 300mL 时为止。在同样的条件下做空白实验。加热馏出液至 60～65℃，加入 3 滴酚酞指示剂，用氢氧化钠标准溶液（0.1mol/L）滴定至终点。

结果计算公式

$$X = \frac{C \times (V_1 - V_2) \times 0.06}{M} \times 100\%$$

式中：X——样品挥发酸的质量分数（以醋酸汁），%；

C——氢氧化钠标准溶液的浓度，mol/L；

V_1——样品液消耗氢氧化钠标准溶液的体积，mL；

V_2——空白溶液消耗氢氧化钠标准溶液的体积，mL；

M——样品质量（或体积），g（或 mL）；

0.06——换算成醋酸的系数。

④注意事项 蒸馏前蒸汽发生器中的水应先煮沸 10min，并用蒸汽冲洗整个蒸馏装置。

整套蒸馏装置的各个连接处应密封，切不可漏气。

整个蒸馏时间内要维持烧瓶内液面在一定高度。

滴定前将馏出液加热至 60～65℃，使其终点明显，加快反应速度，缩短滴定时间，减少溶液与空气的接触，提高测定精度。

（3）有效酸度的测定（pH 计） 常用的测定溶液 pH 的方法有两种：比色法和电位法（pH 计）。

比色法是利用不同的酸碱指示剂来显示 pH。由于各种酸碱指示剂在不同 pH 范围内显示不同的颜色，因此可以用不同指示剂的混合物显示各种不同的颜色来指示溶液的 pH。我们常用的 pH 试纸就属于这一类，它具有简便、经济、快速等优点，但结果不甚准确，仅能粗略地估计各类样液的 pH。电位法适用于各类园艺产品及其制品中 pH 的测定，它具有准确度较高、操作简便、不受试样本身颜色的影响等优点，是最常使用的方法。

①原理　以玻璃电极为指示电极，饱和甘汞电极为参比电极，插入待测溶液中组成一个原电池，那么该电池的电动势大小与溶液的氢离子浓度，即 pH 有直线关系，$E = E_0 - 0.0591 \times pH$（25℃），即在 25℃ 时，每相差一个 pH 单位就产生 59.1mV 的电池电动势，然后利用酸度计测量电池电动势就可以直接以 pH 表示了，所以酸度计上就可以直接读出试样溶液的 pH。

玻璃电极的主要部分是一个玻璃空心球体，球的下半部是由厚 30～100μm 的特殊成分玻璃制成的膜，玻璃球内装有一定 pH 的缓冲液，其中插入一支电位恒定的银-氯化银电极，作为内参比电极，与外接线柱相通。玻璃膜对氢离子具有敏感性，将其浸入待测液中，待测液中的氢离子与玻璃膜外水化层进行离子交换，改变了两相界面的电荷分布。由于膜内侧氢离子活度不变，膜外侧氢离子活度在变化，故玻璃膜内外侧产生一电位差，这个电位差随被测溶液的 pH 变化而变化。玻璃电极的电极电位取决于内参比电极与玻璃膜的电位差，由于内参比电极的电位是恒定的，故玻璃电极的电位就取决于玻璃膜的电位差，它随待测溶液的 pH 变化而变化。

甘汞电极是由内外玻璃管、汞、甘汞、氯化钾溶液组成的。内玻璃管上端接一根钢丝，与外接线柱相通，管内管道厚 0.5～1cm 的纯汞，上面覆盖一层甘汞和汞的糊状物。外玻璃管中装入饱和氯化钾溶液，即构成甘汞电极，使电极内溶液浓度保持不变，玻璃管下端通过熔结陶瓷芯或玻璃砂芯等多孔物质与待测溶液接触。

②仪器与试剂

A. 仪器　高速组织捣碎机、电磁搅拌器、酸度计等。酸度计是由电流计和电极两部分组成的。电极与被测液组成工作电池，电池的电动势用电位计测量。按照测量电动势的方式，酸度计可以分为电位计式和直读式两种类型。现在最常用的是直读式酸度计，该酸度计主要是通过直流放大线路，直接将电池电动势转变为放大的电流，使电流计直接显示出溶液的 pH，常用的直读式酸度计主要包括 PHS-2、PHS-3、PHS-3E 等，目前各种酸度计的结构越来越简单并趋向数字显示，如 JC517-PHS-29A 酸度计，就是一种数字显示式酸度计。

B. 试剂

pH1.68 标准缓冲溶液（20℃）：准确称取 12.71g 优级草酸钾（$K_2C_2O_4 \cdot H_2O$），溶于蒸馏水中，稀释定容至 1 000mL 摇匀备用。

pH4.01 标准缓冲溶液（20℃）：准确称取在 110～120℃ 下烘干 2～3h 的

经过冷却的优级纯邻苯二甲酸氢钾（$KHC_8H_4O_4$）10.12g，溶于不含二氧化碳的蒸馏水中，稀释至 1 000mL，摇匀备用。

pH6.88 标准缓冲溶液（20℃）：准确称取在 110～120℃下烘干 2～3h 的经过冷却的优级纯磷酸二氢钾（KH_2PO_4）3.39g 和优级纯无水磷酸氢二钠（Na_2HPO_4）3.53g，溶于蒸馏水中，稀释至 1 000mL，摇匀备用。

pH9.22 标准缓冲溶液（20℃）：准确称取优级纯硼砂（$Na_2B_4O_7 \cdot 10H_2O$）3.80g，溶于无二氧化碳的蒸馏水中，稀释定容至 1 000mL 摇匀备用。

上述 4 种标准缓冲溶液通常能稳定两个月，其 pH 随温度不同稍有变化。

③操作方法　样品处理：将园艺产品固体样品榨汁后，取其压榨汁液直接进行测定。一般液体样品，如果汁等，直接取样测定。液固混合样品，如水果蔬菜罐头制品，将内容物倒入组织捣碎机中，加适量水捣碎（以不改变 pH 为宜），过滤，取滤液进行测定。

仪器校正：放置开关在 pH 位置，预热 30min，用标准缓冲溶液两次洗涤烧杯和电极，然后用适量标准缓冲液注入烧杯内，将电极浸入溶液中，使玻璃电极的玻璃珠和甘汞电极的毛细管浸入溶液，小心缓慢地摇动烧杯。调节温度补偿器旋钮。调节零点调节器使指针在 pH 为 0 的位置。将电极接头同仪器相连（甘汞电极接入接线柱，玻璃电极插入插孔内）。按下读数开关，然后调节电位调节器，使指针指在缓冲溶液的 pH，打开读数开关，指针应在 0 处，如有变动，按前面重复调节，校正后切勿再旋动定位调节器，否则必须重新校正。

样品测定：酸度计经预热并用标准缓冲溶液校正后，先用蒸馏水冲洗电极和烧杯，再用样品试样洗涤电极和烧杯，然后将电极浸入样液中，轻轻摇动烧杯，使溶液均匀，然后调节温度补偿器至被测溶液温度，按下读数开关，指针所指示的值，就是被测样液的 pH。测量完毕后，洗净电极和烧杯，保存。

④注意事项　样品试液制备后不宜久放，应立即测定，这是为了防止试样吸收二氧化碳等因素而改变其 pH。

电极在测量前必须用已知 pH 的标准缓冲溶液进行定位校准，为取得更准确的结果，已知 pH 要可靠，而且其 pH 越接近被测值越好。

新电极或久置不用的干燥玻璃电极，使用前应在蒸馏水或 0.1mol/L 的盐酸溶液中浸泡 24h 以上。不用时，短期内放在 pH 4.0 的缓冲溶液中或浸泡在蒸馏水中即可，长期存放，用 pH 7.0 的缓冲溶液或套上橡皮帽放在盒子中。

玻璃电极的玻璃球膜易损坏，操作时应特别小心。如果玻璃膜沾有油污，可先浸入乙醇，然后浸入乙醚或四氯化碳中，最后再浸入乙醇中浸泡后，用蒸馏水冲洗干净。测定某试样后，要认真冲洗，并吸干水珠，再测定下一个样品。

甘汞电极的下端毛细管与玻璃电极之间形成通路，因此在使用前必须检查毛细管并保证其畅通，检查方法是先将毛细管擦干，然后用滤纸贴在毛细管末端，如有溶液流出，则证明毛细管没有堵塞。使用甘汞电极时，应将电极上部加氯化钾溶液处的小橡皮塞拔去，让极少量的氯化钾溶液从毛细管流出，以免样品溶液进入毛细管而使测定结果不准。电极使用完后应把上下两个橡皮套套上，以免电极内溶液流失。

甘汞电极中的氯化钾溶液应经常保持饱和，且在弯管内不应有气泡，否则将使溶液隔断，造成测量电路或读数不稳，如果甘汞电极内溶液流失过多，应及时补加氯化钾饱和溶液。

电极经长期使用后，如发现梯度略有降低，则可把电极下端浸泡在4％氢氟酸（HF）中3～5s，用蒸馏水洗净，然后在氯化钾溶液中浸泡，使之复新。

【任务实践】

实践一：果蔬含酸量的测定

1. 材料

苹果、葡萄、柑橘、番茄、菠菜等。

2. 用具

（1）仪器　碱式滴定管、100mL 三角瓶、250mL 烧杯、250mL 容量瓶、10mL 移液管、漏斗、滤纸、研钵或组织捣碎器、电子天平、小刀等。

（2）试剂　0.1mol/L 氢氧化钠标准溶液，1％酚酞指示剂，无二氧化碳蒸馏水。

3. 操作步骤

去除试样中非可食用部分，用四分法分取可食部分 25g 切碎混匀，置于研钵中研碎，用 100mL 水冲洗干净，倒入 250mL 容量瓶中，置于水浴锅（75～80℃）上加热 30min，期间摇动数次，混匀，取出冷却，加水至刻度，摇匀过滤；吸取滤液 20mL 放入烧杯中，加酚酞指示剂 2 滴，用 0.1mol/L 氢氧化钠标准溶液滴定，直至成淡红色，30s 内不褪色为终点。记下 0.1mol/L 氢氧化钠标准溶液的用量。重复 3 次，取其平均值。

（1）计算分析

$$含酸量 = \frac{V_A \times C \times 折算系数}{V_B \times \left(\frac{V_T}{m}\right)} \times 100\%$$

式中：V_A——0.1mol/L 氢氧化钠标准溶液的用量，体积，mL；

C——氢氧化钠标准溶液的浓度，mol/L；

m——样品的鲜重（25g），g；

V_T——样品提取液总体积（250mL），mL。

V_B——滴定时吸取的提取液的体积（20mL），mL；

折算系数：根据果蔬中主要含酸种类选用相应的折算系数，代入公式。

（2）结果分析　分析结果填入表 1-13。

表 1-13　结果记录

试样	氢氧化钠标准溶液的用量	折算系数	含酸量（%）
苹果			
葡萄			
柑橘			
番茄			
菠菜			

实践二：自动电位滴定法测定果蔬汁饮料的总酸度

1. 材料

不同厂家的果蔬汁饮料。

2. 用具

（1）仪器　自动电位滴定仪、pH 复合电极、电子天平、滴定管等。

（2）试剂　混合磷酸盐标准缓冲溶液 pH6.88（20℃），邻苯二甲酸氢钠，柠檬酸，氢氧化钠标准溶液（0.1mol/L），无二氧化碳的蒸馏水。

3. 操作步骤

（1）0.1mol/L 氢氧化钠标准溶液的配制。

（2）自动电位滴定仪的标定　将自动电位滴定仪接通电源预热 20min 后，接上已经浸泡活化好的 pH 复合电极，调节温度校正旋钮至室温，将洁净的 pH 复合电极插入 pH6.88 的混合磷酸盐缓冲溶液中，调节定位旋钮至仪器显示 pH6.88，取出复合电极，此时仪器已标定好。

（3）样品滴定终点的测定：准确量取 25mL 果蔬汁，放到滴定台上，打开搅拌开关，滴定方式选择手动滴定，在自动电位滴定仪上进行手动滴定，滴定开始时每滴进 0.5 mLNaOH 记录一次果蔬汁的 pH，接近滴定终点时，NaOH 每滴进 0.1mL 记录一次果蔬汁的 pH，直至果蔬汁的 pH 再次随 NaOH 加入改变不明显时停止滴定。记录 NaOH 标准溶液消耗量与其对应果蔬汁溶液的 pH，并计算出 $\Delta pH/\Delta V$ 值。

（4）果蔬汁总酸度测定　准确量取 20mL 果蔬汁于小烧杯中，将小烧杯放到已准备好的仪器滴定台上，放入搅拌磁子，插入 pH 复合电极，放入滴定头，向校准好的自动电位滴定仪输入滴定终点的 pH，开动搅拌器，按下自动电位开关，用 NaOH 标准溶液自动滴定果蔬汁。当被滴定的果蔬汁 pH 随着标准 NaOH 溶液的滴入逐渐变大到预先输入的终点 pH 时，滴定自动终止，准确读取标准 NaOH 溶液的消耗量，记为 V_1，重复测定 3～5 次，同时作空白试验，空白溶液消耗 NaOH 体积，记为 V_0。

计算公式

$$X = \frac{(V_1 - V_0) \times C \times M \times K}{10 \times V}$$

式中：X——总酸，g/100mL；

　　　V_1——果蔬汁消耗 NaOH 的体积，mL；

　　　V_0——空白消耗 NaOH 的体积，mL；

　　　C——NaOH 的浓度，mol/L；

　　　M——果蔬汁主要含酸种类选用相应的折算系数；

　　　V——移取果蔬汁的体积，mL；

　　　K——果蔬汁滴定前稀释倍数。

（5）结果记录统计分析。

【关键问题】

园艺产品中酸度的种类及其测定方法

园艺产品中酸起很重要作用。如叶绿素在酸性条件下会变成黄褐色的脱镁叶绿素。花青素在不同酸度下，颜色亦不相同；果实及其制品的口味取决于糖、酸的种类、含量及其比例，它赋予食品独特的风味；在水果加工中，控制介质 pH 可抑制水果褐变；有机酸能与 Fe、Sn 等金属反应，加快设备和容器的腐蚀作用，影响制品的风味和色泽等。酸的种类和含量的改变，可判断某些产品是否已腐败。如有些水果含有 0.1% 以上的醋酸，表明此水果发酵制品已腐败；有机酸在果蔬的含量，因其成熟及生长条件不同而异，一般随成熟度的提高，有机酸含量下降，而糖量增加，糖酸比增大。因此，糖酸比对确定果蔬收获期亦具有重要意义。

酸度的检验包括总酸度（可滴定酸度）、有效酸度（氢离子活度）和挥发酸度。总酸度包括滴定前已离子化的酸，也包括滴定时产生的氢离子。但是人们味觉中的酸度，各种生物化学或其他化学工艺变化的动向和速度，主要不是取决于酸的总量，而是取决于离子状态的那部分酸，所以通常用氢离子活度

（pH）来表示有效酸度。总挥发酸主要包括游离的和结合的两部分，前者在蒸馏时较易挥发，后者比较困难。用蒸汽蒸馏并加入 10％磷酸，可使结合状态的挥发酸得以离析，并显著地加速挥发酸的蒸馏过程。

A. 酸度的测定

①总酸度的测定 总酸度是指所有酸性成分的总量。以酚酞作指示剂，用标准碱溶液滴定至微红色 30s，不褪色为终点。由消耗标准碱液的量就可以求出样品中酸的百分含量。一般葡萄的总酸度用酒石酸表示，柑橘以柠檬酸来表示，核仁、核果及浆果类按苹果酸表示。

②挥发酸的测定 测定挥发酸的方法有直接法和间接法。直接法是通过水蒸气蒸馏或溶剂萃取把挥发酸分离出来，然后用标准碱滴定；间接法是将挥发酸蒸发排除后，用标准碱滴定不挥发酸，最后从总酸度中减去不挥发酸即为挥发酸含量。直接法操作方便，较常用，适用于挥发酸含量较高的样品。样品经适当处理后，加适量磷酸使结合态挥发酸游离出来。用水蒸气蒸馏分离出总挥发酸，经冷凝收集后，以酚酞作指示剂，用标准碱液滴定。根据标准碱消耗量计算出样品中总挥发酸含量。

B. 计算公式

$$X = \frac{C \times (V_1 - V_2) \times 0.06}{W} \times 100\%$$

式中：X——挥发酸（以醋酸计），％；

C——氢氧化钠标准溶液的浓度，mol/L；

V_1——标定时所消耗的 NaOH 标准溶液体积，mL；

V_2——空白试验中所消耗的 NaOH 标准溶液体积，mL；

W——样品重量，g；

0.06——换算的醋酸的系数，即 1mmol NaOH 相当于醋酸的质量（g）。

③有效酸度（pH）的测定 有效酸度是指溶液中 H^+ 的浓度，反映的是已解离的那部分酸的浓度，常用 pH 表示。pH 是氢离子浓度的负对数，$pH = -\log[H^+] = 1/\log[H^+]$。20℃的中性水，其离子积为 $[H^+][OH^-] = 10^{-14}$。$pH + pOH = 14$。在酸性溶液中 $pH < 7$，$pOH > 7$，而在碱性溶液中 $pH > 7$，$pOH < 7$，中性 $pH = 7$。常用酸度计（即 pH 计）来测定。

【思考与讨论】

1. 园艺产品中酸度的种类及其作用有哪些？

2. 园艺产品中酸度测定方法的种类及其注意事项？

【知识拓展】

1. 酸碱性园艺产品的类别

（1）水果类

①碱性　葡萄、葡萄干、无花果。

②弱碱性　苹果、梨、香蕉、菠萝、樱桃、桃、杏、柠檬、芒果、西瓜、甜瓜、枣、柿、柑橘、椰子、甘蔗、莲子。

③弱酸性　草莓。

④酸性　李子、梅。

（2）蔬菜类

①碱性　萝卜、番茄、菠菜、芹菜、芋、香菇、海带。

②弱碱性　马铃薯、芦笋、豌豆、南瓜、莲藕、洋葱、胡椒、莴苣、蘑菇、黄瓜、茄子、青豆、甜菜、甘蓝、青菜、卷心菜、胡萝卜、花菜、水芹、西葫芦、大豆、青椒、百合、生菜、油菜。

③中性　白菜。

④弱酸性　葱。

⑤酸性　嫩玉米、干小扁豆、慈菇。

2. 食品中酸度调节剂的应用

酸度调节剂或称 pH 调节剂是用于维持或调整食品体系酸碱度或具有缓冲作用的酸、碱、盐类物质总称。其中使用最多的是用于调整口味的酸味剂，另外包括一些强酸性和强碱性物质（如盐酸和氢氧化钠），这些仅用于一些加工过程或某些工艺要求所需。

我国规定允许使用的酸度调节剂有：柠檬酸、乳酸、酒石酸、苹果酸、偏酒石酸、磷酸、乙酸（醋酸）、盐酸、己二酸、富马酸、氢氧化钠、碳酸钾、碳酸钠（包括无水碳酸钠）、柠檬酸钠、柠檬酸钾、碳酸氢三钠（倍半碳酸钠）、柠檬酸一钠、碳酸氢钾、磷酸钙、磷酸三钾、乳酸钙、氢氧化钙、氢氧化钾、碳酸氢钠、葡萄糖酸δ内酯、L-（＋）-酒石酸，共 26 种。其中柠檬酸为广泛应用的一种酸味剂。盐酸、氢氧化钠属于强酸、强碱性物质，对人体具有腐蚀性，只能用作加工助剂，要在食品完成加工前予以中和。

（1）柠檬酸　白色结晶，无臭。易溶于水、乙醇、乙醚，其水溶液有较强酸味。常含一个结晶水，易风化失水。柠檬酸是柠檬、柚子、柑橘等存在的天然酸味的主要成分，具有强酸味，柔和爽快，入口即达到最高酸感，后味延续时间较短。与柠檬酸钠复配使用，酸味更美。柠檬酸还有良好的防腐性能，能抑制细菌增殖。它还能增强抗氧化剂的抗氧化作用，延缓油脂酸败。柠檬酸含有 3 个羧基，具有很强的螯合金属离子的能力，可用作金属螯合剂。它还可用作色素稳定剂，防止果蔬褐变。按生产需要适量用于各类食品。

（2）乳酸　无色或浅黄色浆状液体，有特殊酸味。纯乳酸的熔点 16.8℃，沸点 122℃，相对密度 1.249。可溶于水、乙醇、乙醚、丙酮，几乎不溶于氯仿、石油醚。乳酸存在于腌渍物、果酒、酱油和乳酸菌饮料中，具有特异收敛性酸味，因此使用范围受到一定限制。乳酸还具有较强的杀菌作用，能防止杂菌生长，抑制异常发酵。可按生产需要适量用于各类食品。

（3）酒石酸　无色透明晶体或白色粉末，略有特殊果香，味酸。可溶于水、乙醇，几乎不溶于氯仿。稍有吸湿性，较柠檬酸弱。酒石酸的酸味较强，为柠檬酸的1.2～1.3 倍，稍有涩感，但酸味爽口。可按生产需要适量用于各类食品。

（4）苹果酸　白色结晶或粉末，略有特殊酸味。极易溶于水，略溶于乙醇、乙醚。有吸湿性。苹果酸的酸味较柠檬酸强 20% 左右，酸味爽口，微有涩苦。在口中呈味缓慢，维持酸味时间显著地长于柠檬酸，与柠檬酸合用，有强化酸味的效果。对油包水型乳化剂有稳定作用。苹果酸是苹果的一种成分，从未发现不良反应，毒性极低。苹果酸是三羧酸循环的中间体，可参与机体正常代谢。可按生产需要适量用于各类食品。

（5）偏酒石酸　浅黄色多孔性物质，无味。有吸湿性，过度受热易分解成酒石酸。水溶液呈酸性。偏酒石酸用作酸味剂，具有爽口酸味。可按生产需要适量用于葡萄罐头。

（6）磷酸　无色透明稠状液体，无臭，有酸味。一般浓度为 85%～98%。属强酸。易吸水，可与水或乙醇混溶。磷酸的酸味度较柠檬酸大，为其 2.3～2.5 倍。有强烈的收敛味和涩味。在饮料业中用来代替柠檬酸和苹果酸。用作酿造时的 pH 调节剂。在果酱中使用少量磷酸，可以控制果酱能形成最大胶凝体的 pH。在软饮料、冷饮、糖果和焙烤食品中用作增香剂。可按生产需要适量用于复合调味料、罐头、可乐型饮料、干酪、果冻、含乳饮料、软饮料。

（7）乙酸（醋酸）　16℃ 以上时为透明无色液体，具有特殊刺激气味。16℃ 以下为针状结晶。可与水、乙醇以任何比例混溶。醋酸味极酸，在食品中使用受到限制。醋酸能除去腥臭味。可按生产需要适量用于复合调味料、罐头、可乐型饮料、干酪、果冻。

（8）盐酸　盐酸为不同浓度的氯化氢水溶液。透明无色或略有黄色，有腐蚀性并有强烈刺激性气味。商品浓盐酸含氯化氢为 37%，相对密度 1.19。盐酸在食品中不得残留，食品最终制成前须除去或中和掉。盐酸能与多种金属、金属氧化物作用，生成盐；能中和碱，生成盐。盐酸用于水解淀粉制造淀粉糖浆。对植物纤维有强腐蚀作用，在制造柑橘罐头时，盐酸用于脱去橘子囊衣。在制造配制酱油时，添加的水解蛋白液，就是以浓度为 20% 的盐酸水解大豆渣而制成的。盐酸可加工助剂，按生产需要适量用。

（9）己二酸　白色晶体或结晶状粉末，略有葡萄似的气味。能升华，不吸潮，可燃。微溶于水，易溶于乙醇或丙酮。己二酸酸味柔和，持久，并能改善味感，使食品风味保持长久，能形成后酸味。己二酸的水溶液是常用酸味剂中酸度最低的，且在宽浓度范围内 pH 变化很小，故用作缓冲剂能有效地将 pH 保持在 2.5～3.0 范围内，可有效地防止大多数水果褐变。能改进干酪和干酪涂抹品的熔化特性，还能促进人造果酱、仿制果冻的胶凝作用。用作香料使用于软饮料和布丁类中。美国食品药品管理局（FDA）将其定为一般公认安全物质。

（10）富马酸　白色结晶性粉末，有特殊酸味。微溶于水、乙醚，溶于乙醇。对油包水型乳化剂有稳定作用。富马酸的酸味强，为柠檬酸的 1.5 倍，故低浓度的富马酸溶液可代替柠檬酸，但由于微溶于水，一般不单独使用，与柠檬酸、酒石酸复配使用能呈现果实酸味。可用于碳酸饮料、果汁饮料、生面湿制品、口香糖。

（11）氢氧化钠　氢氧化钠纯品为无色透明结晶，相对密度 2.130。工业品为白色不透明固体，有块状、片状、棒状和粉末状等，易吸湿而潮解。在空气中极易吸收二氧化碳和水逐渐转变为碳酸钠。易溶于水放出大量热，水溶液呈强碱性，并有极强腐蚀性。溶于甘油和乙醇。食品加工中用于中和、去皮、去毒、去污、脱皮、脱色、脱臭、管道清洗。对有机物有腐蚀作用，能使大多数金属盐形成氢氧化物或氧化物而沉淀。可作为加工助剂按生产需要适量使用。

（12）碳酸钾　无水物为白色粒状粉末，结晶为白色半透明小晶体颗粒。无臭，有强碱味，相对密度 2.428。在湿空气中易吸湿潮解。易溶于水，水溶液呈碱性。不溶于乙醇及乙醚。通常在制造面条、馄饨时适量加入，可赋予产品特有的风味、色泽和韧性（常与碳酸钠等合用）。

（13）碳酸钠（包括无水碳酸钠）　白色粉末结晶。相对密度 2.4～2.5。易溶于水，水溶液呈碱性。不溶于乙醇。用于面条、馒头，可增加食品的弹性和延展性，也易熟，口感滑爽。

（14）柠檬酸钠　白色结晶，无臭、味咸，有清凉感，相对密度 1.857。易溶于水，不溶于乙醇、乙醚。常含 1～2 个结晶水，受热则分解脱水。柠檬酸钠具有改善食品风味、调节 pH，以及增稠和增强乳化等性能。

（15）柠檬酸钾　无色透明晶体或白色颗粒状粉末，无臭，味咸，有清凉感，相对密度 1.98。在空气中易吸湿潮解。可溶于甘油，几乎不溶于乙醇。可按生产需要适量用于各类食品。美国食品药品管理局将其列入一般公认安全物质。无毒性，对人体无害。

（16）碳酸氢三钠（倍半碳酸钠）　白色针状结晶、片状或结晶性粉末，相对密度 2.112。不易风化，易溶于水，水溶液呈碱性，其碱性比碳酸钠弱。可按生产需要适量用于饼干、糕点、羊奶、乳制品。美国食品药品管理局将其列入一般公认安全物质。

（17）柠檬酸一钠　白色颗粒结晶或结晶性粉末，无臭、味咸、微酸。易溶于水，几乎不溶于乙醇。在潮湿空气中可潮解。可按生产需要适量用于各类食品。

（18）碳酸氢钾　无色透明结晶或白色颗粒状粉末。无嗅、无味，相对密度 2.17。空气中稳定，$100 \sim 120 ℃$ 时分解为碳酸钾。易溶于水，不溶于乙醇，水溶液呈偏碱性。可用于矿物质饮料、婴幼儿配方奶粉、较大婴儿及幼儿配方粉、孕产妇配方奶粉。

（19）磷酸钙　白色无定形粉末，无臭、无味，相对分子量 310.18，相对密度约 3.18。不溶于乙醇和丙酮，微溶于水，易溶于稀盐酸和硝酸。可用于非碳酸饮料。

（20）磷酸三钾　白色无臭吸湿性晶体或颗粒，相对密度 2.564。易溶于水，不溶于乙醇，1‰水溶液的 pH 约为 11.5。可用于非碳酸饮料。

（21）乳酸钙　白色或乳酪色晶体颗粒或粉末，无臭，几乎无味。溶于水，呈透明或微浊的溶液，几乎不溶于乙醇、乙醚、氯仿。可按生产需要适量用于口香糖、油炸薯片调味料、油炸薯片和糖果。

（22）氢氧化钙　白色粉末状固体，具有碱味，稍带苦味，相对密度 2.078。强碱性。微溶于水，溶于甘油、盐酸和硝酸，不溶于乙醇。加热至 $580 ℃$，失水成为氧化钙。在空气中吸收 CO_2 而变为碳酸钙。有腐蚀性。可按生产需要适量使用于婴幼儿配方奶粉、学龄前儿童配方奶粉、儿童配方奶奶粉、孕妇及哺乳期妇女营养奶粉。

（23）氢氧化钾　白色斜方结晶，工业品为白色或淡灰色的块状或棒状。易溶于水，溶解时放出大量溶解热，有极强的吸水性，在空气中能吸收水分而溶解，并吸收二氧化碳逐渐变成碳酸钾。溶于乙醇，微溶于醚。溶解时或其溶液与酸反应时产生大量热。有极强的碱性和腐蚀性，其性质与烧碱相似。可按生产需要适量用于婴幼儿配方奶粉、孕产妇配方奶粉、学龄前儿童配方奶粉。

（24）碳酸氢钠　白色结晶性粉末，无臭，味咸，相对密度 2.20。易溶于水，水溶液呈碱性，遇酸立即分解而释放二氧化碳气体；不溶于乙醇。可按生产需要适量使用于学龄前儿童配方粉。

【任务安全环节】

1. 实验室应该准备足够的安全眼镜、手套、防护服装、紧急清洗设施，以及处理遗漏的器材，主要是防止浓酸、浓碱类及其他易挥发性药品的危害。

2. 实验室必须有足够的消防装置。

【专业网站链接】

1. http：//www.cnfoodw.com 中国食品网。

2. http：//www.neasiafoods.org 中国食品营养网。

3. http：//www.cnys.com 中华养生网。

4. http：//spaq.neauce.com 中国食品安全检测网。

5. http：//www.aqsc.gov.cn 中国农产品质量安全网。

6. http：//www.hagreenfood.org.cn 河南省农产品质量安全网。

【数字资源库链接】

http：//www.icourses.cn/home 爱课程资源网。

任务三　园艺产品营养成分中糖类的测定

【案例】

美国研究员发现，摄取过量的糖类，对人体健康的危害可能比摄取过量饱和脂肪还要大。研究指出，即使饱和脂肪摄取量增加一两倍，血液的饱和脂肪水平也不会增加。如果增加糖类摄取量，就会提高血液中的脂肪酸水平。报告作者俄亥俄州立大学的沃莱克说："问题的关键是，你不一定保存了所有吃下的饱和脂肪，主要保存下来的脂肪是饮食中的糖类。"在研究过程中，研究人员对 16 名参加者进行 4 个半月的严格饮食限制。他们的饮食每三周改变一次，调整糖类、脂肪总量和饱和脂肪的水平。科学家发现，当糖类减少和饱和脂肪增加的时候，血液的总饱和脂肪不会增加，很多人甚至出现下降。报告称，在低碳饮食的时候，人体内棕榈酸（palmitoleic acid）水平就会降低，随着糖类逐步增加，棕榈酸水平也会上升。棕榈酸水平和糖类不健康代谢关系密切。研究者称，棕榈酸水平增加，会把多余的糖类转化成脂肪，而不是燃烧掉，这将提高患上糖尿病和心脏疾病的风险。

思考题 1：糖类的种类有哪些?

思考题 2：测定园艺植物中糖类的意义有哪些?

思考题 3：如何测定园艺植物中糖类的含量?

【知识点】

1. 园艺产品中糖类成分的认识

糖类（Carbohydrate）是由碳、氢和氧 3 种元素组成，它所含的氢氧的比例为 2∶1，和水一样。它是为人体提供热能的三种主要的营养素中最廉价的营养素。园艺产品中的糖类以多种形式存在，但从代谢和供给热能的意义上来说是非等效的，所以可将总糖类分为两大类：有效糖类，包括单糖、双糖、糊精、淀粉和糖原（动物性淀粉）。无效糖类，包括天然存在的纤维素、半纤维素、木质素、果胶以及因工艺需要加入食物中的微量多糖（如琼脂、海藻胶等）。构成植物细胞壁的无效糖类又称膳食纤维，膳食纤维虽然不能被人体消化吸收，但它在维持人体健康方面所起的作用至关重要。

园艺产品中糖类的含量是构成其营养价值的一个重要指标，因此对园艺产品中糖含量的测定在营养学上具有十分重要的意义。园艺产品中的糖类包括单糖、低聚糖和多糖，它们在一定条件下可以相互转化，即简单的糖类可以聚合为高分子的复杂糖类，聚合物水解后又可生成简单的糖类。利用这种性质，分析中可以采用适当条件，将某些低聚糖和多糖水解为单糖后，利用单糖的还原性质进行测定。

单糖是指用水解方法不能加以分解的糖类，如葡萄糖、果糖等。单糖易溶于水，有甜味，具有旋光性，尤为重要的是所有的单糖都具有还原性，能被一些弱的氧化剂所氧化。目前几乎所有测定园艺产品中还原糖的标准分析法都是以单糖与费林试剂的反应为基础的。

低聚糖是指聚合度（单糖残基数≤10）较低的复杂糖类，在园艺产品分析中最重要的低聚糖是双糖。园艺产品中天然存在的双糖类有蔗糖、乳糖和麦芽糖等，它们的通式为 $C_{12}H_{22}O_{11}$。双糖在酸或酶的作用下可水解为单糖。例如，园艺产品中大量存在并在加工中广泛使用的蔗糖，水解产物是等分子质量的葡萄糖和果糖。人及其他哺乳类动物的乳汁中所含的乳糖，水解产物为葡萄糖和半乳糖。

多糖是由许多单糖或其衍生物以糖苷键结合而成的高分子化合物，如淀粉、纤维素、果胶、琼脂和糖原等。根据其水解后生成相同或不相同的单糖又可将其分为多糖及混合多糖。多糖一般难溶于水或在水中呈胶态，无甜味，无还原性。多糖可在一定条件下水解成单糖。例如，重要的多糖：通式为（$C_6H_{10}O_5$）n 的淀粉和纤维素，水解后均生成葡萄糖；琼脂的水解产物为半乳糖；而果胶则水解产生半乳糖醛酸。糖原是动物体内贮藏糖类的一种形式，它可以存在于肝及肌肉中。

水果是单糖和双糖的丰富来源，鲜果中含葡萄糖 $0.96\%\sim5.82\%$，果糖 $0.85\%\sim6.53\%$。大多数水果中蔗糖含量较低，但西瓜、菠萝中含量较高，分别为 4% 和 7.9%。

2. 园艺产品中糖类的测定

（1）还原糖的测定　还原糖是指具有还原性的糖类。葡萄糖分子中含有游离醛基，果糖分子中含有游离酮基，乳糖和麦芽糖分子中含有游离的半缩醛羟基，因而它们都具有还原性，都是还原糖。其他非还原性糖类，如双糖、三糖、多糖等（常见的蔗糖、糊精、淀粉等都属此类），它本身不具有还原性，但可以先通过水解，生成具有还原性的单糖，再进行测定，然后换算成样品中的相应的糖类的含量。所以糖类的测定是以还原糖的测定为基础的。在测定过程中最重要的是要注意糖类的提取和澄清。

还原糖最常用的提取方法是温水（40~50℃）提取，例如，果蔬及其制品等通常都是用水作提取剂。但对于淀粉、蔗糖含量较高的干果类，如板栗、菊芋等样品，用水提取时会使部分淀粉、糊精等进入溶液而影响分析结果，故一般采用乙醇溶液（75%~85%）作为提取剂（若样品含水量高，可适当提高乙醇溶液的浓度，使混合后的最终浓度在上述范围内）。

在糖类提取液中，除了所需测定的糖分外，还可能含有蛋白质、氨基酸、多糖、色素、有机酸等干扰物，这些物质的存在将影响糖类的测定，并使下一步的过滤产生困难。因此，需要在提取液中加入澄清剂以除去这些干扰物。而对于水果等有机酸含量较高的样品，提取时还应调节 pH 至近中性，因为在酸性条件下部分双糖会水解。澄清剂的种类很多，使用时应根据提取液的性质、干扰物质的种类与含量以及采取的测定方法等加以选择。总的原则是：能完全除去干扰物质，但不会吸附糖类，也不会改变糖液的性质。

常用的澄清剂有以下几种：

中性醋酸铅溶液（Pb（CH_3COO）$_2$·$3H_2O$）：醋酸铅溶液适用于果蔬及其制品，是园艺产品分析中应用最广泛也是使用最安全的一种澄清剂（一般配成浓度 10% 或 20% 使用）。但中性醋酸铅不能对深色糖液进行澄清，同时还应避免澄清剂过量，否则当样品溶液在测定过程中进行加热时，残余的铅将与糖类发生反应生成铅糖，从而使测定产生误差。有效的防止办法是在完全澄清后加入除铅剂，常见的除铅剂有 Na_2SO_4、$Na_2C_2O_4$ 等。

醋酸锌和亚铁氰化钾溶液：醋酸锌溶液：称取 21.9g 醋酸锌 [Zn（CH$_3$ COO）$_2$·2H$_2$O] 溶于少量水中，加入 3mL 冰乙酸，加水稀释至 100mL。亚铁氰化钾溶液：称取 10.6g 亚铁氰化钾 [K$_4$Fe（CN）$_6$·3H$_2$O]，用水溶解并稀释至 100mL。使用前，取两者等量混合。这种混合试剂的澄清效果好，适用于富含蛋白质的浅色溶液。

碱性硫酸铜溶液：硫酸铜溶液：34.6g 硫酸铜晶体溶解于水中，并稀释至 500mL，用精制石棉过滤备用。氢氧化钠溶液：称取 20g 氢氧化钠，加水稀释至 500mL。硫酸铜-氢氧化钠溶液可作为澄清剂使用。

除以上澄清剂外，园艺产品分析中常用的澄清剂还有碱性醋酸铅、氢氧化铝和钨酸钠等。澄清剂的选择应根据具体样品和测定方法确定。例如，果蔬类样品可采用中性醋酸铅溶液作为澄清剂。直接滴定法不能用碱性硫酸铜作澄清剂，以免引入 Cu^{2+} 离子，而选用高锰酸钾滴定法时不能用醋酸锌-亚铁氰化钾溶液作澄清剂，以免引入 Fe^{2+} 离子而影响测定结果。

①直接滴定法　直接滴定法是目前最常用的测定还原糖的方法，它具有试剂用量少、操作简单、快速、滴定终点明显等特点，适用于各类园艺产品中还原糖的测定。但对深色样品（如深色果汁等）因色素干扰使终点难以判断，故不宜用此法测定。

直接滴定法的原理：一定量的碱性酒石酸铜甲、乙液等体积混合后，生成天蓝色的氢氧化铜沉淀，这种沉淀很快与酒石酸钾钠反应，生成深蓝色的酒石酸钾钠铜的络合物。在加热条件下，以次甲基蓝作为指示剂，用样液直接滴定经标定的碱性酒石酸铜溶液，还原糖将二价铜还原为氧化亚铜。待二价铜全部被还原后，稍过量的还原糖将次甲基蓝还原，溶液由蓝色变为无色，即为终点。根据最终所消耗的样液的体积，即可计算出还原糖的含量。实际上，还原糖在碱性溶液中与硫酸铜的反应并不完全符合以上关系，还原糖在此反应条件下，将产生降解，形成多种活性降解产物，其反应过程极为复杂，并非反应方程式中所反映的那么简单。在碱性及加热条件下还原糖将形成某些差向异构体的平衡体系。由上述反应看，1mol 葡萄糖可以将 6mol 的二价铜（Cu^{2+}）还原为一价铜（Cu$^+$）。而实际上，从实验结果表明，1mol 的葡萄糖只能还原 5mol 多的一价铜（Cu$^+$），且随反应条件的变化而变化。因此，不能根据上述反应直接计算出还原糖含量，而是要用已知浓度的葡萄糖标准溶液标定的方法，或利用通过实验编制出来的还原糖检索表来计算，参见任务实践环节。

②分光光度计法　园艺产品的还原糖主要是葡萄糖、果糖和麦芽糖。它们的分布不仅反映园艺产品糖类的运转情况，而且也是合成其他成分碳架来源和呼吸作用的基础。此外，水果、蔬菜中含糖量的多少，也是鉴定其品质的重要

指标。其他糖类，如淀粉、蔗糖等，经水解也生成还原糖。因此，测定还原糖的方法在研究植物体内生理生化变化和测定植物体内糖类方面都是很重要的。还原糖是具有羰基的糖，能将其他物质还原而其本身被氧化。

原理：还原糖在碱性条件及有酒石酸钾钠存在条件下加热，可以定量地还原二价铜离子为一价铜离子，产生砖红色的氧化亚铜沉淀，其本身被氧化。氧化亚铜在酸性条件下，可将钼酸铵还原，还原型的钼酸铵再与砷酸氢二钠起作用，生成一种蓝色复合物砷钼蓝，其颜色深浅在一定范围内与还原糖的含量（即被还原的 Cu_2O 量）成正比，用标准葡萄糖与砷钼酸作用，比色后做标准曲线，就可测得样品还原糖含量。

仪器：分光光度计，水浴锅，具塞刻度试管：20mL×10，刻度吸管（1mL，1.2mL，4.5mL），容量瓶：100mL 两个，漏斗，研钵。

试剂：铜试剂：A 液，4%$CuSO_4$·$5H_2O$；B 液，称取 24g 无水碳酸钠，用 850mL 水溶于大烧杯中，加入 2g 含 4 分子结晶水的酒石酸钾钠，待全溶（应加热）后加入碳酸氢钠 16g，再加入 120g 无水硫酸钠（加热），全溶及冷却后加水至 900mL，沉淀 1～2d，取上清液（要求严格时过滤）备用。使用前将 A 液与 B 液按 1：9 混匀即可使用。

砷钼酸试剂：25g 四水合钼酸铵溶于 450mL 蒸馏水中（加热溶解，但温度接近 150℃时易分解），待冷却后再加入 21mL 浓 H_2SO_4 混匀。另将 3g 砷酸氢二钠溶解于 25mL 蒸馏水中，然后加到钼酸铵溶液中，室温下放置于棕色瓶中可长期使用。

200μg/mL 标准葡萄糖原液：准确称取分析纯葡萄糖 200mg，溶解定容到 1 000mL。

测定步骤：标准曲线的制作：在一系列刻度试管中，分别加入 200μg/mL 标准葡萄糖 0、0.1、0.2、0.3、0.4、0.5 及 0.6mL，再顺序加入蒸馏水 2、1.9、1.8、1.7、1.6、1.5 及 1.4mL，配成浓度分别为 0、10、20、30、40、50 及 60μg/mL 的系列葡萄糖溶液。每试管加入铜试剂 2mL，混匀后沸水浴中加热 10min，立即冷却，再加入 2mL 砷钼酸试剂，振荡 2min 后稀释到 20mL，用分光光度计在 620nm 波长下比色，测其吸光度 A_{620}（做一式两份）。以糖浓度微克数为横坐标，吸光度 A_{620} 为纵坐标，绘制标准曲线。

样品的处理：将样品洗净，吸干其表面水分，切碎混匀，称取 1g 放入研钵中，加入约 0.5g 石英砂，磨成匀浆，加水将样品由玻璃漏斗冲入 100mL 容量瓶中，加水达 70～80mL，摇匀后置于 80℃恒温水浴上浸提 0.5h。

待上述样品冷却后，沉淀蛋白质，加入 5%硫酸锌 5mL，再慢慢滴入 0.3mol/L Ba (OH)$_2$ 5mL，以沉淀蛋白质。振荡后静置，至上层出现清液后再加一滴 Ba(OH)$_2$，直至无白色沉淀时，向容量瓶加水至刻度。

还原糖含量的测定：过滤上述已定容的样品液，取 5mL 滤液，再定容到 100mL（此步视样品的含糖量而定）。取已稀释的溶液 2mL，与标准葡萄糖显色法相同：加铜试剂 2mL，煮沸 10min，加砷钼酸试剂 2mL，振荡 2mL，定容到 15mL，620nm 波长下比色，记下 A_{620} 吸光度（至少重复 3 次）。

结果计算

$$还原糖含量（\%）=\frac{G\times稀释倍数}{W\times10^6}$$

式中：G——从标准曲线上查得含糖量，μg；

　　　W——样品重，g。

（2）蔗糖的测定　在园艺产品生产中，为判断原料的成熟度，鉴别果蔬产品原料的品质，以及控制糖果、果脯等产品的质量指标，常常需要测定蔗糖的含量。蔗糖是非还原性二糖，不能用测定还原糖的方法直接进行测定，但蔗糖经酸水解后可生成具有还原性的葡萄糖和果糖的量混合物（转化糖），转化后即可按测定还原糖的方法进行测定。对于纯度较高的蔗糖溶液用相对密度、折光率、旋光率等物理检验法进行测定，在此仅介绍还原糖法。

原理：样品除去蛋白质等杂质后，用稀盐酸水解，使蔗糖转化为还原糖。然后按还原糖测定的方法，分别测定水解前后样液中还原糖的含量，两者的差值即为由蔗糖水解产生的还原糖的量，再乘以换算系数 0.95，即为蔗糖的含量。

试剂：6mol/L 的盐酸，1g/L 甲基红指示剂（称取 0.1g 甲基红并定容到 100mL），200g/L 氢氧化钠溶液。其他试剂同还原糖的测定。

测定方法：取一定的样品，按还原糖测定中的方法进行处理。吸取经处理后的样品 2 份各 50mL，分别放入 100mL 容量瓶中，其中一份加入盐酸（HCl）溶液（6mol/L）5mL 置于 68～70℃水浴中加热 15min，取出，迅速冷却至室温，加 2 滴甲基红指示剂，用 200g/L 的氢氧化钠溶液中和至中性，加水至刻度，摇匀。而另一份直接用水稀释到 100mL。按直接滴定法或高锰酸钾滴定法测定。

$$W=\frac{(M_2-M_1)\times0.95}{M\times\dfrac{50}{V_1}\times\dfrac{V_2}{100}\times1000}\times100\%$$

式中：W——蔗糖的质量分数，%；

　　　M_1——未经水解的样液中还原糖质量，mg；

　　　M_2——经水解后样液中还原糖质量，mg；

V_1——样品处理液总体积，mL；

V_2——测定还原糖取用样品处理液的体积，mL；

M——样品质量，g；

0.95——还原糖还原成蔗糖的系数。

注意事项：蔗糖在本法规定的水解条件下，可以完全水解，而其他二糖和淀粉等的水解作用很小，可忽略不计。所以必须严格控制水解条件，以确保结果的准确性与重现性。此外，果糖在酸性溶液中易分解，故水解结束后应立即取出并迅速冷却中和。

根据蔗糖的水解反应方程式：

$$C_{12}H_{22}O_{11} + H_2O \xrightleftharpoons{HCl} C_6H_{12}O_6 + C_6H_{12}O_6$$

蔗糖　　　　　　　葡萄糖　　果糖

342　　　　　　　　180　　　180

蔗糖的相对分子质量为342，水解后生成2分子单糖，其相对分子质量之和为360。

$$\frac{342}{360} = 0.95$$

即1g转化糖相当于0.95g蔗糖量。

用还原糖法测定蔗糖时，为减少误差，测得的还原糖应以转化糖表示，故用直接法滴定时，碱性酒石酸铜溶液的标定需采用蔗糖标准溶液按测定条件水解后进行标定。

碱性酒石酸铜溶液的标定：取105℃烘干至恒重的纯蔗糖1.00g，用蒸馏水溶解，并定容至500mL，混匀。此标准溶液1mL相当于纯蔗糖2mg。

取上述蔗糖标准溶液50mL于100mL容量瓶中，加5mL盐酸溶液（6mol/L），在68~70℃水浴中加热15min，取出迅速冷却至室温，加2滴甲基红指示剂，用200g/L的氢氧化钠溶液中和至中性，加水至刻度，摇匀。此溶液3mL相当于纯蔗糖1mg。

取经水解的蔗糖标准溶液，按直接滴定法标定碱性酒石酸铜溶液。

$$M_2 = \frac{M_1}{0.95} \times V$$

式中：M_2——10mL碱性酒石酸铜溶液相当于转化糖质量，mg；

M_1——1mL蔗糖标准水解液相当于蔗糖质量，mg；

V——标定中消耗蔗糖标准水解液的体积，mL；

0.95——蔗糖换算为转化糖的系数。

若选用高锰酸钾滴定时，注意转化糖项。

（3）总糖的测定　许多园艺产品中含有多种糖类，包括具有还原性的葡萄糖、果糖、麦芽糖、乳糖等，以及非还原性的蔗糖、棉籽糖等。这些糖有的来自原料，有的是因生产需要而加入，有的是在生产过程中形成的（如蔗糖水解为葡萄糖和果糖）。许多园艺产品中通常只需测定其总量，即所谓的"总糖"。

园艺产品中的总糖通常是指产品中存在的具有还原性的或在测定条件下能水解为还原性单糖的糖类总量。应当注意这里所讲的总糖与营养学上所指的总糖是有区别的，营养学上的总糖是指被人体消化、吸收利用的糖类物质的总和，包括淀粉。而这里讲的总糖不包括淀粉，因为在该测定条件下，淀粉的水解作用微弱。总糖是许多园艺产品（如果蔬罐头、饮料等）的重要质量指标，是果蔬生产中常规的检验项目，总糖含量直接影响果蔬产品的质量。所以，在园艺产品分析中总糖的测定具有十分重要的意义。总糖的测定通常是以还原糖的测定方法为基础，常用的方法是直接滴定法。

原理：样品经处理：除去蛋白质等杂质后，加入稀盐酸在加热条件下使蔗糖水解转化为还原糖，再以直接滴定法测定水解后样品中还原糖的总量。

试剂：6mol/L 的盐酸，1g/L 甲基红指示剂（称取 0.1g 甲基红并定容到 100mL），200g/L 氢氧化钠溶液。其他试剂同还原糖的测定。

测定方法：样品处理同直接测定法测定还原糖，按测定蔗糖的方法水解样品含量。

结果计算：

$$W（以转化糖计）=\frac{M_2}{M\times\frac{50}{V_1}\times\frac{V_2}{100}\times1000}\times100\%$$

式中：W——总糖的质量分数，%；

M——样品质量，g；

V_1——样品处理液的总体积，mL；

V_2——测定时消耗样品水解液的体积，mL；

M_2——10mL 碱性酒石酸铜溶液相当于转化糖质量，mg。

注意事项：总糖测定结果一般根据果蔬产品质量指标要求，以转化糖或葡萄糖计，那么，碱性酒石酸铜的标定就需要用相应的糖的标准溶液来进行标定。

（4）淀粉的测定：淀粉是由 D-葡萄糖以 α-糖苷键连接的高分子有机物，在植物中分布极广。淀粉是供给人体热量的主要来源，在园艺产品加工中广泛用作增稠剂、乳化剂、保湿剂、黏合剂等。淀粉在植物细胞内以淀粉粒的形态存在，天然淀粉有两种结构：直链淀粉和支链淀粉。它们之间的比例一般为

15%～25%比75%～85%，因品种、生长期等不同而异。直链淀粉不溶于冷水，可溶于热水形成淀粉胶体溶液，而支链淀粉仅能分散于冷水中。两种结构的淀粉均不溶于30%以上的乙醇。淀粉很容易水解，与无机酸共热时，可彻底水解为D-葡萄糖。淀粉与碘发生非常灵敏的显色反应，直链淀粉呈深蓝色，支链淀粉呈蓝紫色。

在适当的温度下（60～80℃），淀粉可在水中溶胀、分裂，形成均匀的糊状溶液，这就是淀粉的糊化。糊化过程通常可分为3个阶段。第一阶段：可逆吸水阶段，体积略有膨胀。第二阶段：不可逆吸水阶段，当升高至一定温度时（65℃）约为可逆的大量吸水，体积膨胀至原来的60～100倍。第三阶段：在更高的温度下完成，淀粉粒最后解体，淀粉分子全部进入溶液。

淀粉的测定是根据淀粉在酶或酸的作用下水解为葡萄糖后，再按测定还原糖的方法进行定量测定。

①蒽酮硫酸法　原理：淀粉是由葡萄糖残基组成的多糖，在酸性条件下加热使其水解成葡萄糖，然后在浓硫酸的作用下，使单糖脱水生成糠醛类化合物，利用蒽酮试剂与糠醛化合物的显色反应，即可进行比色测定，参见任务实践环节。

②碘-淀粉比色法　原理：对于淀粉含量较少的样品，也可采用碘-淀粉比色法。淀粉在加热情况下能溶于硝酸钙溶液中，当碘化钾和硝酸钙共存时，碘能以碘-淀粉蓝色化合物沉淀全部淀粉。将此沉淀溶于碱液，并在酸性条件下与碘作用形成蓝色溶液进行比色。

试剂：80%硝酸钙溶液，0.1mol/L NaOH，0.1mol/L HCl。

0.5%碘液：称5.0g结晶碘和10.0g碘化钾，放入研钵混合研磨，然后加10mL蒸馏水研至全部碘溶解，将溶液全部转入1 000mL容量瓶定容后，贮于磨口试剂瓶。

5%含碘硝酸钙溶液：取10mL 80%的硝酸钙溶液，加160mL水，再加入3mL 0.5%的碘液混匀，现用现配。

标准淀粉溶液：称取纯淀粉50mg于研钵中，加3mL 80%硝酸钙溶液，研细并转移到100mL的三角瓶中，用15mL 80%的硝酸钙溶液冲洗研钵，无损地收集于三角瓶中。将三角瓶置于沸水浴中煮沸5min，冷却后全部转入50mL容量瓶中并定容，此液为1mg/mL的淀粉标准液。

仪器：分析天平、研钵、容量瓶、量筒、三角瓶、水浴、小漏斗、电炉、离心机、离心管、试剂瓶。

测定步骤：称取1～3g样品，剪碎放入研钵，加5mL 80%的硝酸钙溶液，研磨成糊状，移入100mL的三角瓶中，用10mL 80%的硝酸钙冲洗研钵，无损地收集于三角瓶中，瓶口盖上小漏斗，在沸水浴上煮沸 3～5min，使样品中淀粉转变为胶体溶液。

给三角瓶中加 20mL 蒸馏水，混合液转入离心管中离心（2 000～3 000r/min）2～3min，将离心后的淀粉胶体浑浊液移入 100mL 容量瓶（淀粉含量少时，可移入 50mL 容量瓶），三角瓶及离心沉淀物用 5～10mL 热蒸馏水冲洗并同样离心，离心液并入容量瓶中（洗 2～3 次）定容，即为淀粉提取液。

取 5～10mL 淀粉待测液，加入到盛有 2mL 0.5% 碘液的离心管中，混匀静置 15min 后离心（3 000r/min）5min，弃上清液。沉淀用 5% 的含碘硝酸钙溶液冲洗两次，向冲洗后的沉淀中加入 10mL 0.1mol/L 的氢氧化钠混匀，将离心管浸入沸水内 5min，使沉淀溶解。将溶液转入 50mL 容量瓶中，加入 0.3mL 0.5% 碘液，用 30mL 左右的水冲洗并入容量瓶，加入 2mL 1mol/L 的盐酸，用水定容并显色，在 590nm 波长处测定吸光度。

（4）绘制标准曲线　取标准淀粉溶液（1mg/mL）0mL、0.5mL、1.0mL、2.0mL、3.0mL、4.0mL、5.0mL 于离心管中，用 80% 硝酸钙溶液将各管的体积补足至 5mL，再向各管加入 2mL 0.5% 碘液，混匀静置 15min 后离心，其他操作同样品测定步骤，显色后在 590nm 波长下测定吸光度。此系列溶液的淀粉含量分别为 0mg、0.5mg、1.0mg、2.0mg、3.0mg、4.0mg、5.0mg，然后以吸光度为横坐标，以淀粉含量为纵坐标绘制标准曲线。

结果计算：

$$淀粉含量（\%）=\frac{100\times C\times V_T}{1000\times V_1\times W}$$

式中：C——从标准曲线查得淀粉量，mg；

V_T——样品提取液总体积，mL；

V_1——显色时取样品液量，mL；

W——样品重，g。

③酶水解法

原理：样品经除去脂肪及可溶性糖分后，其中的淀粉用淀粉酶水解为双糖，再用盐酸将双糖水解成单糖，最后按还原糖进行测定，并折算成淀粉。

水解反应如下：

$$(C_6H_{10}O_5)_n + nH_2O \xrightarrow{\text{酸，酶}} nC_6H_{12}O_6$$

试剂：乙醚、乙醇（85%）。

淀粉酶溶液（5g/L）：称取淀粉酶 0.5g，加 100mL 水溶解，加入数滴甲苯或氯仿防止生酶，贮于冰箱中。

碘溶液：称取 3.6g 碘化钾溶于 20mL 水中，加入 1.3g 碘，溶解后加水稀释至100mL。其他试剂同蔗糖的测定。

操作方法：样品处理。准确称取干燥样品2～5g，置于放有折叠滤纸的漏斗中，先用50mL乙醚分5次洗去脂肪，再用乙醇（85%）约100mL分3～4次洗去可溶性糖分。将残留物移入250mL烧杯内，用50mL水分数次洗涤滤纸和漏斗，洗液并入烧杯中。将烧杯置于沸水浴上加热15min，使淀粉糊化。放冷至60℃，加淀粉酶溶液20mL在55～60℃下保温1h，并不断搅拌。取1滴试液加1滴碘溶液进行检查，应不显蓝色。若呈蓝色，再加热糊化并加淀粉酶溶液20mL，继续保温，直至加碘不显蓝色为止。

取出后小火加热至沸，冷却后倒入250mL容量瓶中，加水至刻度。摇匀，过滤（弃去初滤液）。取50mL滤液，置于250mL锥形瓶中，加盐酸5mL，装上回流冷凝管，在沸水浴中回流1h。冷却后加2滴甲基红指示剂，

用20%氢氧化钠（NaOH）溶液中和至近中性后转入100mL容量瓶中。洗涤锥形瓶，洗液并倒入容量瓶中。用水定容至刻度，摇匀备用。

测定：按还原糖测定方法进行定量。同时量取50mL水及与样品处理时等量的淀粉酶溶液，按同一方法做试剂空白试验。

结果计算：

$$X = \frac{(M_1 - M_2) \times 0.9}{M \times \left(\frac{V}{500}\right) \times 1000} \times 100\%$$

式中：X——样品中淀粉的质量分数，%；

M_1——所测样品中还原糖的质量（以葡萄糖计），mg；

M_2——试剂空白中还原糖的质量（以葡萄糖计），mg；

M——样品质量，g；

0.9——还原糖（以葡萄糖计）换算成淀粉的换算系数，即162/180；

V——测定用样品处理液的体积，mL；

500——样品稀释液的总体积，mL。

注意事项：常用的淀粉酶是麦芽淀粉酶，它是α淀粉酶和β-淀粉酶的混合物。淀粉酶使淀粉水解为麦芽糖，具有专一性，所得结果比较准确。市售淀粉酶可按说明书使用，通常的糖化能力为1：25或1：50，当有酸碱存在时或温度超过85℃时淀粉酶将失去活性，长期贮存，活性降低，配制成酶溶液后活性降低更快。因此，应在临用前配制，并贮于冰箱内保存。使用前还应对其糖化能力进行测定，以确定酶的用量。检测方法：用已知量的可溶性淀粉，加不同量的淀粉酶溶液，置55～60℃水浴中保温1h，用碘液检查是否存在淀粉，以确定酶的活力及水解样品时需加入的酶量。

采用麦芽淀粉酶处理样品时，水解产物主要是麦芽糖，因此还要用酸将其水解为单糖。与蔗糖相比，麦芽糖水解所需温度更高，时间更长。

当样品中含有蔗糖等可溶性糖分时，经酸长时间水解后，蔗糖转化，果糖迅速分解，使测定造成误差。因此，一般样品要求事先除去可溶性糖分。

除可溶性糖分时，为防止糊精也一同被洗掉，样品加入乙醇后，混合液中乙醇的体积分数应在 80% 以上，但如果要求测定结果中不包含糊精，则可用乙醇（10%）洗涤。

由于脂类的存在会妨碍酶对淀粉粒的作用，因此采用酶水解法测定淀粉时，应预先用乙醚或石油醚脱脂。若样品脂肪含量较少，则可省略此步骤。

淀粉粒具有晶体结构，淀粉酶难以作用，需先加热使淀粉物化，以破坏淀粉粒的晶体结构，使其易于被淀粉酶作用。

（5）纤维素的测定　纤维素是地球上最丰富的有机物质，它是构成植物细胞壁的主要成分，果实中纤维素含量为 0.2%～4.1%，其中以桃、柿子含量较高，而橘子、西瓜等含量较低；蔬菜中含量为 0.3%～2.3%，根菜类如芥菜等含量较高，而果菜类如番茄等含量较低。纤维素与淀粉一样，也是由 D-葡萄糖构成的多糖，所不同的是纤维素是由 D-葡萄糖以 β-1，4 糖苷键连接而成，分子不分支。纤维素的水解比淀粉困难得多，它对稀酸、稀碱相当稳定，与较浓的盐酸或硫酸共热时，才能水解成葡萄糖。纤维素的聚合度通常为 300～2 500，相对分子质量为 50 000～405 000。

在研究和评定园艺产品的消费率和品质时，提出了膳食纤维这一概念。所谓膳食纤维，是指人们的消化系统或者消化系统中的酶不能消化、分解、吸收的物质。它主要包含：纤维素、半纤维素、木质素和果胶物质。纤维素多糖本身虽然没有营养价值，但它在生物体内所起的作用并不亚于其他营养素。现代营养学研究表明，每天摄入一定量的纤维素不仅有助于消化，而且在预防疾病方面具有重要意义。膳食纤维的存在不仅是物理性地增加肠道内食糜的体积，而且它能吸附胆汁盐、胆固醇等物质，有利于降低血液中胆固醇的含量。纤维素多糖是水的载体，可增加肠内食糜的持水性，有利于人体对矿物质的吸收。纤维素的附着力有助于把一些致癌性的代谢毒物及大量微生物排出体外，从而可防止高血压、阑尾炎、心脏病、结肠癌等多种疾病。

纤维素的测定方法有酸碱醇醚法、酸性洗涤剂法、碘量法及比色法，这里介绍比色法。

原理：纤维素是由葡萄糖基组成的多糖，在酸性条件下加热使其水解成葡萄糖。然后在浓硫酸作用下，使单糖脱水生成糠醛类化合物。利用蒽酮试剂与糠醛类化合物的蓝绿色反应即可进行比色测定。

仪器和试剂：主要仪器：恒温水浴、冰罐、电炉、玻璃坩埚、漏斗、定时钟、分光光度计等。

试剂：60％H_2SO_4溶液、浓H_2SO_4。

2％蒽酮试剂：2g蒽酮溶解于100mL乙酸乙酯中，贮置于棕色试剂瓶中。

纤维素标准液：准确称取100mg纯纤维素，放入100mL量瓶中，将量瓶放入冰浴中，然后加冷的60％硫酸溶液60～70mL，在冷的条件下消化处理20～30min，然后用60％硫酸溶液稀释至刻度，摇匀。吸取此液5.0mL放入另一50mL量瓶中，将量瓶放入冰浴中，加蒸馏水稀释刻度，则每毫升含100μg纤维素。

测定步骤：绘制纤维素标准曲线：取6支小试管，分别放入0、0.40、0.80、1.20、1.60、2.00mL纤维素标准液。然后分别加入2.00、1.60、1.20、0.80、0.40、0mL蒸馏水，摇匀。则每管依次含纤维素0、40、80、120、160、200μg。

向每管加0.5mL 2％蒽酮试剂，再沿管壁加5.0mL浓硫酸，塞上塞子，微微摇动，促使乙酸乙酯水解，当管内出现蒽酮絮状物时，再剧烈摇动促进蒽酮溶解，然后立即放入沸水浴中加热10min，取出冷却。

在分光光度计上620nm波长下比色，测出各管吸光值。

以所测得的吸光值为纵坐标，以纤维素含量为横坐标，绘制纤维素标准曲线。

样品的测定：准确称取风干的样品100mg，放入100mL容量瓶中，将量瓶放入冰浴中，加冷的60％硫酸60～70mL，在冷的条件下消化处理半小时，然后用60％硫酸。稀释至刻度，摇匀，用玻璃坩埚漏斗过滤。

吸取上述滤液5.0mL于5mL容量瓶中，将容量瓶置于冰浴中，加蒸馏水释至刻度，摇匀。

吸取上述溶液2.0mL，加0.5mL 2％蒽酮试剂，再沿管壁加5.0mL浓硫酸，盖上塞子，以后操作同纤维素标准液，测出样品在620nm波长下的吸光度。

结果计算：以样品测定吸光度，在标准曲线上查出相应的纤维素含量，然后均按下式计算样品中纤维素含量。

$$X = \frac{A \times 10^{-6} \times C \times 100}{B}$$

式中：A——在标准曲线上查得的纤维素含量值，μg；

$\quad\quad B$——样品重，g；

$\quad\quad 10^{-6}$——将μg换算成g的系数；

C——样品稀释倍数；

X——样品中纤维素含量，%。

注意事项：此法需用纯纤维素样品作标准曲线。纤维素加 60% 硫酸时，一定要在冰浴条件下进行。

（6）果胶的测定：果胶物质的基本结构是 D-吡喃半乳糖醛酸以 α-1，4 糖苷键结合的长链，通常以部分甲酯化状态存在。果胶物质一般以原果胶、果胶、果胶酸 3 种不同的形态存在于植物体内，是影响果实质地软硬或发绵的重要因素。对不同形式的果胶物质定义如下：①原果胶，果胶的天然存在形式，它是与纤维素和半纤维素结合在一起的甲酯化聚半乳糖醛酸苷链。原果胶不溶于水，但在酸或酶的作用下可逐渐转化为果胶，而呈溶解状态。原果胶多存在于未成熟果蔬细胞壁的中胶层中。②果胶，也称果胶酯酸，是被甲基酯化至一定程度的多聚半乳糖醛酸、在成熟果蔬的细胞液内含量较多。③果胶酸，是未经酯化的多聚半乳糖醛酸。实际工作中很难得到无甲酯的果胶物质，通常把甲氧基含量在 1% 以下的称为果胶酸。果胶测定常使用比色法，原理是果胶水解生成半乳糖醛酸，在硫酸溶液中与咔唑试剂作用下生成紫红色化合物，其呈色强度与半乳糖醛酸的浓度成正比，参见任务实践环节。

【任务实践】

实践一：番茄中还原糖含量的测定

1. 材料

不同番茄品种若干。

2. 试剂与仪器

（1）试剂　碱性酒石酸铜甲液：称取 15g 硫酸铜（$CuSO_4 \cdot 5H_2O$）及 0.05g 次甲基蓝，溶于水中并稀释至 1 000mL。

碱性酒石酸铜乙液：称取 50g 酒石酸钾钠及 75g 氢氧化钠，溶于水中，再加入 4g 亚铁氰化钾，完全溶解后，用水稀释至 1 000mL，贮存于橡胶塞玻璃瓶内。

乙酸锌溶液：称取 21.9g 乙酸锌 [$Zn(CH_3COO)_2 \cdot 2H_2O$]，加 3mL 冰醋酸，加水溶解并稀释至 100mL。

亚铁氰化钾溶液（106g/L）：称取 1.6g 三水合亚铁氰化钾，溶于水中，稀释至 100mL。

葡萄糖标准溶液（1g/L）：准确称取 1.0g 于 98～100℃烘干至恒重的无水葡萄糖，加水溶解后，再加入 5mL 盐酸，用水稀释至 1 000mL。

（2）仪器　电子天平、研钵、水浴锅、滴定管、锥形瓶等。

3. 操作步骤

（1）样品处理　将新鲜番茄洗净、擦干，并除去不可食用部分。准确称取平均样品 10～25g，研磨成浆状，用 100mL 水分数次将样品转入 250mL 容量瓶中。然后用碳酸钠（Na_2CO_3）溶液（150g/L）调整样液至微酸性，置于 80℃水浴中加热 30min。冷却后滴加中性醋酸铅溶液（100g/L）沉淀蛋白质等干扰物质，直至不再产生雾状沉淀为止。再加入同浓度的硫酸钠（Na_2SO_4）溶液以除去多余的铅盐。摇匀，用水定容至刻度，静置 15～20min 后，用干燥滤纸过滤，滤液备用。

碱性酒石酸铜溶液的标定：准确吸取碱性酒石酸铜甲液和乙液各 5mL，置于 250mL 锥形瓶中。加水 10mL，加入 3 粒玻璃珠。从滴定管中滴加 9mL 葡萄糖标准溶液，加热使其在 2min 之内沸腾，并保持沸腾 1min，趁沸腾以每两秒 1 滴的速度继续用葡萄糖标准溶液滴定，直至蓝色刚好褪去为终点。记录消耗葡萄糖标准溶液的体积，重复操作 3 次，取其平均值。

计算每 10mL 碱性酒石酸铜溶液（甲、乙液各 5mL），相当于葡萄糖的质量

$$P_2 = V \times P_1$$

式中：P_1——葡萄糖标准溶液的浓度，mg/mL；

　　　V——标定时消耗葡萄糖标准溶液的总体积，mL；

　　　P_2——10mL 碱性酒石酸铜溶液相当于葡萄糖的质量，mg。

（2）样液的预测定　准确吸取碱性酒石酸铜甲液和乙液各 5mL，置于 250mL 锥形瓶中。加水 10mL，加入 3 粒玻璃珠，加热使其在 2min 之内沸腾，并保持沸腾 1min，趁沸以先快后慢的速度从滴定管中滴加样液，滴定时须始终保持溶液呈微沸腾状态。待溶液颜色变浅时，以每两秒 1 滴的速度继续滴定，直至蓝色刚好褪去为终点。记录消耗样液的总体积。

（3）样液的测定　准确吸取碱性酒石酸铜甲液和乙液各 5mL，置于 350mL 锥形瓶中。加水 10mL，加入 3 粒玻璃珠，从滴定管中加入比预测定时少 1mL 的样液，加热使其在 2min 之内沸腾，并保持沸腾 1min，趁沸以每两秒 1 滴的速度继续滴定，直至蓝色刚好褪去为终点。记录消耗样液的总体积。重复操作 3 次，取平均值。

结果计算：

$$W = \frac{P_2}{M \times \dfrac{V}{250} \times 1000} \times 100\%$$

式中：W——还原糖（以葡萄糖计）质量分数，%；

M——样品质量，g；

V——测定时平均消耗样液的体积，mL；

P_2——10mL 碱性酒石酸铜溶液相当于葡萄糖的质量，mg；

250——样液的总体积，mL。

4. 注意事项

碱性酒石酸铜甲液、乙液应分别配制贮存，用时再混合。

碱性酒石酸铜的氧化能力较强，可将醛糖和酮糖都氧化，所以测得的是总还原糖量。

本方法对糖进行定量的基础是碱性酒石酸铜溶液中二价铜（Cu^{2+}）的量，所以样品处理时不能采用硫酸铜-氢氧化钠作为澄清剂，以免将样液中误入二价铜（Cu^{2+}），得出错误的结果。

碱性酒石酸铜乙液中加入亚铁氰化钾，是为了使所生成的氧化亚铜（$Cu_2O\downarrow$）的红色沉淀与之形成可溶性的无色络合物，使终点便于观察。

$$Cu_2O + K_4Fe(CN)_6 + H_2O \longrightarrow K_2CuFe(CN)_6 + 2KOH$$

甲基蓝也是一种氧化剂，但在测定条件下其氧化能力比一价铜弱，故还原糖先与二价铜反应，待二价铜完全反应后，稍过量的还原糖才会与次甲基蓝发生反应，溶液蓝色消失，指示到达终点。

整个滴定过程必须在沸腾条件下进行，其目的是为了加快反应速度和防止空气进入，避免氧化亚铜和还原型的次甲基蓝被空气氧化从而使得耗糖量增加。

测定中还原糖液浓度、滴定速度、热源强度及煮沸时间等对测定精密度有很大的影响。还原糖液浓度要求在 0.1% 左右，与标准葡萄糖溶液的浓度相近；继续滴定至终点的体积数应控制在 0.5～1mL 以内，以保证在 1min 内完成继续滴定的工作，热源一般采用 800W 电炉，热源强度和煮沸时间应严格按照操作中规定的执行，否则，加热至煮沸时间不同，蒸发量不同，反应液的碱度也不同，从而影响反应的速度、反应进行的程度及最终测定的结果。

预测定与正式测定的检测条件应一致。平行实验中消耗样液量应不超过 0.1mL。

实践二：马铃薯中淀粉含量的测定

1. 材料

不同马铃薯品种若干。

2. 试剂与仪器

（1）试剂　浓硫酸（相对密度 1.84），9.2mol/L $HClO_4$，2% 蒽酮试剂。

（2）仪器　电子天平，容量瓶：100mL 4 个、50mL 2 个，漏斗，小试管若干支，电炉，刻度吸管 0.5mL 1 支、2.0mL 3 支、5mL 4 支，分光光度计。

3. 操作步骤

（1）首先制作标准曲线，制作方法如下：取小试管 6 支编号 0～5，按表 1-14 加入溶液和蒸馏水，在 620nm 波长下，用空白调零测定吸光度，绘制相应的标准曲线。

表 1-14　标准曲线制作

管号	淀粉标准液（mL）	蒸馏水（mL）	淀粉含量（mg）
0	0	2.0	0
1	0.4	1.6	40
2	0.8	1.2	80
3	1.2	0.8	120
4	1.6	0.4	160
5	2.0	0	200

（2）样品提取　将马铃薯切块，烘干，称取 50～100mg 粉碎过 100 目筛的烘干样品，置于 15mL 刻度试管中，加入 6～7mL 80% 乙醇，在 80℃ 水浴中提取 30min，取出离心（3 000r/min）5min，收集上清液。重复提取两次（各 10min），同样离心，收集 3 次上清液合并于烧杯，置于 85℃ 恒温水浴，使乙醇蒸发至 2～3mL，转移至 50mL 容量瓶，以蒸馏水定容，供可溶性糖的测定。

向沉淀中加蒸馏水 3mL，搅拌均匀，放入沸水浴中糊化 15min。冷却后，加入 2mL 冷的 9.2mol/L 高氯酸，不停搅拌，提取 15min 后加蒸馏水至 10mL，混匀，离心 10min，上清液倾入 50mL 容量瓶。再向沉淀中加入 2mL 4.6mol/L 高氯酸，搅拌提取 15min 后加水至 10mL，混匀后离心 10min，收集上清于容量瓶。然后用水洗沉淀 1～2 次，离心，合并离心液于 50mL 容量瓶，用蒸馏水定容，测淀粉用。

（3）样品测定　取待测样品提取液 1.0mL 于试管中，再加蒽酮试剂 5mL，快速摇匀，然后在沸水浴中煮 10min，取出冷却，在 620nm 波长下，用空白调零测定吸光度，从标准曲线查出淀粉含量（mg）。

结果计算

$$含量（\%）=\frac{100 \times V_T \times C \times 0.9}{V_1 \times 1000 \times W}$$

式中：C——从标准曲线查得淀粉量，mg；

　　　V_T——样品提取液总体积，mL；

　　　V_1——显色时取样品液量，mL；

　　　W——样品重，g；

　　　0.9——由葡萄糖换算为淀粉的系数。

（4）数据结果处理及分析。

实践三：葡萄中果胶的测定

1. 材料

夏黑葡萄。

2. 仪器与试剂

（1）仪器　分光光度计、恒温水浴锅。

（2）试剂　硫酸、优级纯无水乙醇、酸溶液（0.05mol/L）。

精制乙醇：取化学纯无水乙醇或体积分数为95%乙醇1 000mL加入锌粉4g及硫酸4mL，置恒温水浴中回流10h，然后用全玻璃仪器蒸馏，馏出液每1 000mL加入锌粉和氢氧化钾（KOH）各4g，进行重蒸馏。

咔唑乙醇溶液（1.5g/L）：溶解0.15g咔唑于100mL精制乙醇中。半乳糖醛酸标准工作液，准确称取α-D-水解半乳糖醛酸100mg，用水溶解并定容至100mL，混匀后得标准贮备液（1mg/mL）。吸取不同量的标准贮备液，用水稀释，配制一组浓度分别为0、10、20、30、40、50μgmL、60和70μg/mL的半乳糖醛酸标准工作液。

3. 操作步骤

（1）绘制标准曲线　取大试管（30mm×200mm）8支，各加入浓硫酸12mL，置冰水浴中边冷却边缓缓加入上述浓度为0～70μg/mL的半乳糖醛酸标准工作液各2mL，充分混合后再置冰水浴中冷却。在沸水浴中加热10min后，冷却至室温，然后各加入咔唑乙醇溶液（1.5g/L）1mL，充分混合。室温下放置30min后，以零管调节零点，在波长530nm下，用2cm比色皿，分别测定上述标准系列的吸光度。以测得的吸光度为纵坐标，每毫升标准溶液中半乳糖醛酸含量为横坐标，绘制出标准曲线。

（2）样品测定

①样品处理：称取夏黑葡萄果肉30.0～50.0g，用小刀切成薄片，置于预先放有乙醇（99%）的500mL锥形瓶中，装上回流冷凝管，在水浴上沸腾回流15min后冷却，用布氏漏斗或玻璃滤器在微微抽气条件下过滤。残渣置于研钵中，一边慢慢磨碎，一边滴加热乙醇（70%），冷却后再过滤，反复操作至滤液不呈糖类的反应（用苯酚-硫酸法检验）为止。残渣用乙醇（99%）洗

涤脱水，再用乙醚洗涤以除去脂类和色素，乙醚挥发除去。

②果胶的提取　水溶性果胶的提取：用 150mL 水将上述漏斗中的残渣转入 250mL 烧杯小，加热至沸，并保持微微沸腾 1h，加热时需不断搅拌并随时补充蒸发损失的水分。冷却后移入 250mL 容量瓶中，加水至刻度。摇匀，用干燥滤纸过滤（最好用布氏漏斗抽滤），收集滤液即得水溶性果胶提取液（初滤液弃去）。

总果胶的提取：用 150mL 加热至沸的盐酸溶液（0.05mol/L）将漏斗中的残渣转入 250mL 锥形瓶中. 装上冷凝管，于沸水浴中加热回流 1h。冷却后移入 250mL 容量瓶中，加甲基红指示剂 2 滴，用氢氧化钠溶液中和后，用水定容，摇匀，过滤，收集滤液即得总果胶提取液。

取果胶提取液用水稀释至适宜浓度含半乳糖醛酸（10～70μg/mL）。然后准确移取此稀释液 2mL，按标准曲线的制作方法同样操作，测定其吸光度，由标准曲线查出果胶稀释液中半乳糖醛酸的浓度（μg/mL）。

③结果计算

$$X = \frac{C \times V \times K}{M \times 10^6} \times 100\%$$

式中：X——样品中果胶物质（以半乳糖醛酸计）质量分数，%；

　　　V——果胶提取液总体积，mL；

　　　K——提取液稀释倍数；

　　　C——从标准曲线上查得的半乳糖醛酸浓度，μg/mL；

　　　M——样品质量，g。

4. 注意事项

应用咔唑比色法测定果胶含量时，其试样的提取液必须是不含糖的溶液。糖分的存在，对呈色反应产生较大的干扰，从而导致测定结果偏高。

比色法较果胶酸钙重量法操作简便、快速，每份样品仅需 6～8h。

【关键问题】

糖类的种类

糖类是由碳、氢、氧 3 种元素组成的多羟基醛或多羟基酮。在营养学上，一般根据糖类结构特点和性质的不同将其分为单糖、低聚糖、多糖和糖醇。①单糖：葡萄糖和果糖。②低聚糖：普通低聚糖和功能性低聚糖。普通低聚糖包括蔗糖、麦芽糖和乳糖；功能性低聚糖包括异构乳糖、低聚果糖、麦芽低聚糖、大豆低聚糖、低聚木糖、异麦芽酮糖、乳酮糖及低聚龙胆糖等。③多糖：淀粉和糖原。④糖醇。

【思考与讨论】

1. 高锰酸钾法测定还原糖与直接滴定法有什么异同点？

2. 用酸碱处理法测定食物中的纤维素含量时应注意些什么问题？

3. 说明直接滴定法测定还原糖的原理。测定还原糖时，加热时间对测定有何影响，如何控制？滴定过程为何要在沸腾的溶液中进行？

4. 如何正确配制和标定碱性酒石酸铜溶液及高锰酸钾标准溶液？

【知识拓展】

1. 糖类对人体的作用

糖类（carbohydrate）是由碳、氢和氧三种元素组成，由于它所含的氢氧的比例为 2 : 1，与水一样，故称为糖类。它是为人体提供热能的三种主要的营养素中最廉价的营养素。食物中的糖类分成两类：人可以吸收利用的有效糖类如单糖、双糖、多糖；人不能消化的无效糖类，如纤维素，是人体必需的物质。糖类对人体主要有以下作用。

（1）供给能量　每克葡萄糖产热 16kJ，人体摄入的糖类在体内经消化变成葡萄糖或其他单糖参加机体代谢。每个人膳食中糖类的比例没有规定具体数量，我国营养专家认为糖类产热量占总热量的 60％～65％ 为宜。平时摄入的糖类主要是多糖，在米、面等主食中含量较高，摄入糖类的同时，能获得蛋白质、脂类、维生素、矿物质、膳食纤维等其他营养物质。而摄入单糖或双糖如蔗糖，除能补充热量外，不能补充其他营养素。

（2）构成细胞和组织　每个细胞都有糖类，其含量为 2％～10％，主要以糖脂、糖蛋白和蛋白多糖的形式存在，分布在细胞膜、细胞器膜、细胞浆以及细胞间质中。

（3）节省蛋白质　食物中糖类不足，机体不得不动用蛋白质来满足机体活动所需的能量，这将影响机体用蛋白质进行合成新的蛋白质和组织更新。因此，完全不吃主食，只吃肉类是不适宜的，因肉类中含糖类很少，这样机体组织将用蛋白质产热，对机体没有好处。所以减肥病人或糖尿病患者最少摄入的糖类不要低于 150g 主食。

（4）维持脑细胞的正常功能　葡萄糖是维持大脑正常功能的必需营养素，当血糖浓度下降时，脑组织可因缺乏能源而使脑细胞功能受损，造成功能障碍，并出现头晕、心悸、出冷汗，甚至昏迷。

（5）抗酮体的生成　当人体缺乏糖类时，可分解脂类供能，同时产生酮体。酮体导致高酮酸血症。

（6）解毒　糖类代谢可产生葡萄糖醛酸，葡萄糖醛酸与体内毒素（如药物胆红素）结合进而解毒。

2. 膳食纤维的作用和重要性

膳食纤维也属于糖类，但是一般不易被消化，主要来自于植物的细胞壁，包含纤维素、半纤维素、树脂、果胶及木质素等。纤维以是否溶解于水中可分为两个基本类型：水溶性纤维与非水溶性纤维。水溶性纤维包括有树脂、果胶和一些半纤维。常见的食物中的大麦、豆类、胡萝卜、柑橘、亚麻、燕麦和燕麦糠等食物都含有丰富的水溶性纤维，水溶性纤维可减缓消化速度和最快速排泄胆固醇，所以可让血液中的血糖和胆固醇控制在最理想的水准之外，还可以帮助糖尿病患者降低胰岛素和甘油三酯。非水溶性纤维包括纤维素、木质素和一些半纤维，以及来自食物中的小麦糠、玉米糠、芹菜、果皮和根茎蔬菜。非水溶性纤维可降低罹患肠癌的风险，同时可经由吸收食物中有毒物质预防便秘和憩室炎，并且减低消化道中细菌排出的毒素。大多数植物都含有水溶性与非水溶性纤维，所以饮食均衡，摄取水溶性与非水溶性纤维才能获得不同的益处。

膳食纤维的重要性：①保持消化系统健康；②增强免疫系统；③降低胆固醇和高血压；④降低胰岛素和甘油三酯；⑤通便、利尿、清肠健胃；⑥预防心血管疾病、癌症、糖尿病及其他疾病；⑦平衡体内的荷尔蒙及降低与荷尔蒙相关的癌症。

膳食纤维是健康饮食不可缺少的，纤维在保持消化系统健康上扮演必要的角色，同时摄取足够的纤维也可以预防心血管疾病、癌症、糖尿病及其他疾病。纤维可以清洁消化壁和增强消化功能，纤维同时可稀释和加速食物中的致癌物质和有毒物质的移除，保护脆弱的消化道和预防结肠癌。纤维可减缓消化速度和最快速排泄胆固醇，所以可让血液中的血糖和胆固醇控制在最理想的水平。纤维存在于糙米和胚芽精米，以及玉米、小米、大麦、小麦皮（米糠）和麦粉（黑面包的材料）等杂粮；此外，根菜类和海藻类中食物纤维较多，如牛蒡、胡萝卜、四季豆、红豆、豌豆、薯类和裙带菜等。国际相关组织推荐的膳食纤维素日摄入量为：美国防癌协会推荐标准为每人每天30～40g，欧洲共同体食品科学委员会推荐标准为每人每天30g。

【任务安全环节】

1. 实验室应该准备足够的安全眼镜、手套、防护服装、紧急清洗设施以及处理遗漏的器材，主要是防止浓酸、浓碱类及其他易挥发性药品的危害。

2. 实验室必须有足够的消防装置。

【专业网站链接】

1. http：//www. cnfoodw. com　中国食品网。
2. http：//www. neasiafoods. org　中国食品营养网。
3. http：//www. cnys. com　中华养生网。
4. http：//spaq. neauce. com　中国食品安全检测网。
5. http：//www. aqsc. gov. cn　中国农产品质量安全网。
6. http：//www. hagreenfood. org. cn　河南省农产品质量安全网。

【数字资源库链接】

http：//www. icourses. cn/home　爱课程资源网。

任务四　园艺产品中维生素成分的测定

【观察】

分光光度计　　　　　　　　　　　索氏提取器

马弗炉　　　　　　　　　　　高效液相色谱仪

图 1-5　营养成分分析常用仪器

观察1：观察图1-5中仪器的名称及作用。

观察2：园艺产品中主要营养成分指标及其检测分析方法。

【知识点】

1. 园艺产品中维生素成分的认识

维生素是维持人体正常生理功能所必需而需要量极微的天然有机物质。维生素必须经常由食物供给，当机体内某种维生素缺乏时，即可发生特有的维生素缺乏症，严重时足以致命。但如果过量摄入某些维生素，也可引起维生素过多症，对身体非但无益，反而有害。

维生素的种类很多，其化学结构与生理功能各异。根据维生素的溶解性通常可将它们分为脂溶性维生素和水溶性维生素两大类。脂溶性维生素有维生素A、维生素D、维生素E、维生素K等；水溶性维生素有维生素C和维生素B。在这些维生素中，人体比较容易缺乏而在营养上又较重要的维生素有：维生素A、维生素D、维生素E、维生素B_1、维生素B_2、烟酸、维生素C。维生素检验的方法主要有化学分析法、仪器分析法。仪器分析法中紫外法、荧光法是多种维生素的标准分析方法。它们灵敏、快速，有较好的选择性。另外，各种色谱法以其独特的高分离效能，在维生素分析方面占有越来越重要的地位。化学分析法中的比色法、滴定法，具有简便、快速、不需特殊仪器等优点。

2. 园艺产品中维生素的测定

（1）维生素A的测定　维生素A又称抗干眼病维生素，是所有具有视黄醇生物活性的卢-紫罗宁衍生物的统称，通常所说的维生素A即指视黄醇而言。维生素A是胡萝卜素在动物的肝及肠壁中的转化产物，人体每日维生素A的需要量为1.5mg。缺乏维生素A会导致夜盲、干眼、角膜软化、失明及生长抑制等一系列症状。由于维生素A可进入肝而积累，因此肝中维生素A的含量通常随着年龄的增长而增加，与积贮量较少的儿童相比，成年人出现缺乏维生素A的现象较少。测定维生素A常用的方法有三氯化锑比色法、紫外分光光度法、液相色谱法等，其中比色法应用最为广泛，这里主要介绍三氯化锑比色法维生素A的测定方法。

①原理　维生素A在三氯甲烷中与三氯化锑相互作用产生蓝色物质，其深浅与溶液中所含维生素A的含量成正比。该蓝色物质虽不稳定，但在一定时间内可用分光光度计于620nm波长处测定其吸光度。

②仪器　实验室常用设备，分光光度计，回流冷凝装置。

③试剂　无水硫酸钠Na_2SO_4、乙酸酐、乙醚（不含有过氧化物）、无水乙醇（不含有醛类物质），以及以下试剂。三氯甲烷；应不含分解物，否则会

破坏维生素 A。检查方法：三氯甲烷不稳定，放置后易受空气中氧的作用生成氯化氢和光气。检查时可取少量三氯甲烷置试管中加水振摇，使氯化氢溶到水层，加入几滴硝酸银溶液，如有白色沉淀即说明三氯甲烷中有分解产物。

25％三氯化锑-三氯甲烷溶液：用三氯甲烷配制 25％三氯化锑溶液，贮于棕色瓶中，注意避免吸收水分）。50％氢氧化钾溶液质量浓度。

维生素 A 标准液：纯度 85％，用脱醛乙醇溶解维生素 A 标准品使其浓度大约为 1mL 相当于 1mg 维生素 A。临用前用紫外分光光度法标定其准确浓度）。

酚酞指示剂（用 95％乙醇配制 1％溶液）。

④操作注意事项　维生素 A 极易被光破坏，实验操作应在微弱光线下进行。

⑤样品处理　根据样品性质，可采用皂化法或研磨法。

皂化法：皂化。根据样品中维生素 A 含量的不同，称取 0.5～5g 样品于三角瓶中，加入 20～40mL 无水乙醇 10mL 及 1∶1 氢氧化钾，于电热板上回流 30min 至皂化完全为止。皂化法适用于维生素 A 含量不高的样品，可减少脂溶性物质的干扰，但全部实验过程费时，且易导致维生素 A 损失。

提取。将皂化瓶内混合物移至分液漏斗中，用 30mL 水洗皂化瓶，洗液并入分液漏斗。如有渣子，可用脱脂棉漏斗滤入分液漏斗内。用 50mL 乙醚分两次洗皂化瓶，洗液并入分液漏斗中。振摇并注意放气，静置分层后，水层放入第二个分液漏斗内。皂化瓶再用约 30mL 乙醚分两次冲洗，洗液倾入第二个分液漏斗中。振摇后，静置分层，水层放入三角瓶中，醚层与第一个分液漏斗合并。重复至水溶液中无维生素 A 为止。

洗涤。用约 30mL 水加入第一个分液漏斗中，轻轻振摇，静置片刻后，放去水层。加 15～20mL，0.5mol/L 氢氧化钾液于分液漏斗中，轻轻振摇后，弃去下层碱液，除去醚溶性酸皂。继续用水洗涤，每次用水约 30mL，至洗涤液与酚酞指示剂呈无色为止，大约洗涤 3 次。醚层液静置 10～20min，小心放出析出的水。

浓缩。将醚层液经过无水硫酸钠滤入三角瓶中，再用约 25mL 乙醚冲洗分液漏斗和硫酸钠两次，洗液并入三角瓶内。置水浴上蒸馏，回收乙醚。待瓶中剩约 5mL 乙醚时取下，用减压抽气法干燥至干，立即加入一定量的三氯甲烷使溶液中维生素 A 含量在适宜浓度范围内。

研磨法：研磨。精确称取 2～5g 样品放入盛有 3～5 倍样品重量的无水硫酸钠研钵中，研磨至样品中水分完全被吸收并均质化。研磨法适用于每克样品维生素 A 含量 5～10μg 样品的测定。

提取。小心地将全部均质化样品移入带盖的三角瓶内，准确加入 50～

100mL 乙醚。紧压盖子，用力振摇 2min，使样品中维生素 A 溶于乙醚中。使其自行澄清需 1～2h 或离心澄清，因乙醚易挥发，气温高时应在冷水浴中操作。装乙醚的试剂瓶也应事先置于冷水浴中。

浓缩。取澄清提取乙醚液 2～5mL，放入比色管中，在 70～80℃ 水浴上抽气蒸干。立即加入 1mL 三氯甲烷溶解残渣。

⑥标准曲线的制备　准确取一定量的维生素 A 标准液于 4～5 个容量瓶中，以三氯甲烷配制标准系列。再取相同数量比色杯顺次取 1mL 三氯甲烷和标准系列使用液 1mL，各管加入乙酸酐 1 滴，制成标准比色系列。于 620nm 波长处，以三氯甲烷调节吸光度至零点，将其标准比色系列按顺序移入光路前，迅速加入 9mL 三氯化锑-三氯甲烷溶液，于 6s 内测定吸光度，以吸光度为纵坐标，以维生素 A 含量为横坐标绘制标准曲线图。

⑦样品测定　于一比色管中加入 10mL 三氯甲烷，加入 1 滴乙酸酐为空白液。另一比色管中加入 1mL 三氯甲烷，其他比色杯中分别加入 1mL 样品溶液及 1 滴乙酸酐。其余步骤同⑥标准曲线制备。

⑧结果计算

$$X = \frac{\dfrac{C}{m} \times V \times 100}{1000}$$

式中：X——样品中维生素 A 的量，mg/100g，如按国际单位，每 1 国际
单位 $=0.3\mu g$ 维生素 A；

　　C——由标准曲线上查得样品中含维生素 A 的含量，$\mu g/mL$；

　　m——样品质量，g；

　　V——提取后加三氯甲烷定量的体积，mL；

　　100——以每百克样品计。

（2）β胡萝卜素的测定　胡萝卜素是一种广泛存在于有色蔬菜和水果中的天然色素，有多种异构体及衍生物，总称为类胡萝卜素。其中在分子结构中含有 β 紫罗宁残基的类胡萝卜素（如 α 胡萝卜素、β 胡萝卜素、γ 胡萝卜素等）可在人体内转变为维生素 A，故称为维生素 A 原。

维生素 A 原中以 β 胡萝卜素的生物效价最高，α 胡萝卜素和 γ 胡萝卜素的生理价值只有 β 胡萝卜素的一半。维生素 A 原的结构式如下：

　　胡萝卜素是一种植物色素，常与叶绿素、叶黄素等共存于植物体中，这些色素都能被有机溶剂所提取。因此，测定时必须将胡萝卜素与其他色素分离开来，常用的分离方法有纸层析、柱层析和薄层层析法。测定果蔬中胡萝卜素的方法为层析分离法。样品中的色素被有机溶剂提取后，再利用对各种色素有不同吸附能力的吸附剂，在适当条件下，将各种色素吸附在吸附柱的不同位置上形成色谱层，然后用洗脱剂将胡萝卜素洗下，在分光光度计 450nm 波长下测定其吸光度，参见任务实践环节。

　　（3）维生素 D 的测定　维生素 D 是所有具有胆钙化醇生物活性的类固醇的统称。维生素 D 的种类很多，以维生素 D_2（麦角钙化醇）和维生素 D_3（胆钙化醇）最为重要。维生素 D 的生理功能是调节磷、钙的代谢，促进骨骼与牙齿的形成，缺乏时，儿童引起佝偻病，成人则引起骨质疏松症。人及动物皮肤中的脱氢胆固醇经紫外光照射即可转变为维生素 D_3。因此，凡能经常接受阳光照射者不会发生维生素 D 缺乏症。人体维生素 D 的需要量为每日 0.01mg。维生素 D 的活性以维生素 D_3 为参考标准，$1\mu g$ 维生素 D_3＝40 国际单位（1U）维生素 D。维生素 D 的分析方法有气相色谱法、液相色谱法、薄层层析法、紫外分光光度法、三氯化锑比色法、荧光法等，其中比色法和高效液相色谱法是灵敏度较高、测定结果比较准确的方法，下面介绍比色法。

　　①原理　维生素 D 与三氯化锑在三氯甲烷中产生橙黄色，并在 500nm 波长处有最大吸收，呈色强度与维生素 D 的含量成正比。加入乙酰氯可以消除温度、湿度等干扰因素的影响。维生素 A 与维生素 D 共存时，须先用柱层析分离，去除维生素 A，再比色测定。本法测定的是维生素 D_2、维生素 D_3 的总量。

　　②仪器与试剂

　　仪器：分光光度计、层析柱（内径 22mm，具活塞）、砂芯板。

　　试剂：氯仿，乙醚，乙醇，聚乙二醇（PEG）600，白色硅藻土 Celite545（柱层析），无水硫酸钠，0.5mol/L 氢氧化钾溶液。同三氯化锑比色法测定维生素 A。

　　三氯化锑-氯仿溶液：取一定量的重结晶三氯化锑，加入其质量 5 倍体积的氯仿，振摇。

　　三氧化锑-氯仿-乙酰氯溶液：取上述三氯化锑-氯仿溶液，加入其体积 3% 的乙酰氯，摇匀。

　　石油醚：沸程 30～60℃，重蒸馏。

　　维生素 D 标准溶液：称取 0.250g 维生素 D_2，用氯仿稀释至 100mL，此溶液浓度为 2.5。临用时，用氯仿配制成 0.025～2.5μg/mL 的标准使用液。中性氧化铝，层析用，100～200 目。在 550℃ 高温电炉中活化 5.5h，降温至 300℃ 左右装瓶，冷却后，每 100g 氧化铝中加入 4mL 水，用力振摇，使无块状，瓶口密封后贮存于干燥器内，16h 后使用。

③操作方法 样品的处理：皂化和提取同维生素 A 的测定。如果样品中有维生素 A 共存时，必须进行纯化、分离维生素 A。

纯化：分离柱的制备：称取 15g 白色硅藻土（Celite545）置于 250mL 碘价瓶中，加入 80mL 石油醚，振摇 2min，再加入 10mL 聚乙二醇 600，剧烈振摇 10min 使其黏合均匀。将上述黏合物加到内径 22mm 的玻璃层析柱内（柱内先装 1～2g 无水硫酸钠，铺平整），在黏合物上面加入 5g 中性氧化铝后，再加 2～4g 无水硫酸钠。轻轻转动层析柱，使柱内的黏合物高度保持在 12cm 左右。

纯化柱装填后，先用 30mL 左右的石油醚进行淋洗，然后将样品提取液倒入柱内，再用石油醚淋洗，弃去最初收集的 10mL，再用 200mL 容量瓶收集淋洗液至刻度。淋洗液的流速保持在 2～3mL/min。将淋洗液移入 500mL 分液漏斗中，每次加入 100～150mL 水用力振摇，洗涤 3 次，弃去水层（水洗主要是去除残留的聚乙二醇，以免与三氯化锑作用形成浑浊，影响测定）。将上述石油醚层通过无水硫酸钠脱水，移入锥形瓶或脂肪烧瓶中，在水浴上浓缩至约 5mL。在水浴上用水泵减压至恰当，立即加入 5mL 氯仿，加塞摇匀备用。

④标准曲线的绘制 分别吸取维生素 D 标准溶液（浓度视样品中维生素 D 含量高低而定）0、1.0、2.0、3.0、4.0、5.0mL 于 10mL 容量瓶中，用氯仿定容，摇匀。

分别吸取上述标准溶液各 1mL 于 1cm 比色皿中，置于分光光度计的比色槽内，立即加入三氯化锑-氯仿-乙酰氯溶液 3mL，以对照调零，在 500nm 波长下于 2min 内测定吸光度值，绘制标准曲线。

⑤样品的测定 吸取上述已纯化的样品溶液 1mL 于 1cm 比色皿中，以下操作同④标准曲线的绘制。根据样品溶液的吸光度，从标准曲线上查出其相应的含量。

⑥结果计算

$$X = \frac{C \times V}{M \times 1\,000} \times 100$$

式中：X——样品中维生素 D 的含量，mg/100g；

　　　C——标准曲线上查得样品溶液中维生素 D 的含量，μg/mL；

　　　V——样品提取后用氯仿定容的体积，mL；

　　　M——样品质量，g。

⑦注意事项　园艺产品中维生素 D 的含量一般很低，而维生素 A、维生素 E、胆固醇等成分的含量往往都超过维生素 D，严重干扰维生素 D 的测定，因此测定前必须经柱层析除去这些干扰成分。

操作时加入乙酰氯可以消除温度的影响。可使灵敏度比仅用三氯化锑提高约 3 倍，并可减少部分甾醇的干扰。

此法不能区分维生素 D_2 和维生素 D_3，测定值是两者的总量。

（4）维生素 B_1 的测定　维生素 B_1 的分子结构中含有嘧啶环及噻唑环，并含有氨基，故又名硫胺素，可与盐酸生成盐酸盐，在自然界常与焦磷酸结合成焦磷酸硫胺素（简称 TPP）。维生素 B_1 在机体糖代谢过程中具有重要作用，缺乏维生素 B_1，会引起脚气病、神经炎等病症。人体维生素 B_1 的需要量为每日 1～2mg。园艺产品中维生素 B_1 的测定方法有荧光分光光度法、荧光目测法、高效液相色谱法，其中硫色素荧光法应用最为普遍，下面介绍的即为此种方法。

①原理　维生素 B_1 在碱性高铁氰化钾溶液中，能被氧化成一种蓝色的荧光化合物——硫色素，在没有其他荧光物质存在时，溶液的荧光强度与硫色素的浓度成正比。

②仪器与试剂　仪器：电热恒温培养箱，荧光分光光度计。

试剂：正丁醇、无水硫酸钠、淀粉酶和蛋白酶，以及以下试剂。

40.1mol/L 盐酸：8.5mL 浓盐酸（相对密度 1.19 或 1.20）用水稀释至 1 000mL。

50.3mol/L 盐酸：25.5mL 浓盐酸用水稀释至 1 000mL。

62mol/L 乙酸钠溶液：164g 无水乙酸钠溶于水中，稀释至 1 000mL。

25％氯化钾溶液：250g 氯化钾溶于水中，稀释至 1 000mL。

25％酸性氯化钾溶液：8.5mL 浓盐酸用 25％氯化钾溶液稀释至 1 000mL。

15％氢氧化钠溶液：15g 氢氧化钠溶于水中稀释至 100mL。

1％铁氰化钾溶液：1g 铁氰化钾溶于水中，稀释至 100mL，放于棕色瓶内保存。

碱性铁氰化钾溶液：取 4mL，1％铁氰化钾溶液，用 15％氢氧化钠溶液稀释至 60mL。用时现配，避光使用。3％乙酸溶液：30mL 冰乙酸用水稀释至 1 000mL。

活性人造浮石：称取 200g，40～60 目的人造浮石，以 10 倍于其容积的 3％热乙酸溶液搅拌 2 次，每次 10min；再用 5 倍于其容积的 25％热氯化钾溶液搅拌 15min；然后再用 3％热乙酸溶液搅拌 10min；最后用热蒸馏水洗至没有氯离子。于蒸馏水中保存。

0.04%溴甲酚绿溶液：称取 0.1g 溴甲酚绿，置于小研钵中，加入1.4mL，0.1mol/L 氢氧化钠研磨片刻，再加入少许水继续研磨至完全溶解，用水稀释至 250mL。

硫胺素标准贮备液（0.1mg/mL）：准确称取 100mg 经氯化钙干燥 24h 的硫胺素，溶于 0.01mol/L 盐酸中，并稀释至 1 000mL，于冰箱中避光保存。

硫胺素标准中间液（10μg/mL）：将硫胺素标准贮备液用 0.01mol/L 盐酸稀释 10 倍，于冰箱中避光保存。

硫胺素标准工作液（0.1μg/mL）：将硫胺素标准液用水稀释 100 倍，用时现配。

③操作方法　样品制备：样品采集后用匀浆机打成匀浆，于低温冰箱中冷冻保存，用时将其解冻后混匀使用。干燥样品要将其尽量粉碎后备用。

提取：精确称取一定量试样（估计其硫胺素含量为 10～30μg，一般称取2～10g 试样），置于 100mL 三角瓶中，加入 50mL，0.1mol/L 或 0.3mol/L盐酸使其溶解，放入高压锅中 121℃加热水解 30min，凉后取出。用 2mol/L乙酸钠调其 pH 4.5（以 0.04%溴甲酚绿为外指示剂）。按每克样品加入 20mg淀粉酶和 40mg 蛋白酶的比例加入淀粉酶和蛋白酶。于 45～50℃温箱过夜保温（约 16h）。晾凉至室温，定容至 100mL，然后混匀过滤，即为提取液。

纯化：用少许脱脂棉铺于盐基交换管的交换柱底部，加水将棉纤维中气泡排出，再加约 1g 活性人造浮石使之达到交换柱的 1/3 高度。保持盐基交换管中液面始终高于活性人造浮石。用移液管加入提取液 20～60mL（使通过活性人造浮石的硫胺素总量为 2～5μg）。加入约 10mL 热蒸馏水冲洗交换柱，弃去洗液。如此重复 3 次。加入 25%酸性氯化钾（温度为 90℃左右）20mL，收集此液体于 25mL 刻度试管内，凉至室温，用 25%酸性氯化钾定容至 25mL，即为样品净化液。重复上述操作，将 20mL 硫胺素标准使用液加入盐基交换管以代替样品提取液，即得到标准净化液。

氧化：将 5mL 样品净化液分别加入 A、B 两个反应瓶。在避光条件下将3mL 15%氢氧化钠加入反应瓶 A，将 3mL 碱性铁氰化钾溶液加入反应瓶 B，振摇约 15s，然后加入 10mL 正丁醇；将 A、B 两个反应瓶同时用力振摇1.5min。重复上述操作，用标准净化液代替样品净化液。静置分层后吸去下层碱性溶液，加入 2～3g 无水硫酸钠使溶液脱水。

测定：荧光测定条件，激发波长 365nm；发射波长 435nm；激发波狭缝5nm；发射波狭缝 5nm。依次测定下列荧光强度：

a. 样品空白荧光强度（样品反应瓶 A）。

b. 标准空白荧光强度（标准反应瓶 A）。

c. 样品荧光强度（样品反应瓶 B）。

d. 标准荧光强度（标准反应瓶 B）。

⑥结果计算

$$X = (U-Ub) \times \frac{C \times V}{(S-S_b)} \times \frac{V_1}{V_2} \times \frac{1}{m} \times \frac{100}{1\,000}$$

式中：X——样品中硫胺素含量，mg/100g；

U——样品荧光强度；

U_b——样品空白荧光强度；

S——标准荧光强度；

S_b——标准空白荧光强度；

c——硫胺素标准工作液浓度，μg/mL；

V——用于净化的硫胺素标准工作液体积，mL；

V_1——样品水解后定容之体积，mL；

V_2——样品用于净化的提取液体积，mL；

m——样品质量，g。

（5）维生素 B_2 的测定　维生素 B_2 又名核黄素，以结构中含有 D—核醇及黄素（异咯嗪）而得名，在园艺产品中以游离形式或磷酸酯等结合形式存在。维生素 B_2 是机体中许多重要辅酶的组成部分，在生物氧化中起着重要作用，缺乏维生素 B_2 的主要症状是唇炎（口角炎）、舌炎。人体每日维生素 B_2 的需要量约为 1.8mg。测定维生素 B_2 的方法有荧光分光光度法、高效液相色谱法、微生物法等。其中荧光法操作简单、灵敏度高，是应用最为普遍的方法。下面介绍的方法为低亚硫酸钠荧光法。

①原理　核黄素在 440～500nm 波长光照射下产生黄绿色荧光。在稀溶液中其荧光强度与核黄素的浓度成正比，在波长 525nm 下测定其荧光强度。试液加入亚硫酸钠（$Na_2S_2O_4$），将核黄素还原为无荧光的物质，然后再测定试液中残余荧光杂质的荧光强度，两者之差即为食品中核黄素所产生的荧光强度。色素的干扰可用高锰酸钾氧化除去。

②仪器与试剂　仪器：荧光分光光度计、高压消毒锅、电热恒温培养箱、核黄素吸附柱。

试剂：硅镁吸附剂：60～100 目。0.1mol/L 盐酸溶液。1mol/L 氢氧化钠溶液。

0.1mol/L 氢氧化钠溶液。

高锰酸钾溶液（30g/L）：溶解 3g 高锰酸钾于水中，稀释至 100mL。

过氧化氢溶液（3%）：取 10mL 过氧化氢（30%），用水稀释至 100mL。

乙酸钠溶液（2.5mol/L）。

木瓜蛋白酶（100g/L）：用2.5mol/L乙酸钠溶液配制，使用时现配。

淀粉酶（100g/L）：用2.5mol/L乙酸钠溶液配制，使用时现配。

低亚硫酸钠溶液（200g/L）：此溶液用时现配，保存于冰水浴中，4h有效。

核黄素标准贮备液：将标准品核黄素粉状结晶置于真空干燥器或盛有硫酸的干燥器中，经过24h后，准确称取25mg，置于1000mL容量瓶中，加入1.2mL冰乙酸和约800mL水，将容量瓶置于温水中摇动，待其溶解后，冷至室温，用水稀释至刻度，移至棕色瓶内，加少许甲苯盖于溶液表面，于冰箱中保存。此溶液浓度为$25\mu g/mL$。

核黄素标准使用液：取贮备液2.00mL置于50mL棕色容量瓶中，用水稀释至刻度，避光，贮于4℃冰箱内，可保存1周。此溶液浓度为$1.00\mu g/mL$。

洗脱液：丙酮-冰乙酸-水（5∶2∶9）。

溴甲酚绿指示剂：同维生素B_1测定。

③操作方法　样品提取：水解：称取2～10g均匀样品（含核黄素10～200μg）于100mL锥形瓶中，加入50mL盐酸溶液（0.1mol/L），搅拌至颗粒物分散均匀。用40mL瓷坩埚为盖，扣住瓶口，置于高压锅内高压水解，1.03×10^5Pa 30min。水解液冷却后，滴加氢氧化钠溶液（1mol/L），边加边摇动（避免局部碱性过强），取少许水解液，用溴甲酚绿检验呈草绿色，pH4.5。

酶解：含有淀粉的水解液，加入3mL淀粉酶溶液（100g/L），于37～40℃保温约16h。含高蛋白的水解液，加入3mL木瓜蛋白酶溶液（100g/L），于37～40℃保温约16h。上述酶解液转移至100mL容量瓶中，用水稀释至刻度。用滤纸过滤，此滤液在4℃冰箱内，可保存一周。

氧化去杂质：视样品中核黄素的含量取一定体积的样品提取液及核黄素标准使用液（含1～10μg核黄素）分别置于20mL具塞刻度试管中，加水至15mL。各管加0.5mL冰乙酸，混匀。加高锰酸钾溶液（30g/L）0.5mL（如滤液中杂质多，可适当增加用量），混匀，放置2min，使氧化去杂质。滴加双氧水溶液（3%）数滴，直至高锰酸钾颜色褪去。剧烈振摇此管，使多余的氧气逸出。

核黄素的吸附和洗脱：在吸附柱下端塞入一小团棉花，取硅镁吸附剂约1g用湿法装入柱，占柱长1/2～2/3（约5cm）为宜。勿使柱内产生气泡，调节流速约为每分钟60滴。将全部氧化后的样液及标准液通过吸附柱后，用约20mL热水洗去样液中的杂质。然后用5.0mL丙酮-冰乙酸-水洗脱液将样品中核黄素洗脱并收集于一个10mL具塞刻度试管中，再用水洗吸附柱，收集洗出的液体并定容至 10mL，混匀后待测荧光。

测定：根据仪器具体情况，选择适当的条件，于激发波长 440nm、发射波长 525nm 下，分别测定样品管及标准管的荧光强度。待样品及标准荧光值测量后，在各管剩余液（5～7mL）中加 0.1mL 低亚硫酸钠溶液（200g/L），立即混匀，在 20s 内测出各管的荧光值，作为各自的空白值。

④结果计算

$$X = \frac{(A-B) \times S}{(C-D) \times M} \times F \times \frac{100}{1\,000}$$

式中：X——样品中核黄素的含量，mg/100g；

　　　A——样品管的荧光值；

　　　B——样品管空白荧光值；

　　　C——标准管荧光值；

　　　D——标准管空白荧光值；

　　　F——稀释倍数；

　　　S——标准管中核黄素含量，μg；

　　　M——样品质量，g。

⑤注意事项　本法适用于果蔬中脂肪含量少的样品，脂肪含量过高且含有较多不易除去色素的样品不适用。

酶解的目的是为了使结合型的维生素 B_2 转化为游离型的维生素 B_2。

核黄素对光敏感，因此操作应尽可能在暗室中进行。

用高锰酸钾氧化去杂质后，加入过氧化氢（3%）除去多余的高锰酸钾时，要用力摇匀至高锰酸钾颜色褪去。若不能马上褪色，可以稍等片刻，过氧化氢的量不可加入过多，以免影响荧光读数。

（6）维生素 C 的测定　维生素 C 是所有具有抗坏血酸生物活性的化合物的统称，广泛存在于新鲜果蔬及其他绿色植物中，柑橘、鲜枣、番茄、辣椒、猕猴桃、山楂等果蔬中含量较多，野生果实如沙棘、刺梨含量尤多。维生素 C 对人类的健康具有特殊重要的意义。维生素 C 参与肌体的代谢过程，可帮助酶将胆固醇转化为胆酸而排泄，减慢毛细管的脆化，增强肌体的抵抗能力。

现代医学研究表明维生素 C 对化学致癌物有阻断作用。人体缺乏维生素 C 的典型症状是牙龈出血、边缘溃疡、呼气恶臭、牙齿松动。与此同时，皮内、皮下、肌肉也出血，形成淤斑。患者很容易感染其他疾病，儿童还将影响骨骼的发育，大多数国家推荐的成年人维生素 C 日摄入量为 30～75mg。从化学结构来看，维生素 C 是一种不饱和的 L-糖酸内酯，它的一个显著特性是极易氧化脱氢，成为脱氢抗坏血酸。脱氢抗坏血酸在生物体内又可还原为抗坏血酸，故仍具有生理活性。但脱氢抗坏血酸不稳定，易发生不可逆反应，生成无生理活性的二酮基古洛糖酸。

在维生素 C 的测定中将上述三者合计称为总维生素 C，而将前两者合称为有效维生素 C。固体维生素 C 比较稳定，但其水溶液极易氧化，氧化速度随温度升高、pH 增大而加快。由于维生素 C 易溶于水且具有强还原性，所以在果蔬加工业中广泛用作抗氧化剂。

测定维生素 C 常用的方法有 2，6-二氯靛酚滴定法、2，4-二硝基苯肼比色法、荧光法、极谱法、高效液相色谱法等。靛酚滴定法测定的是还原型抗坏血酸法，该法简便，也较灵敏，但特异性差，样品中的其他还原性物质（如 Fe^{2+}、Sn^{2+}、Cu^{2+} 等）会干扰测定，使测定值偏高，对深色样液滴定终点不易辨别。2，4-二硝基苯肼比色法和荧光法测得的是抗坏血酸和脱氢抗坏血酸的总量。高效液相色谱法可以同时测得抗坏血酸和脱氢抗坏血酸的含量，具有干扰少，准确度高，重现性好，灵敏、简便、快速等优点，是上述几种方法中最先进、最可靠的方法，这里介绍荧光法和高效液相色谱法。

①荧光法　原理：样品中还原型抗坏血酸经活性炭氧化成脱氢型抗坏血酸后，与邻苯二胺（OPDA）反应生成具有荧光的喹喔啉（quinoxaline），其荧光强度与脱氢抗坏血酸的浓度在一定条件下成正比，以此测定食物中抗坏血酸和脱氢抗坏血酸的总量。脱氢抗坏血酸与硼酸可形成复合物而不与 OPDA 反应，以此排除样品中荧光杂质所产生的干扰。本方法的最小检出限为 0.022g/mL。

仪器：荧光分光光度计或具有 350nm 及 430nm 波长的荧光计，打碎机。

试剂：本实验用水均为蒸馏水，试剂不加说明均为分析纯试剂。

偏磷酸-乙酸液：称取 15g 偏磷酸，加入 40mL 冰乙酸及 250mL 水，搅拌，放置过夜使之逐渐溶解，加水至 500mL。4℃冰箱可保存 7～10 天。

0.15mol/L 硫酸：取 10mL 硫酸，小心加入水中，再加水稀释至 1 200mL。

偏磷酸-乙酸-硫酸液：以 0.15mol/L 硫酸液为稀释液。

50%乙酸钠溶液：称取 500g 乙酸钠（$CH_3COONa \cdot 3H_2O$），加水至 1 000mL。硼酸-乙酸钠溶液：称取 3g 硼酸，溶于 100mL 乙酸钠溶液中，临用前配制。

邻苯二胺溶液：称取 20mg 邻苯二胺，于临用前用水稀释至 100mL。

0.04%百里酚蓝指示剂溶液：称取 0.1g 百里酚蓝，加 0.02mol/L 氢氧化钠溶液，在玻璃研钵中研磨至溶解，氢氧化钠的用量约为 10.75mL，磨溶后用水稀释至 250mL。变色范围：pH1.2 红色，pH2.8 黄色，pH＞4.0 蓝色。

活性炭的活化：加 200g 炭粉于盐酸中，加热回流 1～2h，过滤，用水洗至滤液中无铁离子为止，置于 110～120℃烘箱中干燥，备用。

标准抗坏血酸标准溶液（1mg/mL）：准确称取 50mg 抗坏血酸，用溶液（4.1）溶于 50mL 容量瓶中，并稀释至刻度。

抗坏血酸标准使用液（100μg/mL）：取 10mL 抗坏血酸标准液，用偏磷酸-乙酸溶液稀释至 100mL。定容前测试 pH，当其 pH＞2.2 时，则应用溶液稀释。标准曲线的制备：取下述"标准"溶液（抗坏血酸含量 10μg/mL）0.5、1.0、1.5 和 2.0mL 标准系列，取双份分别置于 10mL 带盖试管中，再用水补充至 2.0mL。

操作步骤：样品制备全部实验过程应避光。称取 100g 鲜样，加 100g 偏磷酸-乙酸溶液，倒入打碎机内打成匀浆，用百里酚蓝指示剂调试匀浆酸碱度。若呈红色，即可用偏磷酸-乙酸溶液稀释，若呈黄色或蓝色，则用偏磷酸-乙酸-硫酸溶液稀释，使 pH1.2。匀浆的取量需根据样品中抗坏血酸的含量而定。当样品液含量在 40～100μg/mL，一般取 20g 匀浆，用偏磷酸-乙酸溶液稀释至 100mL，过滤，滤液备用。

氧化处理：分别取样品滤液及标准使用液各 100mL 于带盖三角瓶中，加 2g 活性炭，用力振摇 1min，过滤，弃去最初数毫升滤液，分别收集其余全部滤液，即样品氧化液和标准氧化液，待测定。

各取 5mL 样品氧化液于 2 个 50mL 容量瓶中，分别标明"样品"及"样品空白"。于"标准空白"及"样品空白"溶液中各加 5mL 硼酸-乙酸钠溶液，混合摇动 15min，用水稀释至 50mL，在 4℃冰箱中放置 2h，取出备用。

于"样品"及"标准"溶液中各加入 5mL 50%乙酸钠溶液，用水稀释至 50mL，备用。

荧光反应：取"标准空白"溶液，"样品空白"溶液及上一步中"样品"溶液各 2mL，分别置于 10mL 带盖试管中。在暗室中迅速向各管中加入 5mL 邻苯二胺，振摇混合，在室温下反应 35min，用激发光波长 338nm、发射光波长 420nm 测定荧光强度。标准系列荧光强度分别减去标准空白荧光强度为纵坐标，对应的抗坏血酸含量为横坐标，绘制标准曲线或进行相关计算，其直线回归方程在计算时使用。

结果计算：

$$X = \frac{C \times V}{m} \times F \times \frac{100}{1000}$$

式中：X——样品中抗坏血酸及脱氢抗坏血酸总含量，mg/100g；

c——由标准曲线查得或由回归方程算得样品溶液浓度，$\mu g/mL$；

m——试样质量，g；

F——样品溶液的稀释倍数；

V——荧光反应所用试样体积，mL。

注意事项：大多数植物组织内含有一种能破坏抗坏血酸的氧化酶，因此抗坏血酸的测定应采用新鲜样品并尽快用偏磷酸-醋酸提取液将样品制成匀浆以保存维生素C。

某些果胶含量高的样品不易过滤，可采用抽滤的方法，也可先离心，再取上清液过滤。

活性炭可将抗坏血酸氧化为脱氢抗坏血酸，但它也有吸附抗坏血酸的作用，故活性炭用量应适当与准确，所以，应用天平称量。我们的实验结果证明，用2g活性炭能使测定样品中还原型抗坏血酸完全氧化为脱氢型，其吸附影响不明显。

②高效液相色谱法　原理。样品中的维生素C经草酸溶液（1g/L）迅速提取后，在反相色谱柱上分离测定。

仪器与试剂：仪器：高效液相色谱仪，紫外检测器，积分仪等。

试剂：草酸溶液（1g/L），维生素C标准溶液［准确称取维生素C标样2mg于50mL容量瓶中，用草酸溶液（1g/L）溶解、定容，摇匀备用，用前配制］。

③操作步骤　样品处理。

液体样品：取原液5mL于25mL容量瓶中，用草酸溶液（1g/L）定容，摇匀后经0.45μm滤膜过滤后待测。

固体样品：称1g于研钵中，用5mL草酸溶液（1g/L）迅速研磨，过滤，残渣用草酸溶液（1g/L）洗涤，合并提取液于25mL容量瓶中，蒸馏水定容，摇匀后经0.45μm滤膜过滤后待测。

测定：色谱条件：色谱柱：u-BondapakGs（直径3.9mm×300mm）；流动相：$H_2C_2O_4$（1g/L）；流速：1.0mL/min；检测器：紫外254nm；进样量：5μL。取5μL标准溶液进行色谱分析，重复进样3次，取标样峰面积的平均值。然后在相同条件下，取5μL样品液进行分析，以相应峰面积计算含量。

④结果计算

$$X=\frac{M_1\times A_2\times V_2}{M_2\times A_1\times V_1}\times 100$$

式中：X——样品中维生素C的含量，mg/100mg（或mg/100mL）；

M_1——标样进样体积中维生素C的含量，μg；

M_2——样品质量（或体积），g（或 mL）；

A_1——标样峰面积平均值；

A_2——样品峰面积；

V_1——样品进样量，μL；

V_2——样品定容体积，mL。

【任务实践】

实践一：胡萝卜中 β-胡萝卜素的测定

1. 材料

胡萝卜。

2. 仪器与试剂

（1）仪器　回流冷凝管（具磨口），500mL 分液漏斗，抽滤装置，分光光度计，蒸锅，恒温水浴锅。层析管：上端漏斗形部分的容积约 50mL，中部长度约 18cm，内径 0.8~1cm；下部长 7~8cm，内径 0.5~0.6cm。

（2）试剂　石油醚：沸程 30~60℃的用石油醚 A 表示；沸程 60~90℃的用石油醚 B 表示。丙酮。无水硫酸钠，不应有吸着胡萝卜素的能力，每用一批新的无水硫酸钠都要检查。滤纸或脱脂棉，不应吸着胡萝卜素。氢氧化钾溶液。吸附剂。氧化镁，通过 80~100 目筛，在 800℃灼烧 3h 活化。脱醛乙醇，检查及脱醛方法见维生素 A 的测定。酚酞指示剂（10g/L）。洗脱剂。丙酮-石油醚 B（5：95）。胡萝卜素标准溶液，准确称取 β-胡萝卜素 50mg，加少量氯仿溶解，用石油醚稀释至 50mL。分取此溶液 1mL，用石油醚稀释至 100mL，每毫升此溶液含 β-胡萝卜素 10μg，临用前配制。

3. 操作步骤

（1）样品提取　将样品用蒸汽处理 2~5min，以破坏其中可能含有的氧化酶（蒸前和蒸后都要称量），然后切碎或捣碎。

准确称取 1~5g 样品（含胡萝卜素 50~100μg），置于研钵内，加石油醚 A-丙酮（1：1）混合液，用玻璃锤研磨。

静置片刻，将上清液倒入（或以少量脱脂棉滤入）盛有约 100mL 水的分液漏斗中。

将样品继续研磨，用丙酮-石油醚 A（1：1）混合液提取至无色，提取液并入分液漏斗中。石油醚-丙酮混合液，每次加 5~8mL。

摇动分液漏斗 1min，静置分层，将水层放入另一分液漏斗中。提取液用水洗 2~4 次，每次约 30mL，水层集中在同一个分液漏斗中，加入石油醚 5~10mL，摇动、提取。放去水层，将石油醚倒入样品提取液中。

向石油醚提取液中加入少许无水硫酸钠，振摇后，倒入层析管进行分离。

（2）层析分离　层析管的准备：装少许脱脂棉于层析管下部并压紧，装入氧化镁约 10cm 高，轻击管壁使装填均匀。将层析管装在抽滤瓶上，抽气，用一端扁平的玻璃棒轻压将表面压平，然后加入约 1cm 高的无水硫酸钠。

分层及洗脱向层析管内加约 10mL 石油醚 B 沸程，抽气减压，使吸附剂湿润并赶走其中的空气，层析管下面用 25mL 量筒或试管接纳流下的液体。

当无水硫酸钠上面还有少许石油醚时，即将样品提取液倒入层析管中，用少许石油醚清洗分液漏斗（或锥形瓶），洗液倒入层析管中。

用洗脱剂洗层析管，至胡萝卜素随溶剂洗下，溶液呈现黄色，继续洗脱至胡萝卜素全部洗下，至流下的洗脱剂无色为止。可自胡萝卜素层移至管中部时开始接纳洗出液。一般洗脱剂用量为 25～35mL。如样品中其他色素较多，应使用含丙酮少的石油醚或不含丙酮的石油醚使其慢慢分开；集中全部黄色液体用石油醚稀释至一定体积，浓度最好在 1～2μg/mL。

（3）标准曲线的绘制　吸取 β-胡萝卜素标准液 0.1、0.2、0.4、0.6、0.8、1.0mL，以石油醚定容至 10mL，分别于 450nm 波长处测定吸光度，绘制标准曲线。

（4）样品测定　以石油醚为参比，在 450nm 波长处测定吸光度。

结果计算：

$$X = \frac{C \times V}{M} \times 100$$

式中：X——样品中胡萝卜素的含量，mg/L；

C——由标准曲线上查得的胡萝卜素的含量，mg/mL；

V——定容的体积，mL；

M——样品质量，g。

4. 注意事项

此方法所测结果为总胡萝卜素含量（即包括 α-胡萝卜素、β-胡萝卜素、γ-胡萝卜素），在果蔬品中以 β-胡萝卜素的含量比例最高，只有少数果蔬，如胡萝卜、紫菜等含有 α-胡萝卜素和 γ-胡萝卜素。因此，一般测定的胡萝卜素仅指测定 β-胡萝卜素。

胡萝卜素易被阳光破坏，应在较暗的环境下操作。

研磨提取时加入玻璃粉一起研磨可加快提取速度，但易造成吸附而产生误差。少量样品可不加玻璃粉研磨。

水洗的目的是洗去丙酮，如丙酮未被洗去，则层析时有的色素不被吸附或不能形成明晰的色层。

用氧化镁为吸附剂能将胡萝卜素与其他色素分开。测定前可先用胡萝卜素标准液测定氧化镁的吸附能力和回收率。用过的氧化镁可以经烘干、过筛后，在800～900℃烘3h即可恢复其吸附力。

洗脱剂可根据不同样品改变丙酮的含量，新鲜蔬菜和含色素较多的样品，可以先用石油醚洗脱，然后用丙酮-石油醚（1:99）洗脱。一般含杂质色素少的样品也可直接用丙酮-石油醚（5:95）洗脱。

层析管的制备必须使吸附剂装填均匀，一般样品可装至8cm高。上面加无水硫酸钠是为了防止吸附剂在层析过程中被搅动，同时可吸收提取液中的微量水分。

吸附柱上色素排列顺序由上至下依次为：叶绿素、叶黄素、隐黄素、番茄红素、γ-胡萝卜素、α-胡萝卜素、β-胡萝卜素。

一般采用β-胡萝卜素为标准品，如果没有标准样品，可用重铬酸钾水溶液（0.02%）代替。如结果以国际单位表示，需要进行换算，1国际单位（IU）β-胡萝卜素＝0.6μg β-胡萝卜素。

实践二：甜椒中维生素C含量的测定

1. 材料

甜椒。

2. 操作步骤

（1）样品的制备　鲜样的制备：称100g鲜样和100g草酸溶液（20g/L），倒入捣碎机中打成匀浆，取10～40g匀浆（含1～2mg抗坏血酸）倒入100mL容量瓶中。用草酸溶液（10g/L）稀释至刻度，混匀。

将样液过滤，滤液备用。不易过滤的样品经离心沉淀，将上清液过滤，备用。

（2）氧化处理　取25mL上述滤液，加入2g活性炭，振摇1min，过滤，弃去最初数毫升滤液。取10mL该提取液，加入10mL硫脲溶液（20g/L），混匀。

（3）呈色反应　于3个试管中各加入4mL样品稀释液，一个试管作为空白，其余试管中加入2,4-二硝基苯肼溶液（20g/L）1.0mL，将所有试管放入（37±0.5）℃恒温箱或水浴中，保温3h。

3h后取出，除空白管外，将所有试管放入冰水中。空白管取出后使其冷至室温，然后加入2,4-二硝基苯肼溶液（20g/L）1.0mL，在室温中放置10～15min后放入冰水内。其余步骤同样品。

（4）硫酸（9:1）处理　当试管放入冰水中后，向每一试管中加入5mL硫酸（9:1），滴加时间至少需要1min，需边加边摇动试管。将试管自冰水中取出，在室温放置 30min 后比色。

（5）比色　用 1cm 比色杯，以空白液调零点，于 500nm 波长下测其吸光度。

（6）标准曲线绘制　加 2g 活性炭于 50mL 标准溶液中，摇动 1min，过滤，取 10mL。滤液于 500mL。容量瓶中，加 5.0g 硫脲，用草酸溶液（10g/L）稀释至刻度，抗坏血酸浓度为 $20\mu g/mL$。

取 5、10、20、25、40、50、60mL 稀释液，分别放入 7 个 100mL 容量瓶中，用硫脲溶液（10g/L）稀释至刻度，使最后稀释液中抗坏血酸的浓度分别为 1、2、4、5、8、10、$12\mu g/mL$。

按样品测定步骤形成脎并比色。

（7）数据结果分析。

【关键问题】

园艺产品维生素 C 测定的样品制备要求

全部实验过程要避光。

鲜样制备：称 100g 鲜样和 100g 草酸液（20g/L）倒入捣碎机中打成匀浆，称取 10g～40g 匀浆（含 1～2mg 抗坏血酸），倒入 100mL 容量瓶中，用草酸（10g/L）稀释至刻度，摇匀。

干样制备：准确称取样品 1～4g（含 1～2mg 抗坏血酸）放入乳钵内，用草酸溶液（10g/L）定容至刻度，摇匀。

液体样品：直接取样（含 1～2mg 抗坏血酸），用草酸溶液（10g/L）定容至 100mL。

将上述样品溶液过滤，滤液备用。不易过滤的样品可用离心机沉淀后，倾出上层清液，过滤后备用。

【思考与讨论】

1. 测定维生素 A 时，为什么要先用皂化法处理样品？

2. 维生素样品在处理和保存过程中应注意哪些事项？如何避免维生素的分解？

3. 胡萝卜素常与其他色素共存，测定胡萝卜素含量时用什么方法将它们分离？

4. 如何选择维生素 C 浸提剂？新鲜果蔬样品在研磨时如何防止维生素 C 的氧化？

【知识拓展】

人体维生素的作用及来源

维生素又名维他命，是维持人体生命活动必需的一类有机物质，也是保持人体健康的重要活性物质。维生素在体内的含量很少，但在人体生长、代谢、发育过程中却发挥着重要的作用。

（1）维生素 A 的生理功能　维持视觉；促进生长发育；维持上皮结构的完整与健全；加强免疫能力；清除自由基。食物来源：一类是维生素 A 原，即各种胡萝卜素，存在于植物性食物中，如绿叶菜类、黄色菜类及水果类，含量较丰富的有菠菜、苜蓿、豌豆苗、红心甜薯、胡萝卜、青椒、南瓜等；另一类是来自于动物性食物的维生素 A，这一类是能够直接被人体利用的维生素 A，主要存在于动物肝脏、奶及奶制品禽蛋中。缺乏症：夜盲症。

（2）维生素 B_1 的生理功能　促进成长；帮助消化，特别是糖类的消化；改善精神状况；维持神经组织、肌肉、心脏活动正常；减轻晕机、晕船；可缓解有关牙科手术后的痛苦；晚间入睡前服用 $1\sim2$ 片，有驱蚊作用；有助于对带状疱疹的治疗。食物来源：酵母、米糠、全麦、燕麦、花生、猪肉、大多数种类的蔬菜、麦麸、牛奶。缺乏症：维生素 B_1 缺乏常由于摄入不足，易导致干性脚气病、湿性脚气病、婴儿脚气病等。

（3）维生素 B_{12} 的生理功能　促进红细胞的发育和成熟，使肌体造血机能处于正常状态，预防恶性贫血，维护神经系统健康；以辅酶的形式存在，可以增加叶酸的利用率，促进糖类、脂肪和蛋白质的代谢；具有活化氨基酸的作用和促进核酸的生物合成，可促进蛋白质的合成；代谢脂肪酸，使脂肪、糖类、蛋白质被身体适当运用；消除烦躁不安，集中注意力，增强记忆及平衡感；是神经系统功能健全不可缺少的维生素，参与神经组织中一种脂蛋白的形成。食物来源：动物肝脏、肾、牛肉、猪肉、鸡肉、鱼类、蛤类、蛋、牛奶、乳酪、乳制品。缺乏症：恶性贫血（红细胞不足）；月经不顺；眼睛及皮肤发黄，皮肤出现局部（很小）红肿（不疼不痒）并伴随蜕皮；恶心，食欲缺乏，体重减轻；唇、舌及牙龈发白，牙龈出血；头痛，记忆力减退，痴呆；可能引起人的精神忧郁；脊髓变性，神经和周围神经退化；舌、口腔、消化道的黏膜发炎。

（4）维生素 B_2 的生理功能　参与糖类、蛋白质、核酸和脂肪的代谢，可提高肌体对蛋白质的利用率，促进生长发育；参与细胞的生长代谢，是肌体组织代谢和修复的必需营养素；强化肝功能、调节肾上腺素的分泌；保护皮肤毛囊黏膜及皮脂腺的功能；和其他的物质相互作用来帮助糖类、脂肪、蛋白质的代谢。食物来源：奶类及其制品、动物肝与肾、蛋黄、鳝鱼、胡萝卜、酿造酵母、香菇、紫菜、鱼、芹菜、橘子、柑、橙等。缺乏症：脂溢性皮炎；引起嘴唇发红、口腔炎、口唇炎、口角炎、舌炎；阴道瘙痒；口腔溃疡等。

（5）维生素 C 的生理功能　促进骨胶原的生物合成，利于组织创伤口的更快愈合；促进氨基酸中酪氨酸和色氨酸的代谢，延长肌体寿命；改善铁、钙和叶酸的利用；改善脂肪和类脂特别是胆固醇的代谢，预防心血管病；促进牙齿和骨骼的生长，防止牙床出血；增强肌体对外界环境的抗应激能力和免疫力。食物来源：柑橘类水果、蔬菜等。缺乏症：坏血病；牙龈萎缩、出血；发生动脉硬化；贫血；免疫力下降等。

（6）维生素 D 的生理功能　提高肌体对钙、磷的吸收，使血浆钙和血浆磷的水平达到饱和程度；促进生长和骨骼钙化，促进牙齿健全；通过肠壁增加磷的吸收，并通过肾小管增加磷的再吸收；维持血液中柠檬酸盐的正常水平；防止氨基酸通过肾损失。食物来源：鱼肝油、黄油、牛奶、干鱼、牛肝、小鸡等。缺乏症：佝偻病、严重的蛀牙、软骨病、老年性骨质疏松症。

（7）维生素 E 的生理功能　延缓细胞因氧化而老化，保持青春的容姿；供给体内氧气，使人更有耐久力；和维生素 A 一起作用，抵御大气污染，保护肺；防止血液凝固；减轻疲劳；是局部性外伤的外用药（可透过皮肤被吸收）和内服药，皆可防止留下疤痕；加速灼伤的康复；以利尿剂的作用来降低血压；防止流产；有助于减轻腿抽筋和手足僵硬的状况；降低患缺血性心脏病的机会。食物来源：猕猴桃、坚果（包括杏仁、榛子和胡桃）、瘦肉、乳类、蛋类，向日葵籽、芝麻、玉米、橄榄、花生、山茶等压榨出的植物油，红花、大豆、棉籽、小麦胚芽（最丰富的一种）、菠菜、羽衣甘蓝、甘薯、山药；莴苣、黄花菜、卷心菜等绿叶蔬菜。鱼肝油也含有一定的维生素 E。缺乏症：红细胞被破坏、肌肉的变性、贫血症、生殖机能障碍。

（8）维生素 K 的生理功能　维生素 K 控制血液凝结；维生素 K 是四种凝血蛋白（凝血酶原、转变加速因子、抗血友病因子和司徒因子）在肝内合成必不可少的物质；缺乏维生素 K 会延迟血液凝固，引起新生儿出血。食物来源：牛肝、鱼肝油、蛋黄、乳酪、优酪乳、优格、海藻、紫花苜蓿、菠菜、甘蓝菜、莴苣、花椰菜，豌豆、香菜、大豆油、螺旋藻、藕。缺乏症：新生儿出血疾病，如吐血，肠子、脐带及包皮部位出血；成人不正常凝血，导致牙龈出血、流鼻血、尿血、胃出血及淤血等；低凝血酶原症，症状为血液凝固时间延长；皮下出血；小儿慢性肠炎；热带性下痢。

【任务安全环节】

1. 实验室应该准备足够的安全眼镜、手套、防护服装、紧急清洗设施以及处理遗漏的器材，主要是防止浓酸、浓碱类及其他易挥发性药品的危害。

2. 实验室必须有足够的消防装置。

【专业网站链接】

1. http：//www. neasiafoods. org　中国食品营养网。

2. http：//www. pooioo. com　中国食品网。

3. http：//spaq. neauce. com　中国食品安全检测网。

4. http：//www. aqsc. gov. cn　中国农产品质量安全网。

5. http：//www. hagreenfood. org. cn　河南省农产品质量安全网。

【数字资源库链接】

http：//www. icourses. cn/home　爱课程资源网。

任务五　园艺产品中脂类成分的测定

【观察】

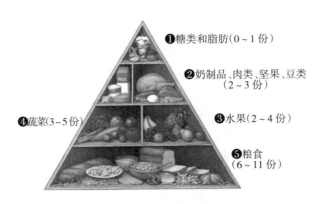

❶糖类和脂肪(0~1份)

❷奶制品、肉类、坚果、豆类
(2~3份)

❸水果(2~4份)

❹蔬菜(3~5份)

❺粮食
(6~11份)

图 1-6　脂类物质

观察 1：图 1-6 为脂类物质，脂类的作用有哪些？

观察 2：观察脂类物质的食用消化。

【知识点】

1. 园艺产品中脂类的认识

果蔬产品中含有挥发油和油脂类。其中，挥发油是果蔬产品香气和其他特殊气味的主要来源，园艺产品的香气是决定其品质的重要因素，芳香物质含量也是判断果蔬产品成熟度的一种手段。果蔬产品中含有不挥发的油分和蜡质，统称为油脂类。油脂富含于果蔬产品的种子中，如南瓜子含油量 34%～35%。核桃、板栗等坚果中含油量也很丰富，果蔬产品其他器官一般含油量很少。另外，果蔬产品表面往往生成一种蜡质，一般称为蜡粉或果粉，蜡质的形成加强了外皮的保护作用。总的来说，果蔬产品是低脂食品，果蔬产品的脂肪含量多在 1.1% 以下。脂肪作为人类重要的营养成分之一，可为人体提供必需脂肪酸；脂肪是一种富含热能的营养素，是人体热能的主要来源，每克脂肪在体内可提供 37.62kJ 热能，比糖类和蛋白质高 1 倍以上；脂肪还是脂溶性维生素的良好溶剂，有助于脂溶性维生素的吸收；脂肪与蛋白质结合生成的脂蛋白，在调解人体生理机能和完成体内生化反应方面都起着十分重要的作用。类脂在细胞生命过程中的物质转运和能的传递过程中起重要作用，是重要的生理活性物质。有的类脂如植物果实的皮蜡、人和动物皮肤上分泌的固醇等对生物组织起保护作用。

（1）脂类的基本概念　脂类（lipids）是生物界中的一大类物质，包括脂肪和类脂化合物，元素组成主要为碳、氢、氧 3 种，有时还含氮、磷及硫。脂肪是甘油与脂肪酸所组成的脂，也称真脂（true fats）或中性脂肪。类脂（lipoids）是脂肪的伴随物质，包括脂肪酸、磷脂、糖脂、固醇、蜡等。

脂类种类繁多，结构各异，但都具有下列共同特征：不溶于水而溶于乙醚、丙酮、氯仿等有机溶剂；都具有酯的结构，或有与脂肪酸生成酯的可能；都是生物体所产生的，并能被生物体所利用。

（2）脂的种类　在化学上，脂类可定义为脂肪酸的（实际或可能的）衍生物及与其密切有关的物质。根据脂质的化学组成，可将脂类做如下的分类：

简单脂质：脂肪酸与醇所成的脂。通常根据醇的性质再作以下分类：①脂肪（fats）。脂肪酸与甘油所成的酯，又称中性脂肪，室温下为液态的中性脂肪称为油（oils）。②蜡（waxes）。脂肪酸与长链或环状非甘油的醇所成的酯。

复合脂质：复合脂质分子中除了脂肪酸与醇以外，还有其他的化合物。重要的复合脂质有下列几类：①磷脂。磷脂经水解后产生脂肪酸、醇、磷酸及一个含氮的碱。②糖脂（glycolipids）。糖脂含有糖（半乳糖和葡萄糖）、一分子脂肪酸及神经氨基醇，但不含磷酸，也不含甘油。③硫脂，硫脂与糖脂相似，其不同点在于分子中含有硫酸与 α-羟基廿四酸结合成酯。硫脂含有神经氨基醇、半乳糖、α-羟基廿四酸。

衍生脂质：由简单脂质与复合脂质衍生而仍具有脂质一般性质的物质。此类物质中包括：①脂肪酸（fatty acids）。包括饱和及不饱和的脂肪酸。②高级醇类（higher alcohols）。指除甘油以外的高分子量醇类。③烃类

(hydrocarbons)。指不含羧基或醇基，又不被皂化的化合物，包括直链烃、类胡萝卜素等饱和及不饱和烃类。此外，一些脂溶性的维生素和色素由于具有脂质的一般性质有时也被列入衍生脂质类中一起讨论。

果蔬产品中的脂类主要包括脂肪（甘油三酯）和一些类脂，如脂肪酸、磷脂、糖脂、固醇等，果蔬产品的种子、果实、果仁等中都含有天然脂肪，果蔬产品中脂肪的存在形式有游离态的，如果仁中的脂肪；也有结合态的，如天然存在的磷脂、糖脂、脂蛋白等。果蔬产品的含脂量对其风味、组织结构、品质、外观等都有直接的影响，因此含脂量是果蔬产品质量管理中的一项指标。测定果蔬产品的脂肪含量，可以用来评价果蔬产品的品质，在研究果蔬产品的贮藏方式是否恰当等方面都有重要的意义。

2. 园艺产品中脂类不同测定方法的选择

（1）索氏提取法　本法可用于包括果蔬产品在内的各类食品中脂肪含量的测定，特别适用于脂肪含量较高而结合态脂类含量少、易烘干磨细、不易潮解结块的样品，例如果品中坚果的脂肪含量的分析检测。

原理：经前处理的样品用无水乙醚或石油醚等溶剂回流抽提后，样品中的脂肪进入溶剂中，回收溶剂后所得到的残留物，即为脂肪。因为提取物中除游离脂肪外，还含有部分磷脂、色素、树脂、蜡状物、挥发油、糖脂等物质。因此，用索氏抽提法获得的脂肪，也称之为粗脂肪。果蔬产品中的游离脂肪一般都能直接被乙醚、石油醚等有机溶剂抽提，而结合态脂肪不能直接被乙醚、石油醚提取，需在一定条件下进行水解等处理，使之转变为游离脂肪后方能提取，故索氏提取法测得的只是游离态脂肪。此法对大多数样品测定结果准确，是一种经典分析方法，但操作费时，而且溶剂消耗量大，且需要专门的索氏抽提器。

仪器与试剂：仪器：索氏抽提器，电热鼓风干燥箱［温控（103±2）℃］，分析天平（感量0.1mg）。

试剂：无水乙醚（分析纯，不含过氧化物）或石油醚（沸程30～60℃）。纯海沙，粒度0.65～0.85mm，二氧化硅的质量分数不低于99%。滤纸筒。

操作方法：样品的制备。固体样品：准确称取干燥并研细的样品2～5g，必要时拌以海沙，无损地移入滤纸筒内。

半固体或液体样品：准确称取5.0～10.0g样品，置于蒸发皿中，加入海沙约20g，搅匀后置于沸水浴上蒸干，再于95～105℃下烘干。研细后全部移入滤纸筒内，蒸发皿及黏附有样品的玻璃棒都用沾有乙醚的脱脂棉擦净，将棉花一同放进滤纸筒内。滤纸筒上方用少量脱脂棉塞住。

索氏抽提器的清洗：将索氏抽提器各部位充分洗涤并用蒸馏水清洗后烘

干。脂肪烧瓶在 103±2℃ 的电热鼓风干燥箱内干燥至恒重（前后两次称量差不超过 0.002g）。

抽提：将滤纸筒装入索氏提取器的抽提筒内，连接已干燥至恒重的脂肪烧瓶，由抽提器冷凝管上方注入乙醚或石油醚至瓶内容积的 2/3 处，通入冷凝水，将脂肪烧瓶浸没在水浴中加热，水浴温度应控制在使提取液每 6～8min 回流一次（一般夏天 65℃，冬天 80℃ 左右）。用一小块脱脂棉轻轻塞入冷凝管上口。提取时间视试样中粗脂肪含量而定：一般样品提取 6～12h，坚果制品提取约 16h。提取结束时，用毛玻璃板接取一滴提取液，如无油斑则表明提取完毕。

回收溶剂、烘干、称重：提取完毕后，回收提取液。取下脂肪烧瓶，在水浴上蒸干并除尽残余的提取液，用脱脂滤纸擦净底瓶外部，在 95～105℃ 的干燥箱内干燥 2h 取出，置于干燥器内冷却至室温，称量。重复干燥 0.5h，冷却，称量，直至前后两次称量差不超过 0.002g 即为恒量。以最小称量为准。

注意事项：索氏抽提器是利用溶剂回流和虹吸原理，使固体物质每一次都被纯的溶剂所萃取，而固体物质中的可溶性物质则富集于脂肪烧瓶中。

样品必须干燥无水，并且要研细，样品含水分会影响有机溶剂的提取效果，而且有机溶剂会吸收样品中的水分造成非脂成分溶出。装样品的滤纸筒一定要严密，不能往外漏样品，但也不要包得太紧，以影响溶剂渗透。样品放入滤纸筒时高度不要超过回流弯管，否则超过弯管的样品中的脂肪不能提净，造成误差。

测定脂类大多采用低沸点的有机溶剂萃取的方法。常用的溶剂中乙醇和石油醚的沸点较低、易燃，在操作时应注意防火。切忌直接用明火加热，应该用电热套、电水浴等加热。使用烘箱干燥前应去除全部残余的乙醚，因乙醚稍有残留，放入烘箱时，就有发生爆炸的危险。

用溶剂提取果蔬产品中的脂类时，要根据产品种类、性状及所选取的分析方法，在测定之前对样品进行预处理，需将样品粉碎、切碎、碾磨等；含水量较高的样品，可加入适量的无水硫酸钠，使样品成粒状；有时需将样品烘干，易结块样品可加入 4～6 倍量的海沙。以上处理的目的都是为了增加样品的表面积，减小样品含水量，使有机溶剂更有效地提取脂类。

对含糖及糊精高的样品，要先用冷水使糖及糊精溶解，经过滤除去，将残渣连同滤纸一起烘干，再一起放入抽提管中。

通常乙醚可含约 2% 的水，但抽提用的乙醚要求无水，同时不含醇类和过氧化物，并要求其中挥发残渣含量低。因水和醇可导致水溶性物质溶解，如水溶性盐类、糖类等，使得测定结果偏高。石油醚溶解脂肪的能力比乙醚弱些，但吸收水分的能力比乙醚少，没有乙醚易燃，使用时允许样品含有微量水分，这两种溶液只能直接提取游离的脂肪。对于结合态脂类，必须预先用酸或碱破坏脂类和非脂成分的结合后才能提取。因二者各有特点，故常常混合使用。

乙醚若放置时间过长，会产生过氧化物。过氧化物会导致脂肪氧化，且不稳定，当蒸馏或干燥时会发生爆炸，故使用前应该严格检查，并除去过氧化物。过氧化物的检查方法：取 6mL 乙醚，加 2mL 10% 碘化钾溶液，用力振摇，放置 1min 后，若出现黄色，则证明有过氧化物存在，应另选乙醚或处理后再用。去除过氧化物的方法：将乙醚倒入蒸馏瓶中，加一段无锈铁丝或铝丝，收集蒸馏乙醚。

在抽提时，冷凝管上端最好连接一个氯化钙干燥管，这样，可防止空气中水分进入，也可避免乙醚挥发在空气中，如无此装置可塞一团干燥的脱脂棉球。

抽提是否完全，可凭经验，也可用滤纸或毛玻璃检查，将抽提管下口淌出的乙醚滴在滤纸或毛玻璃上，挥发后不留下油迹表明已抽提完全，若有油迹说明抽提不完全。

反复加热脂类会因氧化而增重。质量增加时，以增重前的质量作为恒量。

（2）酸水解法　本法测定的脂肪为总脂肪，适用于果蔬加工制品、结块制品和不易除去水分的样品。此法不适用于含糖高的果蔬加工制品，因糖类遇强酸易炭化而影响测定结果。

①原理　将试样与盐酸溶液一同加热进行水解，利用强酸破坏蛋白质、纤维素等组织，使结合或包藏在果蔬产品组织中的脂肪游离析出，再用乙醚或石油醚提取脂肪，蒸发回收溶剂，干燥后称量，提取物的质量即为脂肪含量（游离及结合脂肪的总量）。

②仪器与试剂　仪器：100mL 具塞量筒。

试剂：95% 乙醇，乙醚（不合过氧化物），石油醚（30～60℃沸程），盐酸。

③操作方法　样品处理。固体样品：准确称取样品约 2.00g，置于 50mL 大试管内，加水 8mL，混匀后再加盐酸 10mL。

液体样品：称取样品 10.0g，置于 50mL 大试管内，加 10mL 盐酸。

样品消化：将试管放入 70～80℃水浴中，每隔 5～10min 用玻璃棒搅拌一次，至样品脂肪游离消化完全为止，消化时间为 40～50min。

提取脂肪：取出试管，加入 10mL 乙醇，混合；冷却后将混合物移入 100mL 具塞量筒中，以 20mL 乙醚分次洗试管，并倒入量筒中，待乙醚全部倒入量筒后，加塞振摇 1min，小心开塞，放出气体，再塞好，静置 12min，小心开塞，用石油醚-乙醇等量混合液冲洗塞及筒口附着的脂肪。静置 10～20min，待上部液体清晰，吸出上清液于已恒量的锥形瓶内，再加 15mL 乙醚于具塞量筒内，振摇，静置后，仍将上层乙醚吸出，放入原锥形瓶内。

分离脂肪：将锥形瓶于水浴上蒸干后，置 100℃烘箱中干燥 2h。取出放入干燥器内冷却 30min 后称量。重复以上操作至恒量。

注意事项：测定的固体样品须充分磨细，液体样品须充分混合均匀，否则会因为消化不完全而使结果偏低，同时用有机溶剂提取时也往往易乳化。

水解时应防止大量水分损失，使酸浓度升高。

水解后加入乙醇可使蛋白质沉淀，降低表面张力，促进脂肪球聚合，同时溶解一些糖类、有机酸等。后面用乙醚提取脂肪时，因乙醇可溶于乙酸，故须加入石油醚，降低乙醇在石油醚中的溶解度，使乙醇溶解物残留在水层，并使分层清晰。

挥干溶剂后，残留物中若有黑色焦油状杂质，是分解物与水一同混入所致，会使测定值增大，造成误差，可用等量的乙酸及石油醚溶解后过滤，再挥干溶剂。

（3）氯仿-甲醇提取法　索氏抽提法只能提取游离态的脂肪，而对脂蛋白、磷脂等结合态的脂类则不能被完全提取出来，酸水解法又会使磷脂水解而损失。而在一定水分存在下，极性的甲醇与非极性的氯仿混合液（简称 CM 混合液）却能有效地提取结合态脂类。

氯仿-甲醇提取法适合于含结合态脂类比较高，特别是磷脂含量高的样品，对于含水量高的试样也较为有效。本法的基本原理是将试样分散于氯仿-甲醇混合液中，在水浴中轻微沸腾，氯仿-甲醇及样品中一定的水分形成提取脂类的溶剂，在使样品组织中结合态脂类游离出来的同时与磷脂等极性脂类的亲和性增大，从而有效地提取出全部脂类，经过滤除出非脂成分，回收溶剂，对残留脂类用石油醚提取，蒸去石油醚后定量，详见任务实践环节。

【任务实践】

实践一：园艺产品大白菜中脂肪含量的测定

1. 材料

大白菜：新乡小包。

2. 仪器与试剂

试剂：无水乙醚。

仪器：恒温水浴、索氏抽提器、定性滤纸、小烧杯、量筒、脱脂棉、镊子、干燥箱、粉碎机、干燥器。

3. 操作步骤

（1）清洗脂肪瓶，然后置于烘箱干燥，干燥后将其放入干燥器内冷却到室温。然后称其重量（精确到 0.1g，注意记住编号）

（2）准确称量经干燥后的样品 5.0g 左右（精确到 0.1g）于小烧杯中。

（3）将样品无损地转移到滤纸上，按"纸卷法"把样品包装好。样品一定要做到定量转移。

（4）置样品纸卷于抽提管中，然后把抽提管同冷凝器、脂肪瓶连上，固定于恒温水浴的支架上（检查样品的上端面是否超过提取管的上端）。

（5）用漏斗在冷凝管顶端开口缓缓加入无水乙醚，加入量为脂肪瓶容积的 2/3 左右（100mL）。然后用一小团脱脂棉把冷凝管上开口轻轻塞上。加乙醚前，应接通冷却水。

（6）抽取脂肪调整水浴温度在 60～70℃，使抽提管中的乙醚可在 3～5min 虹吸一次，提取 2～6h。样品含有的脂肪是否抽提完全，可以用滤纸来粗略判断。

（7）抽提效果检验。从提取管内吸取少量的乙醚并滴在干净的滤纸上，待乙醚干后，滤纸上不留有油脂的斑点，则表示已经抽提完全，可停止提取。

（8）回收乙醚。将纸筒抽出，再将乙醚蒸发到提取管内，待乙醚液面达到虹吸管的最高处以前，取下提取管，回收乙醚。取下脂肪瓶，置于通风橱水浴上挥发剩余的乙醚。

（9）将脂肪瓶中的乙醚全部蒸干，洗净外壁，置于 100～105℃烘箱内干燥 1～2h，干燥初期烘箱门应虚掩，取出后放入干燥器中冷却 30min，然后称重（精确至 0.1g），并重复操作至恒重。

4. 计算并进行数据分析

计算样品中的脂肪百分含量：

$$脂肪含量（\%）=\frac{W_1-W_0}{W}\times（100-A）$$

式中：W_1——脂肪瓶和脂肪质量，g；

W——样品质量，g；

W_0——脂肪瓶质量，g；

A——100 克样品中水分的含量，g。

实践二：牛油果中脂肪含量的测定

1. 材料

牛油果（可从各大超市购买）。

2. 仪器与试剂

（1）仪器　具塞离心管，离心机（3 000r/min），布氏漏斗（过滤板直径40mm，容量60～100mL的具塞三角瓶）。

（2）试剂　氯仿：97%（体积分数）以上，甲醇：96%（体积分数）以上，氯仿-甲醇混合液：按2∶1体积比混合；石油醚；无水硫酸钠：特级，在120～135℃，干燥1～2h。

3. 操作步骤

（1）提取　准确称取牛油果果肉5g，放入200mL具塞三角瓶中（高水分样品可加适量硅藻土使其分散）加入60mL氯仿-甲醇混合液。连接布氏漏斗，于60℃水浴中，从微沸开始计时提取1h。提取结束后，取下三角瓶，用布氏漏斗过滤，滤液用另一具塞三角瓶收集，用氯仿-甲醇混合液洗涤烧瓶或滤器及滤器中的试样残渣，洗涤液并入滤液中，置于65～70℃水浴中回收溶剂，至三角瓶内物料显浓稠态，但不能使其干涸，冷却。

萃取、定量：用移液管移取25mL乙醚于三角瓶内，再加入15g无水硫酸钠，立刻加塞振荡10min，将醚层移入具塞离心管中，以3 000r/min离心5min进行分离。用移液管迅速吸取离心管中澄清的醚层10mL，移入已衡重的称量瓶内，蒸发去除石油醚后，于100～105℃烘箱中烘至恒重（约30min）。

（2）结果计算

$$W = \frac{(m_2 - m_1) \times 2.5}{m} \times 100\%$$

式中：W——脂类质量分数，%；

　　　m——试样质量，g；

　　　m_2——称量瓶与脂类质量，g；

　　　m_1——称量瓶质量，g；

　　　2.5——从25mL乙醇中取10mL进行干燥，故乘以系数2.5。

4. 注意事项

提取结束后，用玻璃过滤器过滤再用溶剂洗涤烧瓶，每次5mL，洗3次，然后再用30mL溶剂洗涤残渣及滤器，洗涤残渣时可用玻璃棒一边搅拌试样残渣，一边用溶剂洗涤。

溶剂回收至残留物尚具有一定的流动性，不能完全干涸，否则脂类难以溶解于石油醚中，从而使测定结果偏低。所以，最好在残留有适量水分时停止蒸发。

在进行萃取时，无水硫酸钠必须在石油醚之后加入，以免影响石油醚对脂类的溶解，其加入量可根据残留物中的水分含量来确定，一般为5～15g。

【关键问题】

园艺产品中脂类的种类

园艺产品中的脂类主要包括脂肪（甘油三酯）和一些类脂，如脂肪酸、磷脂、糖脂、固醇等，产品的种子、果实、果仁等中都含有天然脂肪，产品中脂肪的存在形式有游离态的，如果仁中的脂肪；也有结合态的，如天然存在的磷脂、糖脂、脂蛋白等。产品的含脂量对其风味、组织结构、品质、外观等都有直接的影响，因此，是产品质量管理中的一项指标。测定产品的脂肪含量，可以用来评价产品的品质，在研究产品的贮藏方式是否恰当等方面都有重要的意义。

【思考与讨论】

1. 说明脂类的基本概念及其种类，果蔬产品中脂类有何特点？
2. 为什么乙醚提取物只能称为粗脂肪？粗脂肪主要包含哪些组分？

【知识拓展】

1. 脂类对人体的作用

食物中的脂肪，不仅能产生诱人的香味，让人胃口大开，而且脂肪中含有的脂肪酸是组成人体组织的重要成分，是供给能量的主要来源，能调解体内生化反应，是具有生理活性的物质，脂肪是人体必需的主要营养——七大营养素之一。脂肪是由一分子甘油和三分子脂肪酸组成的，许多脂肪的物理特性都取决于脂肪酸的饱和程度、碳链的长短和碳原子间双键的数目多少而组成多种不同的脂类，所以它是构成脂类不同物理特性的关键成分。在脂肪酸中以多不饱和单不饱和脂肪酸对人体健康有益，而饱和脂肪酸则害多利少；顺式脂肪酸有益，反式脂肪酸有害；在必需脂肪酸中，以含有 EPA 和 DHA 的 ω-3 族脂肪酸对人体有益，而 ω-6 脂肪酸如摄入过多可能对人体健康发生不利的影响；据说新发现的 ω-9 脂肪酸，虽然不是必需脂肪酸，但对它能辅助必需脂肪酸的功能，因而对健康有益。

2. 反式脂肪酸对人体的影响

反式脂肪酸的产生，是在 1902 年，科学家们以氢化处理不饱和脂肪酸而问世。科学家们因发现动物油中的饱和脂肪酸对人体心、脑血管不利，而植物油的不饱和脂肪酸又对高温不稳定和无法长期贮存，于是就采用对植物油加氢，将顺式脂肪酸转变成在高温下也能稳定的反式脂肪酸。食品制造商们则利用此法制造人工黄油等多种食品，不但可延长货架存放期，而且可稳定食品风味并提高产品的稳定性。除人工氢化的反式脂肪酸外，自然界中也存在反式脂肪酸，即当不饱和脂肪酸，被反刍动物（牛、羊）吃入消化时，在胃内可被细菌部分氢化，因此在牛奶乳品，牛、羊肉的脂肪中都可发现少量反式脂肪酸。

近些年来含有反式脂肪酸的食品越来越多，值得消费者注意。据营养学家们调查，在以下食品中都发现反式脂肪酸，如大部分点心、饼干、炸薯片（薯条）、奶油面包、方便面、薄脆饼、油酥饼、麻花、巧克力、咖啡伴侣、速溶咖啡、人造黄油、沙拉酱、奶油蛋糕、冰淇淋、蛋黄派、草莓派、一些糖果、汤圆，以及康师傅、旺旺、奥利奥、康元、上好佳、德芙等名牌系列食品中，多半含有反式脂肪酸。总之，在用氢化植物油炸的小食品、精炼油及烹调加温过高的植物油和反刍动物的肉、奶等中均含有反式脂肪酸。反式脂肪酸对人体健康有七大不良影响：①降低记忆力，特别是青壮年时饮食习惯不好的人，则到老年时患痴呆的比例增大。②反式脂肪酸不易消化吸收，容易在体内积累导致肥胖。喜欢吃薯片、薯条和油炸食品的人更易造成脂肪积累。③易引发心脑血管病，因反式脂肪酸能使血中防止动脉硬化的高密度脂蛋白的含量降低。④反式脂肪酸会增加人体血液稠度和血小板凝聚力，易导致血栓形成，对于血管壁脆弱的老年人尤为危险。⑤怀孕期或哺乳期的妇女，过多摄入反式脂肪酸的食物，会影响胎儿的健康。胎儿和婴儿可通过胎盘或乳汁被动摄入反式脂肪酸，比成人容易患必需脂肪酸缺乏症，影响生长发育。⑥反式脂肪酸会减少男性激素的分泌，对精子的活跃性产生影响。⑦影响生长发育期的青少年对必需脂肪酸的吸收，还会对青少年中枢神经系统的生长发育产生不良影响。虽然摄入过多反式脂肪酸对人体健康有很多不良影响，但有的专家提出，不是所有的反式脂肪酸都对人体的健康有害。例如，共轭亚油酸就是一种有益的反式脂肪酸，它具有一定的抗肿瘤作用。因此，在对待反式脂肪酸也要有严谨的科学态度。

关于如何能避免或减少摄入反式脂肪酸，营养学者们认为：①在烹饪加功时要避免使用过高温油和反复使用油。②到饭店就餐和到商店购买食品时，要注意对含有反式脂肪酸的食品勿吃勿买。③保持传统的中国饮食风俗，不吃人造黄油、奶油、人造植物油、氢化油、沙拉酱、起酥油等。

【任务安全环节】

1. 实验室应该准备足够的安全眼镜、手套、防护服装、紧急清洗设施以及处理遗漏的器材，主要是防止浓酸、浓碱类和其他易挥发性药品的危害。

2. 实验室必须有足够的消防装置。

【专业网站链接】

1. http：//www. neasiafoods. org　中国食品营养网。
2. http：//www. pooioo. com　中国食品网。
3. http：//spaq. neauce. com　中国食品安全检测网。
4. http：//www. aqsc. gov. cn　中国农产品质量安全网。
5. http：//www. hagreenfood. org. cn　河南省农产品质量安全网。

【数字资源库链接】

http：//www. icourses. cn/home　爱课程资源网。

任务六　园艺产品中蛋白质成分的测定

【案例】

姓名：		性别：		年龄：16
体形：标准体重(170cm, 60kg)				检测时间：2014-02-2

实际检测结果

检测项目	正常范围	实际测量值	检测结果
赖氨酸	0.253 ~ 0.659	0.19	重度异常（+
色氨酸	2.374 ~ 3.709	3.389	正常（-）
苯丙氨酸	0.731 ~ 1.307	1.557	轻度异常（-
蛋氨酸(甲硫氨酸)	0.432 ~ 0.826	0.955	轻度异常（+
苏氨酸	0.422 ~ 0.817	0.364	重度异常（+
异亮氨酸	1.831 ~ 3.248	2.435	正常（-）
亮氨酸	2.073 ~ 4.579	1.676	重度异常（+
缬氨酸	2.012 ~ 4.892	3.942	正常（-）
组氨酸	2.903 ~ 4.012	3.939	正常（-）
精氨酸	0.710 ~ 1.209	0.914	正常（-）

图 1-7　某人体内氨基酸检测结果

图 1-7 为某人体内氨基酸的检测结果。由于氨基酸是组成蛋白质的基本单位，如果缺乏必需氨基酸就会出现蛋白质缺乏的症状，这对处于成长阶段的青少年尤为重要，其危害主要表现在：①造成身体生长发育迟缓；②智力发育障碍；③免疫力降低，极易感染疾病；④严重的还会发生水肿和贫血。观察图 1-

7,人体内各种氨基酸水平需要在合理范围内。

> 思考1：必需氨基酸的来源有哪些？
> 思考2：蛋白质与必需氨基酸的关系如何？

【知识点】

1. 园艺产品中蛋白质成分的认识

蛋白质是复杂的含氮有机化合物，分子量很大，大部分是数万至数百万。蛋白质主要由碳、氢、氧、氮、硫5种元素组成，在某些蛋白质中，还含有微量的磷、铜、铁、碘等。

（1）蛋白质的作用 蛋白质是生命的物质基础，存在于一切生物的原生质内，是细胞组成的主要成分，同时也是新陈代谢作用中各种酶的组成部分。人体新生组织的形成、酸碱平衡和水平衡的维持、遗传信息的传递、物质的代谢及转运都与蛋白质有关。人和其他动物只能从食物中得到蛋白质及其分解物，来构成自身的蛋白质，故蛋白质是人体重要的营养物质，也是人类食物重要的营养指标。

（2）测定蛋白质的意义 测定果蔬产品中蛋白质的含量，对于评价果蔬产品的营养价值，合理开发利用果蔬产品资源，提高产品质量及生产过程控制均具有极其重要的意义。此外，蛋白质及其分解产物对果蔬产品的色、香、味和产品质量都有一定影响，所以在果蔬产品品质检验中蛋白质的测定具有重要的意义。测定蛋白质的方法可分为两大类：一类是利用蛋白质的共性，即含氮量、肽键和折射率等测定蛋白质含量；另一类是利用蛋白质中特定氨基酸残基、酸性或碱性基团以及芳香基因等测定蛋白质含量。蛋白质含量测定最常用的方法是凯氏定氮法，此外，双缩脲法、染料结合法等也常用于蛋白质含量的测定。由于测定方法简便快速，故多用于生产单位质量控制分析。

2. 园艺产品蛋白质测定方法的选择

凯氏定氮法是各种测定蛋白质含量方法的基础，经过人们长期的应用和不断的改进，具有应用范围广、灵敏度较高、回收率好等优点。但其操作费时，如遇到高脂肪、高蛋白质的样品消化需5h以上，且在操作中易产生大量有害气体，污染工作环境，影响操作人员健康。为了满足生产单位对工艺过程的快速分析，尽量减少环境污染和操作省时等要求，陆续创立了快速测定蛋白质的方法，如染料结合法、紫外分光光度法、水杨酸比色法、折光法、双缩脲法、旋光法及近红外光谱法。以下介绍染料结合法、紫外分光光度法和水杨酸比色法。

（1）染料结合法　染料结合法测定蛋白质浓度，是利用蛋白质-染料结合的原理，定量地测定微量蛋白浓度的快速、灵敏方法。这种蛋白质测定法具有超过其他几种方法的突出优点，因而正在得到广泛应用。这一方法是目前灵敏度最高的蛋白质测定法。

考马斯亮蓝 G-250 染料，在酸性溶液中与蛋白质结合，使染料的最大吸收峰位置，由 465nm 变为 595nm，溶液的颜色也由棕黑色变为蓝色。通过测定 595nm 处光吸收的增加量可知与其结合蛋白质的量，详见任务实践环节。

（2）紫外分光光度法　原理：由于蛋白质分子中存在着含有共轭双键的酪氨酸和色氨酸，因此蛋白质具有吸收紫外线的性质，吸收峰在波长 280nm 处。在此波长范围，蛋白质溶液的光吸收值与蛋白质浓度（3～8mg/mL）呈直线关系，因此，通过测定蛋白质溶液的吸光度，并参照事先用凯氏定氮法测定蛋白质含量的标准样所做的标准曲线，即可求出样品蛋白质含量。本法适用于蛋白质浓度在 0～1g/L 范围内样品的测定。

仪器与试剂：仪器：紫外分光光度计。

试剂：标准蛋白质溶液，准确称取经预先采用凯氏定氮法校正的标准蛋白质结晶牛血清蛋白，用水配制成浓度为 1mg/mL 的溶液。也可采用经凯氏定氮法校正过的卵清蛋白，用质量浓度为 0.9％ 的氯化钠溶液配制成浓度为 1mg/mL 的溶液。

测定方法：标准曲线的绘制：分别移取标准蛋白质溶液 0.5、1.0、1.5、2.0、2.5、3.0、4.0mL 于试管中，加蒸馏水至 4mL，摇匀，以蒸馏调零，用 1cm 的石英比色皿，在波长 280nm 处测定各管溶液的吸光度值（A_{280}）。以 A_{280} 为纵坐标，蛋白质浓度为横坐标，绘制标准曲线。

样品测定：吸取 1mL 样品稀释液（蛋白质含量为 1mg/mL），加蒸馏水 3mL，摇匀，按上述方法在波长 280nm 处测定吸光度值，从标准曲线上即可查得待测样品中蛋白质的浓度。

结果计算：

$$X = \frac{C \times 100}{M}$$

式中：X——样品蛋白质含量，mg/100g；

　　　　C——由标准曲线上查得的蛋白质含量，mg/100g；

　　　　M——测定样品的溶液所相当于样品质量，mg。

注意事项：利用紫外分光光度法测定蛋白质具有操作简便、快速，低浓度盐类不干扰测定等优点，但在测定那些与标准蛋白质中酪氨酸和色氨酸含量差异较大的蛋白质时有一定的误差。

若样品中含有嘌呤、嘧啶等吸收紫外线的物质时，会出现较大的干扰。

（3）水杨酸比色法

原理：样品中的蛋白质经硫酸消化而转化成铵盐溶液后，在一定的酸度和温度条件下可与水杨酸钠和次氯酸钠作用生成蓝色的化合物，可以在波长660nm处比色测定，求出样品的含氮量，进而可计算出蛋白质含量。

仪器与试剂：仪器：分光光度计、恒温水浴锅。

试剂：氮标准溶液：称取经110℃干燥2h的硫酸铵0.471 9g，置于小烧杯中，用水溶解移入100mL容量瓶中，用水稀释至刻度，摇匀。此溶液每毫升相当于1.0mg氮标准溶液。使用时用水配制成每毫升相当于2.50g含氮量的标准溶液。

空白酸溶液：称取0.50g蔗糖，加入15mL浓硫酸及5g催化剂（其中含硫酸铜一份和无水硫酸钠九份，二者研细混匀备用），与样品一样处理消化后移入250mL容量瓶中，加水至标线。临用前吸取此液10mL，加水至100mL，摇匀作为工作液。

磷酸盐缓冲溶液：称取7.1g磷酸氢二钠、38g磷酸三钠和20g酒石酸钾钠，加入400mL水，溶解后过滤，另称取35g氢氧化钠溶于100mL水中，冷至室温，缓慢地边搅拌边加入磷酸盐溶液中，用水稀释至1 000mL备用。

水杨酸钠溶液：称取25g水杨酸钠和0.15g亚硝基铁氰化钠溶于200mL水中，过滤，用水稀释至500mL。

次氯酸钠溶液：吸取试剂安替福民溶液4mL，用水稀释至1 000mL，摇匀备用。

操作步骤：标准曲线的绘制：准确吸取每毫升相当于氮含量2.5μg的标准溶液0、1.0、2.0、3.0、4.0、5.0mL，分别置于25mL比色管中，分别加入2mL空白酸工作液和5mL磷酸盐缓冲溶液，并分别加水至15mL，再加入5mL水杨酸钠溶液，移入37℃的恒温水浴中，加热15min后，逐瓶加入2.5mL次氯酸钠溶液，摇匀后再在恒温水浴中加热15min，取出加水至标线，在分光光度计上于660nm波长处进行比色测定，测得各标准液的吸光度后绘制标准曲线。

样品处理：准确称取0.20～1.00g样品（视含氮量而定），置于凯氏定氮瓶中，加入15mL浓硫酸、0.5g浓硫酸及4.5g无水硫酸钠，置电炉上小火加热至沸腾后，加大火力进行消化。待瓶内溶液澄清呈暗绿色时，不断地摇动瓶子，使瓶壁黏附的残渣溶下消化。待溶液完全澄清后取出冷却，加水移至250mL容量瓶中，用水稀释至标线。

样品测定：准确吸取上述消化好的样液10mL于100mL容量瓶中，用水稀释至标线。准确吸取样液 2mL 于 25mL 容量瓶中（或比色管中），加入 5mL 磷酸盐缓冲溶液。以下操作顺序按标准曲线绘制的步骤进行，并以试剂空白为参比液，测定样液的吸光度，从标准曲线上查出其含氮量。

结果计算：

$$X_1 = \frac{C \times K}{M \times 1000 \times 1000} \times 100\%, \quad X_2 = X_1 \times F$$

式中：X_1——样品含氮量，%；

$\quad\ X_2$——样品蛋白质含量，%；

$\quad\ C$——从标准曲线上查出样液的含氮量，μg；

$\quad\ K$——样品溶液的稀释倍数；

$\quad\ M$——样品的质量，g；

$\quad\ F$——氮换算为蛋白质的系数。

注意事项：样品消化完全应当天进行测定，结果重现性好。

温度对显色影响较大，故应严格控制反应温度。

【任务实践】

实践一：南瓜中氨基酸含量的测定

1. 材料

南瓜。

2. 操作步骤

（1）样品制备

①固体样品：准确称取均匀样品 0.5g，加水 50mL，充分搅拌，移入 100mL 容量瓶中，加水至刻度，摇匀。用滤纸过滤，弃去初滤液。

②液体样品：准确吸取 5.0mL 样品，置于 100mL 容量瓶中，加水至刻度。混匀。

吸取 20.0mL 上述样品稀释液于 200mL 烧杯中，加水 60mL，开动磁力搅拌器，用 0.05mol/L 氢氧化钠标准溶液滴定至酸度计指示为 pH＝8.2［记下消耗氢氧化钠溶液的体积（毫升数），可用于计算总酸含量］。加入 10.0mL 甲醛溶液，混匀。再用 0.05mol/L 氢氧化钠标准溶液继续滴定至 pH＝9.2，记录消耗标准溶液的体积（V_1）。取 80mL 水，在同样条件下做试剂空白试验，记录消耗标准溶液的体积（V_0）。

（2）结果计算

$$X = \frac{(V_1 - V_0) \times C \times 0.014}{5 \times \left(\dfrac{V}{100}\right)} \times 100\%$$

式中：X——样品中氨基酸态氮的质量分数，%（或质量浓度，g/100mL）；

V——测定时吸取样品稀释液体积，mL；

V_1——样品滴定消耗 NaOH 标准溶液的体积，mL；

V_0——空白滴定消耗 NaOH 标准溶液的体积，mL；

C——氢氧化钠标准溶液浓度，mol/L。

（3）数据分析。

实践二：苹果中蛋白质含量的测定

1. 材料

富士苹果，黄元帅苹果。

2. 仪器与试剂

（1）仪器　721 型可见光分光光度计

（2）试剂　考马斯亮蓝试剂：考马斯亮蓝 G-250 100mg 溶于 50mL 95%乙醇中，加入 100mL 85%磷酸，用蒸馏水稀释至 1 000mL。结晶牛血清蛋白，预先经微量凯氏定氮法测定蛋白质含量，根据其纯度用 0.15mol/L 氯化钠配制成 100μg/mL 标准蛋白质溶液。

3. 操作步骤

（1）制作标准曲线　取 7 支试管，按表 1-15 依次加入相应试剂。

表 1-15　绘制标准曲线试剂

试管编号	0	1	2	3	4	5	6
100μg/mL 标准蛋白（mL）	0	0.1	0.2	0.3	0.4	0.5	0.6
0.15mol/L NaCl（mL）	1	0.9	0.8	0.7	0.6	0.5	0.4
考马斯亮蓝（mL）	5	5	5	5	5	5	5
吸光度（595nm）							

加入考马斯亮蓝后摇匀，1h 内以 0 号管为空白对照，以 595nm 的吸光度为纵坐标，标准蛋白含量为横坐标，绘制标准曲线。

（2）样品蛋白质浓度测定　测定方法同上，取合适的苹果样品体积，使其测定值在标准曲线的直线范围内。根据所测定的 595nm 的吸光度，在标准曲线上查出其相当于标准蛋白的量，从而计算出未知样品的蛋白质浓度（mg/mL）。

4. 注意事项

在试剂加入后的 5～20min 内测定光吸收，因为在这段时间内颜色是最稳定的。

测定中，蛋白质-染料复合物会有少部分吸附于比色杯壁上，测定完后可用乙醇将蓝色的比色杯洗干净。

利用考马斯亮蓝法分析蛋白必须要掌握好分光光度计的正确使用，重复测定吸光度时，比色杯一定要冲洗干净，制作蛋白标准曲线的时候，蛋白质标准品最好是从低浓度到高浓度测定，防止误差。

【关键问题】

测定蛋白质的主要方法

测定蛋白质的方法可分为两大类：一类是利用蛋白质的共性，即含氮量、肽键和折射率等测定蛋白质含量；另一类是利用蛋白质中特定氨基酸残基、酸性或碱性基团以及芳香基团等测定蛋白质含量。蛋白质含量测定最常用的方法是凯氏定氮法，此外，双缩脲法、染料结合法等也常用于蛋白质含量的测定。由于方法简便快速，故多用于生产单位质量控制分析。

【思考与讨论】

1. 简述果蔬产品中蛋白质测定的目的和意义。

2. 说明用双缩脲法测定蛋白质的原理。在用双缩脲法测定蛋白质时，若样品中含有大量脂肪，会出现什么现象？如何处理？

【知识拓展】

蛋白质来源及其作用

蛋白质是化学结构复杂的一类有机化合物，是人体的必需的营养素。蛋白质的英文是 protein，源于希腊文的 proteios，是"头等重要"的意思，表明蛋白质是生命活动中头等重要的物质。蛋白质是细胞组分中含量最为丰富、功能最多的高分子物质，在生命活动过程中起着各种生命功能执行者的作用，几乎没有一种生命活动能离开蛋白质，没有蛋白质就没有生命。人们对蛋白质重要性的认识经历了一个漫长的历程。1742 年 Beccari 将面粉团不断用水洗去淀粉，分离出麦麸，实际上就是谷蛋白之一。1841 年 Liebig 发表了分析蛋白质的文章。此后 1883 年 John Kjedahl 发明了一个准确测定氮含量进而测定蛋白质含量的分析方法，至今仍被广为应用。随后，氨基酸也被发现。1902 年 E. Fischer 测定了氨基酸的化学结构，还测定了肽键的性质。1927 年，J. B. Summer 证明了酶是一种蛋白质。然后，20 世纪 50 年代，J. B. Summermi 描述胰岛素的氨基酸顺序时获得了一个重大发现。其他研究表明 DNA、RNA 和蛋白质之间的相互关系。1953 年 F. Crick 和 J. Watson 描述了 DNA 的分子结构。科学家们逐渐阐明了细胞如何建造具有特定氨基酸顺序的特定蛋白质。

（1）在人体中，蛋白质的主要生理作用表现在 6 个方面

①构成和修复身体各种组织细胞的材料。人的神经、肌肉、内脏、血液、骨骼等，甚至体外的头皮、指甲都含有蛋白质，这些组织细胞每天都在不断地更新。因此，人体必须每天摄入一定量的蛋白质，作为构成和修复组织的材料。

②构成酶、激素和抗体人体的新陈代谢实际上是通过化学反应来实现的，在人体化学反应的过程中，离不开酶的催化作用，如果没有酶，生命活动就无法进行，这些各具特殊功能的酶，均是由蛋白质构成。此外，一些调节生理功能的激素和胰岛素，以及提高肌体抵抗能力、保护肌体免受致病微生物侵害的抗体，也是以蛋白质为主要原料构成的。

③维持正常的血浆渗透压，血浆和组织之间的物质交换保持平衡。如果膳食中长期缺乏蛋白质，血浆蛋白特别是白蛋白的含量就会降低，血液内的水分便会过多地渗入周围组织，造成临床上的营养不良性水肿。

④供给肌体能量。在正常膳食情况下，肌体可将完成主要功能而剩余的蛋白质，氧化分解转化为能量。不过，从整个肌体而言，蛋白质的这方面功能是微不足道的。

⑤维持肌体的酸碱平衡。肌体内组织细胞必须处于合适的酸碱度范围内，才能完成其正常的生理活动。肌体的这种维持酸碱平衡的能力是通过肺、肾以及血液缓冲系统来实现的。蛋白质缓冲体系是血液缓冲系统的重要组成部分，因此说蛋白质在维持肌体酸碱平衡方面起着十分重要的作用。

⑥运输氧气及营养物质。血红蛋白可以携带氧气到身体的各个部分，供组织细胞代谢使用。体内有许多营养素必须与某种特异的蛋白质结合，将其作为载体才能运转，例如运铁蛋白、钙结合蛋白、视黄醇蛋白等都属于此类。

（2）蛋白质的来源可分为植物性蛋白质和动物性蛋白质两大类。植物蛋白质中，谷类含蛋白质 10% 左右，蛋白质含量不算高，但由于谷类是人们的主食，所以仍然是膳食蛋白质的主要来源。豆类含有丰富的蛋白质，特别是大豆含蛋白质高达 36%～40%，氨基酸组成也比较合理，在体内的利用率较高，是植物蛋白质中非常好的蛋白质来源。蛋类含蛋白质 11%～14%，是优质蛋白质的重要来源。奶类（牛奶）一般含蛋白质 3.0%～3.5%，是婴幼儿蛋白质的最佳来源。肉类包括禽、畜和鱼的肌肉都含有蛋白质。新鲜肌肉含蛋白质 15%～22%，肌肉蛋白质营养价值优于植物蛋白质，是人体蛋白质的重要来源。

【任务安全环节】

1. 实验室应该准备足够的安全眼镜、手套、防护服装、紧急清洗设施以及处理遗漏的器材，主要是防止浓酸、浓碱类及其他易挥发性药品的危害。

2. 实验室必须有足够的消防装置。

【专业网站链接】

1. http：//www. neasiafoods. org　中国食品营养网。

2. http：//www. pooioo. com　中国食品网。

3. http：//spaq. neauce. com　中国食品安全检测网。

4. http：//www. aqsc. gov. cn　中国农产品质量安全网。

5. http：//www. hagreenfood. org. cn　河南省农产品质量安全网。

【数字资源库链接】

http：//www. icourses. cn/home　爱课程资源网。

任务七　园艺产品中灰分及矿物质成分的测定

【观察】

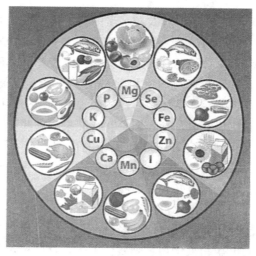

图 1-8　食物中矿物质的成分

观察 1：矿物质的种类有哪些？

观察 2：园艺产品中含有各种矿物质的果蔬种类有哪些？

【知识点】

1. 园艺产品中灰分及矿物质的认识

矿物质是人体结构的重要组分，又是维持体液渗透压和 pH 不可缺少的物质，同时许多矿物离子还直接或间接地参与体内的生化反应（图 1-8）。人体缺乏某些矿物元素时会产生营养缺乏症，因此矿物质是人体不可缺少的营养物质。矿物质在果蔬产品中分布极广，占果蔬产品干重的 1％～10％，因果蔬产品种类、器官而异，平均值为 5％，而一些叶菜的矿物质含量可高达 10％～15％。

果蔬产品是人体摄取矿物质的重要来源。果蔬产品中的矿物元素主要来自土壤和水，通常是在一定的范围之内。果蔬产品中矿物质的 80％是钾、钠、钙等金属成分，其中钾元素可占其总量的 50％以上，它们进入人体内后，与呼吸释放的 HCO_3^- 离子结合，可中和血液中的 H^+，使血浆的 pH 增大，因此果蔬产品又被称为"碱性食品"。相反，谷物、肉类、鱼和蛋等食品中磷、硫、氯等非金属成分含量很高，它们的存在会增加体内的酸性，过多食用酸性食品会使人体的体液、血液的酸性增强，易造成体内酸碱平衡的失调，甚至引起酸性中毒。因此，为了保持人体血液、体液的酸碱平衡，在鱼、肉等动物食品消费量不断增加的同时，更需要增加果蔬产品的食用量。

同时，矿物元素中，钙、磷、铁与健康关系更为密切，通常以其含量来衡量矿物质营养价值。果蔬产品中含有较多量的钙、磷、铁，尤其是某些蔬菜中的含量很高，是人体所需钙、磷、铁的重要来源之一。矿物质元素对果蔬产品的品质也有重要的影响，必需元素的缺乏会导致果蔬产品品质变劣，甚至影响其采后贮藏效果。金属元素通过与有机成分的结合能显著影响果蔬产品的颜色，而微量元素是控制采后产品代谢活性的酶辅基的组分，因而显著影响果蔬产品品质的变化。如在苹果中，钙和钾具有提高果实硬脆度、降低果实贮期软化程度和失重率，以及维持良好肉质和风味的作用。在不同的果蔬产品品种中，果实的钙、钾含量高时，硬脆度高，果肉密度大，果肉致密，细胞间隙率低，贮期软化的进度慢，肉质好，耐贮藏。

无机矿物元素含量高低是评价果蔬产品营养价值的重要指标，也是影响果蔬品质及其耐贮性能的指标。果蔬产品经过高温灼烧，有机成分挥发逸散，而无机成分（主要是无机盐和氧化物）则残留下来，这些残留物就是灰分，主要是由果蔬中的矿物盐或无机盐类构成，灰分是衡量果蔬产品中无机矿物元素含量的一项指标。

（1）果蔬灰分的概念、分类

①概念　果蔬产品经高温灼烧后所残留的无机物质称为灰分。灰分采用重量法测定。果蔬产品在灼烧过程中，水分及其挥发物以气态方式放出；碳、氢、氮等元素与氧结合生成二氧化碳、水和氮的氧化物而散失；某些易挥发元素，如氯、碘、铅等，会挥发散失，磷、硫等也能以含氧酸的形式挥发散失，使这些无机成分减少；另外，某些金属氧化物会吸收有机物分解产生的二氧化碳而形成碳酸盐，有机磷、硫等生成磷酸盐和硫酸盐，又使无机成分增多；而且不能完全排除混入的泥沙、尘埃及未燃尽的碳粒等。因此，从数量和组成上看，果蔬产品的灰分与产品中原来存在的无机成分并不完全相同，灰分并不能准确地表示果蔬产品中原来的无机成分的总量。通常把果蔬产品经高温灼烧后的残留物称为果蔬的粗灰分。

②分类　果蔬的灰分除总灰分（即粗灰分）外，按其溶解性还可分为水溶性灰分、水不溶性灰分和酸不溶性灰分。其中水溶性灰分反映的是可溶性的钾、钠、钙、镁等的氧化物和盐类的含量。水不溶性灰分反映的是污染的泥沙和铁、铝等氧化物及碱土金属的碱式磷酸盐的含量。酸不溶性灰分反映的是污染的泥沙和食品中原来存在的微量氧化硅的含量。具体分类如下：

总灰分主要是金属氧化物和无机盐类及一些其他杂质。

水溶性灰分大部分为钾、钢、钙、镁等元素的氧化物及可溶性盐类。

水不溶性灰分铁、铝等金属的氧化物，碱土金属的碱式磷酸盐，以及由于污染混入产品的泥沙等机械性物质。

酸不溶性灰分大部分为污染渗入的泥沙，另外，还包括存在于果蔬组织中的微量二氧化硅。

（2）测定灰分的意义　对于果蔬行业来说，灰分是一项重要的产品质量指标，测定灰分具有十分重要的意义。

果蔬的灰分中含有丰富的矿物质元素，大量元素有钙、镁、磷、钠、钾、氯、硫；微量元素有铁、铜、锌等。这些元素在维持机体的正常生理功能、保障人体健康等方面具有特殊重要的意义。测定果蔬产品灰分含量可以判断其无机矿物质元素的含量，从而评价其营养价值。不同的果蔬产品以及同一种果蔬不同的栽培条件，各种灰分的组成和含量也不相同，但有一定的正常范围。如果灰分含量超过了正常范围，说明果蔬产品在栽培、贮运过程存在问题。例如，酸不溶性灰分的增加预示着果蔬产品污染和掺杂。测定灰分可以了解果蔬产品的污染情况，以便采取相应措施，查清和控制污染，以保证果蔬产品的安全和食用者的健康。果蔬产品等植物性原料的灰分组成和含量与自然条件、成熟度等因素密切相关，因此，通过测定其在生长过程中的灰分含量及其变动情况，可以掌握适时的采摘期，并弄清环境、气候、施肥等因素对作物的影响。

另外，在生产果胶、明胶等胶质产品时，总灰分可以说明这些制品的胶冻性能；水溶性灰分则在很大程度上表明果酱、果冻等水果制品中的水果含量。这些对检测果蔬产品的质量是十分重要的。

2. 园艺产品灰分的测定

（1）总灰分的测定 原理：总灰分常用简单、快速、节约的干灰化法测定。即将样品小心加热炭化和灼烧，除尽有机质，剩下的无机矿物质冷却后称重，即可计算样品总灰分含量。由于燃烧时生成的炭粒不易完全烧尽，样品上可能粘附有少量的尘土或加工时混入的泥沙等，而且样品灼烧后无机盐组成有所改变，例如，碳酸盐增加，氯化物和硝酸盐的挥发损失，有机磷、硫转变为磷酸盐和硫酸盐，质量均有改变。所以实际测定的总灰分只能是"粗灰分"。

仪器

灰化器皿：15～25mL 的瓷或白金、石英坩埚；高温电炉：在 525～600℃ 能自动控制恒温；干燥器：干燥剂一般使用 135℃ 下烘几小时的变色硅胶；分析天平；水浴锅或调温鼓风烘箱。

试剂：硝酸（1∶1）溶液；过氧化氢（30%）；100g/L NH_4NO_3 溶液：称硝酸铵（NH_4NO_3，分析纯）10.0g 溶于 100mL 水中。

操作步骤：样品预处理：可以采用测定水分或脂肪后的残留物作为样品。需要预干燥的试样：含水较多的果汁，可以先在水浴上蒸干；含水较多的果蔬，可以先用烘箱干燥（先在 60～70℃ 吹干，然后在 105℃ 下烘），测得它们的水分损失量；富含脂肪的样品，可以先提取脂肪，然后分析其残留物。干燥试样一般先粉碎均匀，但磨细过 1mm 筛即可，不宜太细，以免燃烧时飞失。

灰分测定：将洗净的坩埚置于 550℃ 高温电炉内灼烧 15min 以上，取出，置于干燥器中平衡后称重，必要时再次灼烧，冷却后称重直至恒重为止。准确称取待测样品 2～5g（水分多的样品可以称取 10g 左右），疏松地装于坩埚中。

碳化：将装有样品的坩埚置于可调电炉上，在通风橱里缓缓加热，烧至无烟。对于特别容易膨胀的试样（如蛋白、含糖和淀粉多的试样），可以添加几滴纯橄榄油再同上预碳化。

高温灰化：将坩埚移到已烧至暗红色的高温电炉门口，片刻后再放进高温电炉内膛深处，关闭炉门，加热至约 525℃（坩埚呈暗红色），或其他规定的温度。烧至灰分近于白色为止，1～2h。如果灰化不彻底（黑色碳粒较多），可以取出放冷，滴加几滴蒸馏水或稀硝酸、过氧化氢、100g/L NH_4NO_3 溶液等，溶解包裹的盐膜，炭粒暴露，在水浴上蒸干，再移入高温电炉中，同上继续灰化。灰化完全后，待炉温降至约 200℃ 时，再移入干燥器中，冷却至室温后称重。必要时再次灼烧，直至恒重。

结果计算：

$$总灰分含量（\%）=\frac{M_2-M_1}{M_3-M_1}\times100\%$$

式中：m_1——空坩埚质量，g；

m_2——灰化后坩埚和灰分总质量，g；

m_3——空坩埚和样品总质量，g；

注意事项：灰化容器一般使用瓷坩埚，如果测定灰分后还测定其他成分，可以根据测定目的使用白金、石英等坩埚。也可以用一般家用铝箔自制成适当大小的铝箔杯来代替，因其质地轻，能在525～600℃的一般灰化温度范围内能稳定地使用，特别是用于灰分量少、试样采取量多、需要使用大的灰化容器的样品，如淀粉、砂糖、果蔬及它们的制成品，效果会更好。

各种试样因灰分量与样品性质相差较大，其灰分测定时称样量与灰化温度不完全一致。

由于灰化条件是将试样放入达到规定温度的电炉内，如不经炭化而直接将试样放入，因急剧灼烧，一部分残灰将飞散。特别是谷物、豆类、干燥食品等灰化时易膨胀飞散的试样，以及灰化时因膨胀可能逸出容器的食品，如蜂蜜、砂糖及含有大量淀粉、鱼类、贝类的样品，一定要进行预炭化。

对于一般样品并不规定灰化时间，要求灼烧至灰分呈全白色或浅灰色并达到恒重为止。也有例外，如对谷类饲料和茎秆饲料灰分测定，则有规定为600℃灼烧2h。

即使完全灼烧的残灰有时也不一定全部呈白色，内部仍然残留有炭块，所以应充分注意观察残灰。

有时灰分量按占干物重的质量分数表示，如谷物、豆类极其制品的国际标准（ISO）及谷物产品的国际谷化协会（ICC）标准灰分测定均按此表示。

（2）水溶性和水不溶性灰分测定　将上述测定的粗灰分中加入蒸馏水25mL，盖上表面皿，加热至沸，用无灰尘滤纸过滤，并以热水洗坩埚等容器、残渣和滤纸，至滤液总量约为60mL。将滤纸和残渣再置于原坩埚中，再进行干燥、炭化、灼烧、放冷、称重。残留物质量即为水不溶性灰分。粗灰分与水不溶性灰分之差，就是水溶性灰分，再根据样品质量分别计算水溶性灰分与水不溶性灰分的百分含量。

结果计算：

$$水不溶性灰分（\%）=\frac{M_2-M_0}{M}\times100\%$$

$$水溶性灰分（\%）＝粗灰分（\%）－水不溶性灰分（\%）$$

式中：m_0——灰化容器质量，g；

m_2——灰化容器和粗灰分的总质量，g；

m——试样的质量，g。

（3）酸溶性和酸不溶性灰分的测定　取水不溶性灰分或测定粗灰分所得的残留物，加入 25mL 100g/L HCl，放在小火上轻微煮沸 5min。用无灰滤纸过滤后，再用热水洗涤至滤液无氯离子反应为止。将残留物连同滤纸置于原坩埚中进行干燥、灼烧，放冷并且称重。

结果计算：

$$酸不溶性灰分（\%）＝\frac{M_3－M_0}{M}\times100\%$$

$$酸溶性灰分（\%）＝粗灰分（\%）－酸不溶性灰分（\%）$$

式中：m_0——灰化容器质量，g；

m_3——灰化容器和酸不溶性灰分的总质量，g；

m——试样的质量，g。

3. 园艺产品中不同矿物质的测定

（1）钙的测定

①高锰酸钾法　原理：样品经灰化后，用盐酸溶解，在酸性溶液中，钙与草酸生成难溶的草酸钙，在溶液中沉淀。沉淀经洗涤后，加入硫酸溶解，把草酸游离出来，再用高锰酸钾标准溶液滴定与钙等摩尔的草酸，则 $C_2O_4^{2-}$ 离子被氧化成 CO_2，而 Mn^{7+} 被还原为 Mn^{2+}，稍过量的高锰酸钾使溶液呈现微红色，即为滴定终点。根据消耗的高锰酸钾的量，计算出钙的含量。反应式如下：

$$CaCl_2＋（NH_4）_2C_2O_4 \longrightarrow 2NH_4cl＋CaC_2O_4 \downarrow$$

$$CaC_2O_4＋H_2SO_4 \longrightarrow CaSO_4＋H_2C_2O_4$$

$$2km_nO_4＋5H_2C_2O_4＋3H_2SO_4 \longrightarrow 2MnSO_4＋10CO_2 \uparrow ＋8H_2O＋K_2SO_4$$

因此，当溶液中存在 $C_2O_4^{2-}$ 时，加入高锰酸钾，红色立即消失，当 $C_2O_4^{2-}$ 完全被氧化后，高锰酸钾的颜色不再消失，利用高锰酸钾的颜色为滴定终点，可以精确地测定钙的含量。详见任务实践环节。

②原子吸收分光光度法　原理：用于灰化法或湿消化法破坏有机物质后，样品中的金属元素留在干灰化法的残渣中或湿法消化的消化液中，将残留物溶解在稀酸中。在特定波长下用原子吸收分光光度计测定待测金属元素。本法适用于包括果蔬产品在内的各类食品中钙、镁、钾、钠等的测定。

仪器与试剂：仪器：原子吸收分光光度计。

试剂：盐酸溶液：配制成浓度分别为 6、3、0.3mol/L 的溶液。

氯化镧溶液（100g/L）。

标准贮备液（100mg/L）：称取 0.624g 经 110℃烘干 2h 的碳酸钙分析纯试剂，溶解在 25mL 3mol/L 的盐酸溶液中，用水稀释至 250mL。

标准稀释液：用水（若采用湿消化法）或 0.3mol/L 盐酸（若采用干灰化法）将标准贮备液稀释至浓度在工作范围之内。

测定方法：工作条件的选择：原子吸收分光光度计测定钙元素的参考工作条件为，测定波长：422.7nm；测定范围：$0.05 \sim 5\mu g/mL$；检出限：$0.01\mu g/mL$；需添加的盐类，NaCl 5g/L；火焰类型：空气—乙炔火焰。这些数值只是标示性的，实际上取决于仪器和条件。

标准曲线的绘制：预先配制含有不同钙浓度的一个标准系列：在该工作条件下，用空白溶液调零，扣除本底空白后，分别测量其吸光度 A。以吸光度 A 对浓度 c 作图，得标准曲线。

样品处理：果蔬产品样品中的矿物元素多数以结合的形式存在于有机物中。有的与其他元素共同组成有机物质，有的以无机盐的形式存在。当分析测定某些元素时，一般必须将有机物破坏，将矿物元素从各种化合物中游离出来之后才能准确测定，所以在测定钙元素前，果蔬产品样品要进行预处理，破坏其中的有机物质，以保证测定工作的顺利进行。

样品的干法灰化处理：称取 $2 \sim 5g$ 平均样品，置于瓷坩埚中，按"总灰分的测定"方法操作，在 525℃下将样品灰化完全。

样品的湿法消化处理：称取 2g（含水量＜10％）或 5g（含水量＞10％）的均匀样品，置于 500mL 凯氏烧瓶中。加入 10mL 浓硫酸，剧烈摇动以保证无干块存留，加入 5mL 硝酸并摇匀。小心加热至起始的激烈反应平息后，加大火力至发生白烟。不断沿瓶壁滴加硝酸，直至有机质完全被破坏为止。继续加热至硫酸发烟，并消化至溶液澄清无色或微带黄色。

同样条件下做——试剂空白。

测定：干灰化法所得到的灰分：用 $5 \sim 10mL$ 盐酸（1∶1）完全润湿灰分，并小心加热蒸干。加 3mol/L 盐酸 15mL，在电热板上小心加热至溶液刚沸。冷却后，将溶液过滤到容量瓶中（选择适当容积的容量瓶，以使最后溶液中的待测元素浓度在工作范围之内），尽可能将固体留在器皿内。再加 3mol/L 盐酸 10mL（处理残留的灰分），加热至溶液刚沸，冷却后过滤到容量瓶中。用水充分洗涤器皿、滤纸，滤液一并滤入容量瓶中，每 100mL 加 5g/L 的氯化镧 5mL 冷却，用水稀至刻度。同样条件下制备一试剂空白。

湿法消化所得到的溶液：将消化液转入容量瓶中，用水定容并充分摇匀。

在标准系列同样的操作条件下，将处理后的样液和试剂空白分别导入火焰进行测定。

结果计算：根据样品与空白的吸光度，从标准曲线上查出金属浓度（μg/mL）。

$$X = \frac{(A_1 - A_2) \times V}{M}$$

式中：X——样品中某金属的含量，mg/kg；

$\quad\quad A_1$——测定用样品溶液中金属的浓度，μg/mL；

$\quad\quad A_2$——试剂空白中金属的浓度，μg/mL；

$\quad\quad V$——样品处理液的总体积，mL；

$\quad\quad M$——样品质量，g。

注意事项：原子吸收分光光度计的型号不同，所用标准溶液的浓度应按仪器的灵敏度进行调整。原子吸收分光光度法中配制试剂要求使用去离子水，所用试剂为优级纯或高纯试剂。所用玻璃器皿用硝酸（10%～20%）浸泡 24h 以上，然后用水反复冲洗干净，最后用去离子水冲洗干净后晾干或烘干备用。

（2）锌的测定 锌的测定用原子吸收光谱法。

原理：试样经处理后，导入原子吸收分光光度计中，原子化后，吸收213.8nm 共振线，在一定浓度范围，其吸光度与镉含量成正比，与标准系列比较定量。

试剂：4-甲基戊酮-2（MIBK，又名甲基异丁酮）、磷酸，以及以下试剂。

盐酸：量取 10mL 盐酸加到适量水中，再稀释至 120mL。

混合酸：硝酸＋高氯酸。

锌标准贮备液：准确称取 0.500g 金属锌（99.99%）溶于 10mL 盐酸中，然后在水浴上蒸发至近干，用少量水溶解后移入 1 000mL 容量瓶中，以水稀释至刻度，贮于聚乙烯瓶中，此溶液每毫升相当 0.5mg 锌。

锌标准使用液：吸取 10.0mL 锌标准贮备液于 50mL 容量瓶中，以盐酸（0.1mol/L）稀释至刻度，此溶液每毫升相当于 100.0μg 镉。

仪器：原子吸收分光光度计。

分析步骤：试样处理。取园艺产品食用部分洗净晾干，充分切碎或打碎混匀。称取 10.0～20.0g 置于瓷坩埚中，加 1mL 磷酸，小火炭化至无烟后移入马弗炉中，（500±25）℃灰化约 8h 后，取出坩埚，放冷后再加入少量混合酸，小火加热，不使干涸，必要时加少许混合酸，如此反复处理，直至残渣中无炭粒，待坩埚稍冷，加 10mL 盐酸，溶解残渣并移入 50mL 容量瓶中，再用盐酸（1：11）反复洗涤坩埚，洗液并入容量瓶，并稀释至刻度，混匀备用。

测定：吸取 0.10、0.20、0.40、0.80、1.00mL 锌标准使用液，分别置于

50mL 容量瓶中，以盐酸（1mol/L）稀释至刻度，混匀（各容量瓶中每毫升溶液分别相当于 0、0.2、0.4、0.8、1.6、2.0μg 锌）。

将处理后的样液、试剂空白液和各容量瓶中新标准溶液分别导入调至最佳条件的火焰原子化器进行测定。参考测定条件：灯电流 6mA，波长 213.8nm，狭缝 0.38nm，空气流量 10mL/min，乙炔流量 2.3mL/min，灯头高度 3mm，氙灯背景校正，以锌含量对应吸光度，绘制标准曲线或计算直线回归方程，试样吸光度与曲线比较或代入方程求出含量。

结果计算：

$$X = \frac{(A_1 - A_2) \times V \times 1000}{m \times 1000}$$

式中：X——试样中锌含量，mg/kg 或 mg/L；

A_1——测定试样消化液中锌含量，μg/mL；

A_2——试剂空白液中锌含量，μg/mL；

V——试样消化液总体积，mL；

m——试样质量或体积，g 或 mL。

（3）碘的测定　碘的测定用溴水氢化法。

原理：取含碘食盐溶于水，加溴水氧化其中的碘离子为碘酸盐，加水杨酸除去多余的溴，再加入碘化钾与碘酸盐作用，放出的碘用硫代硫酸钠标准溶液滴定。

仪器与试剂：仪器：实验室常用仪器。

试剂：全部试剂应为分析纯馏，或相等纯度的水。磷酸、水杨酸（结晶状），以及以下试剂。

淀粉溶液：1％水溶液，新鲜配制。

碘化钾溶液、10％水溶液，用前配制。浊水饱和溶液。

20％氯化钠溶液质量浓度：称取试剂级氯化钠 100g，溶于水并稀释至 500mL。

0.1％甲基橙指示剂：溶解 100mg 甲基橙于 100mL 水中，必要时过滤使用。

硫代硫酸钠标准溶液（0.005mol/L）：用经标定的 0.1mol/L 硫代硫酸钠标准溶液稀释配制，须当日配制。

0.1mol/L 硫代硫酸钠标准溶液：称取约 25g 硫代硫酸钠（$Na_2S_2O_3 \cdot 5H_2O$）溶于 1 000mL 水中，微沸 5min，趁热倾入清洁玻璃瓶中（此瓶预先用铬酸洗涤，并用热水冲洗干净，如非耐热玻璃瓶，在贮入热的溶液时，须预热后再倾入），贮存于阴暗处。

　　0.1mol/L 硫代硫酸钠溶液的标定，准确称取经 105℃ 干燥 2h 的基准试剂重铬酸钾（$K_2Cr_2O_7$）0.20~0.23g（准确至 0.0001g）于 80mL 无氯的水中，加入碘化钾 2g，在振摇中加入约 20mL 的 1mol/L 盐酸溶液，立即于暗处放置 10min，用配制好的硫代硫酸钠标准溶液滴定，大部分碘消耗后，加入淀粉溶液 1mL。滴定至蓝色褪尽为止。按下式计算硫代硫酸钠标准溶液浓度：

$$C = \frac{M}{V \times 0.049032}$$

　　式中：C——硫代硫酸钠标准溶液的浓度，mol/L；

　　　　　M——重铬酸钾的质量，g；

　　　　　V——滴定所消耗硫代硫酸钠标准溶液的体积，mL；

　　0.049032——1mL $Na_2S_2O_3$ 标准溶液（0.1mol/L）相当于 $K_2Cr_2O_7$ 的质量，g。

　　测定方法：试液的制备：称取混匀试样 50g，置于 200mL 烧杯中，加入蒸馏水溶解，倾入 250mL 容量瓶中，加水稀释至标线，摆匀。

　　试样中碘离子氧化为碘酸盐。

　　用移液管吸取已混匀试液 100mL 于 600mL 烧杯中，加水稀释至 300mL，加入甲基橙指示剂 2 滴，滴加磷酸至呈微红色，并多加 1mL。

　　适用于添加碘化钾及加有 <0.5% 硫代硫酸钠的试样和添加碘酸钾的试样：加入溴水至溶液呈明显黄色，并多加 20mL，放置 9h 或过夜，加热至微沸。

　　适用于添加碘酸钾及未加硫代硫酸钠的试样：加入溴水至溶液呈明显黄色，放置数分钟，加热至微沸。

　　多余溴的除去：将试液煮沸至无色，再微沸 5min，稍冷，在搅拌下加入固体水杨酸约 0.2g，并用少量水洗涤杯内壁，以除去多余的溴。

　　测定：溶液冷却至 20℃，加入磷酸 1mL、碘化钾溶液 5mL，搅匀，立即用 0.005mol/L 硫代硫酸钠标准溶液滴定，近终点时加入淀粉指示剂 1mL，继续滴定至蓝色褪尽为终点，记录所消耗 0.005mol/L 硫代硫酸钠标准溶液的体积。

　　空白试验：在测定试样的同时进行空白试验，用移液管吸取 20% 氯化钠溶液 100mL，置于 600mL 烧杯，按上述步骤进行试验，记录所耗 0.005mol/L 硫代硫酸钠标准溶液的体积。

　　④结果计算

$$X = \frac{\frac{C}{0.005} \times (V - V_0) \times 0.1058 V_1 \times 1000}{W \times V_2}$$

式中：X——试样中碘含量，mg/kg；

　　　C——硫代硫酸钠标准溶液的浓度，mol/L；

　　　V——滴定时消耗硫代硫酸钠标准溶液的体积，mL；

　　　V_0——做空白试验时消耗硫代硫酸钠标准溶液的体积，mL；

　　　W——试样的质量，g；

　　　V_1——试样溶解时定容的体积，mL；

　　　V_2——测定时所取等份溶液体积，mL；

0.1058——0.005mol/L 硫代硫酸钠标准溶液 1mL 相当于碘的体积（毫克数）。

【任务实践】

实践一：园艺产品中铁含量的测定（分光光度法）

1. 材料

当地主要果蔬产品。

2. 仪器与试剂

仪器：分光光度计。

试剂：盐酸羟胺溶液（100g/L）：用前配制；邻二氮菲溶液（1.2g/L）；乙酸钠溶液（1mol/L）；盐酸溶液（2mol/L）；铁标准贮备液：准确称取 0.351 1g 硫酸亚铁铵，用 15mL 盐酸（2mol/L）溶解，移至 500mL 容量瓶中，用水稀释至刻度，摇匀。此溶液浓度为 $100\mu g/mL$；铁标准使用液：使用前将标准工作液准确稀释 10 倍，此溶液浓度为 10mg/mL。

3. 操作步骤

（1）样品处理

①称取产品及其制品均匀样品 10.0g，水果及其制品均匀样品 20.0g，采用先低温（60～70℃）后高温（95～105℃）的方法烘干。

②将洗净并已烘干的瓷坩埚放入高温电炉中，在 600℃ 灼烧 0.5h。取出，冷却至 200℃ 以下时，移入干燥器内冷却至室温后称量。重复灼烧至恒重。

称取适量样品于坩埚中，在电炉上小心加热，使样品充分炭化至无烟。然后将坩埚移至高温电炉中，在 500～525℃ 灼烧至无炭粒（即灰化完全）。冷却到 200℃ 以下时，移入干燥器中冷却至室温后称量，重复灼烧至前后两次称量相差不超过 0.5mg 为恒重。用干灰化法灰化后，加盐酸溶液 2mL，置水浴上蒸干，再加入 5mL 水，加热煮沸，冷却后移入 100mL 容量瓶中，用水定容，摇匀。

（2）标准曲线的绘制：吸取 $10\mu g/mL$ 铁标准液 0.0、1.0、2.0、3.0、

4.0、5.0mL，置于 6 个 50mL 容量瓶中，分别加入 1mL 盐酸羟胺、2mL 菲绕啉、5mL 乙酸钠溶液。每加入一种试剂都要摇匀，然后用水稀释至刻度。10min后，用 1cm 比色皿，以不加铁标准的试剂空白作参比，在 510nm 波长处测定各溶液的吸光度。以含铁量为横坐标，吸光度值为纵坐标，绘制标准曲线。

（3）样品测定：准确吸取适量样液（视铁含量的高低）于 50mL 容量瓶中，按标准曲线的制作步骤，加入各种试剂，测定吸光度，在标准曲线上查出相对应的铁含量（μg）。

（4）结果与计算。

实践二：芹菜中钙含量的测定（高锰酸钾法）

1. 材料

西芹。

2. 仪器与试剂

（1）仪器　马弗炉，分析天平，离心机（4 000r/min），G3 或 G4 砂芯漏斗。

（2）试剂　盐酸、甲基红指示剂（0.1%）、乙酸、氨水溶液（1∶4）、氨水溶液（2%）、1/2 硫酸溶液（2mol/L）、草酸铵溶液（4%），以及以下试剂。

高锰酸钾标准溶液（0.02mol/L）：称取 3.3g 高锰酸钾于 1 000mL 烧杯中，加水 1 000mL，盖上表面皿，加热煮沸 30min，并随时补加被蒸发掉的水分，冷却，在暗处放 5d～7d，用 G3 或 G4 砂芯漏斗过滤，滤液贮于棕色瓶中，待标定。标定方法：准确称取经 130℃ 烘干 30min 的草酸基准试剂 3 份，每份 0.15～0.2g（精确至 0.000 1g），分别置于 250mL 锥形瓶中，加 40mL 水溶解，再加入 10mL 1/2 硫酸溶液（2mol/L），加热至 70～80℃。用待标定的高锰酸钾溶液滴定至微红色，且保持 0.5min 内不褪色，即为终点。记录消耗的高锰酸钾溶液的体积（mL）。

$$C = \frac{M \times 1000}{V \times 134} \times 2/5$$

式中：C——高锰酸钾标准溶液的浓度，mol/L；

　　　M——草酸钠的质量，g；

　　　V——草酸钠溶液消耗的高锰酸钾体积，mL；

　　　134——草酸钠的摩尔质量，g/mol；

　　　2/5——滴定时草酸钠与高锰酸钾反应的质量比值。

3. 操作步骤

（1）样品处理　准确称取 3～10g 西芹叶片于坩埚中，在电热板上炭化至无烟后移入马弗炉中，在 525℃ 下灰化至不含炭粒为止，取出冷却至 250mL 容量瓶中，以70～90℃ 去离子水，少量多次洗涤蒸发皿，将洗液合并于容量中，冷却后加水稀释至刻度，备用。

（2）测定　用容量吸管准确吸取 5mL 样品消化液于 15mL 离心管中，加入 1 滴甲基红指示剂、2mL 草酸铵溶液（4%），再加入 0.5mL 乙酸溶液（1∶4），振摇均匀，用氨水溶液（1∶4）调整样液至微蓝色，再用乙酸溶液（1∶4）调节至微红色。静置 1h 以上，使沉淀全部析出。将沉淀离心 15min，小心倾去上清液，倾斜离心管并用滤纸吸干管口溶液，向离心管中加入少量氨水溶液（2%），用手指弹动离心管，使沉淀松动，再加入约 10mL 氨水溶液（2%），离心 20min，用胶帽吸管吸去上清液。向沉淀中加入 2mL 1/2 硫酸溶液（2mol/L），摇匀，将离心管置于 70～80℃ 水浴中加热，使沉淀全部溶解，用 0.02mol/L 高锰酸钾标准溶液滴定，至淡紫红色不消失为终点。记录消耗的高锰酸钾标准溶液的体积（V）。

同样试剂做空白试验，记录消耗的高锰酸钾标准溶液的体积（V_0），校正结果。

结果计算：

$$X = \frac{C \times (V - V_0) \times 40.80}{2/5 \times M \times V_1/V_2}$$

式中：X——样品中钙的含量，mg/kg；

　　　C——高锰酸钾标准溶液的浓度，mol/L；

　　　V——样品滴定消耗高锰酸钾标准溶液体积，mL；

　　　V_0——试剂空白试验消耗高锰酸钾标准溶液体积，mL；

　　　V_1——测定时所用样品稀释液的体积，mL；

　　　V_2——样品稀释定容总体积，mL；

　　　M——样品的质量，g；

　　　40.80——钙的摩尔质量，g/mL。

4. 注意事项

草酸铵应在溶液呈酸性时加入，然后加氨水使成碱性。若先加氨水再加草酸铵，则样液中的钙会与样品中的磷酸结合成碱性磷酸钙沉淀，使结果不准确。

用高锰酸钾滴定时，不断地振摇，使溶液均匀，同时应保持在 70～80℃ 下进行滴定。

【关键问题】

人体内矿物质的作用及其分类

已知构成生物体的元素有 50 多种，除碳、氢、氧、氮主要以有机化合物的形式存在外，生物体内其他金属和非金属元素统称为矿物质或无机盐。尽管人和动物体内矿物质总量不超过其体重的 4%～5%，但它们是人和动物健康必不可少的营养素。矿物质不能在体内合成，只能从体外获得，人体所需的矿物质可来源于食物、饮水和食盐。

人体所需矿物质的种类很多，一般按照其在体内含量和对人体健康的影响进行分类：

（1）按矿物质在体内含量高低来分　按其在体内含量高低，矿物质可分为大量元素和微量元素。大量元素在人体内含量较多，占人体总质量的 0.01%以上，占人体总灰分 60%～80%，包括钾、钠、钙、镁、磷、硫、氯 7 种元素。微量元素在人体内含量很低，占人体总重量 0.01%以下，而且均在低浓度下才具有生物学作用。根据它们对人体作用的不同，又可分为必需微量元素和非必需微量元素。人体健康必需的微量元素有 14 种，即铁、锌、硒、碘、氟、钴、铜、锰、钼、铬、钒、镍、锡、硅。

（2）按矿物质对人体健康影响来分　按其对人体健康影响，矿物质可分为必需元素、非必需元素和有毒元素。所谓必需元素是指维持人体健康所必需的元素，缺乏时可使机体组织和功能出现异常，补充后即可恢复正常。然而，所有必需元素在摄入过量时都会有毒。必需微量元素的生理作用剂量和中毒剂量间距很小，因此过量摄入不仅无益，而且有害于健康，尤其是微量元素。微量元素对人体的作用贵在微量。至于有毒元素则通常指一些重金属（如铅、汞、镉）和非金属（如砷）。

【思考与讨论】

1. 简述灰分的定义、分类及测定果蔬产品灰分的意义。

2. 怎样判断样品是否灰化完全？

3. 测定矿物元素时，样品为什么要进行预处理？如何进行？

4. 用乙二胺四乙酸二钠（EDTA）法测定果蔬中的钙含量时应注意哪些问题？

【知识拓展】

矿物质、微量元素的作用

两届诺贝尔奖得主兰纳斯·鲍林（Linus Pauling）博士说："所有疾病均因缺乏微量元素引起，没有矿物质与微量元素，维生素与酶无法作用，生命只有毁灭""人类所有疾病均源自矿物元素失衡"。《医药养生报》报道 "600 位专家警告，90% 的疾病是缺少微量元素造成的"。原卫生部部长胡熙明说：人的生老病死无不与微量元素有关，把研究微量元素与祖国医药结合起来，必将对生命科学做出贡献。矿物质、微量元素和维生素一样是人体必需的元素，其与有机营养素的不同之处在于矿物质、微量元素是无法自身产生、合成的，也不会在体内代谢过程中消失，只是每天随着机体的代谢过程而排泄损失掉一部分矿物质及微量元素。每天矿物质微量元素的摄取量也是基本确定的，但随年龄、性别、身体状况、环境、工作状况等因素有些不同。所以，必须由膳食中不断予以补充。人体矿物质总量不超过体重的 6％，每日进出人体的矿物质总量为 20％～30％，对机体起着重要的作用。人体内有 50 多种矿物质元素，其中有 20 种左右元素是构成人体组织、维持生理功能、生化代谢所必需的。矿物质、微量元素的分类为：

（1）大量元素　这是指占人体质量的 0.01％以上，每日需要量 100mg 以上的矿物质元素，共有 7 种，包括钙、磷、硫、钾、钠、氯、镁。

（2）微量元素　指含量占人体质量的 0.01％以下，或日需要量在 100mg以下，1995 年世界粮食组织（FAO）和世界卫生组织（WHO）界定人体必需微量元素有 10 种：铜、钴、铬、铁、氟、碘、锰、钼、硒、锌。可能必需微量元素 4 种：硅、镍、硼、钒。有潜在毒性，但在低剂量下可能有人体必需功能的元素 7 种：铅、镉、汞、砷、铝、锡、锂。所有必需元素摄入过量时都有毒。它的生理作用剂和中毒剂量之间差别很小，补充过量容易出现中毒。矿物质来自于土壤的无机化学元素，植物从土壤中获得矿物质，动物由食用植物等而摄入矿物质。人体内的矿物质一部分来自于所摄入的动、植物食物，另一部分来自于水、饮料、食盐和食品添加剂。

【任务安全环节】

1. 实验室应该准备足够的安全眼镜、手套、防护服装、紧急清洗设施以及处理遗漏的器材，主要是防止浓酸、浓碱类和其他易挥发性药品的危害。

2. 实验室必须有足够的消防装置。

【专业网站链接】

1. http：//www. neasiafoods. org　中国食品营养网。

2. http：//www. pooioo. com　中国食品网。

3. http：//spaq. neauce. com　中国食品安全检测网。

4. http：//www. aqsc. gov. cn　中国农产品质量安全网。

5. http：//www. hagreenfood. org. cn　河南省农产品质量安全网。

【数字资源库链接】

http：//www.icourses.cn/home　爱课程资源网。

技术实训

蔬菜产品中营养元素的检测

1. 实训目的

（1）了解蔬菜中各营养元素的组成及含量。

（2）掌握使用原子吸收分光光度计测定营养元素的方法。

2. 实训工具

电子天平，WFS-110 型火焰原子吸收分光光度计（附计算机和软件处理系统）。

3. 实训方法

（1）样品处理　按照检测要求选取有代表性的蔬菜样品（农贸市场或超市购买），洗掉表面泥土，用蒸馏水冲洗干净，用吸水纸吸干表面水分。

称取新鲜蔬菜样品约 2g 于 20mL 的烧杯中，加入 8mL 混酸（$HClO_4$：$HNO_3 = 1：4$），盖上表面皿，电热板上消化至全溶，且溶液澄清透明近干为止，用双蒸水将样品定容于 25mL 容量瓶中，用于测定，同时做空白。

（2）样品测定　采用火焰原子吸收分光光度法测定，利用元素的特征谱线，根据一系列吸光度关系曲线确定仪器的工作条件后进行样品的测定。样品测定时，用双蒸水根据情况对其进行不同倍数的稀释，其中钙、镁测定时加入 10% 的 $La(NO_3)_3$ 消除干扰。各营养元素标准贮备液浓度均采用 1mg/mL，用时再逐级稀释成所需浓度，分别测定各标准系列工作液，计算机绘制标准工作曲线，算出回归方程和相关系数。根据回归方程，计算出各营养元素的含量。

（3）将检测结果归纳总结，列出表格，撰写实训报告。

4. 实训要求

（1）实训前认真预习实习内容，并根据实训目的和要求做好相应的准备工作。

（2）对实训所得数据能够进行相应的处理与分析。

（3）实训后能掌握原子吸收分光光度计的原理及使用方法。

（4）能够针对实训结果独立完成实训报告。

5. 技术评价

（1）将检测结果绘制成表格。

（2）完成检测报告，给出相应结论。

单元二 园艺产品的安全监测

模块一　园艺产品有毒有害物质的检验分析

目标：本模块主要包括园艺产品农药残留的检验分析、园艺产品亚硝酸盐与硝酸盐的检验分析、园艺产品重金属的检验分析等内容。通过本模块的学习，学生应掌握园艺产品常见农药残留检测、亚硝酸盐与硝酸盐检测，以及常见重金属残留检测的技术，培养学生实际动手操作和数据分析的基本能力。

模块分解：模块分解见表 2-1。

表 2-1　模块分解

任务	任务分解	要求
1. 园艺产品农药残留的检验分析	1. 园艺产品中有机氯农药残留的检测 2. 园艺产品中有机磷农药残留的检测 3. 园艺产品中拟除虫菊酯农药残留的检测 4. 园艺产品中氨基甲酸酯农药残留的检测	1. 学会进行园艺产品农药残留检测的预处理方法 2. 掌握检测园艺产品中有机氯、有机磷、拟除虫菊酯、氨基甲酸酯农药残留的方法
2. 园艺产品亚硝酸盐与硝酸盐的检验分析	1. 园艺产品中亚硝酸盐的检测 2. 园艺产品中硝酸盐的检测	1. 学会亚硝酸盐的检测方法 2. 学会硝酸盐的检测方法
3. 园艺产品重金属的检验分析	1. 园艺产品中汞残留的检测 2. 园艺产品中铅残留的检测 3. 园艺产品中镉残留的检测 4. 园艺产品中砷残留的检测 5. 园艺产品中铬残留的检测	1. 学会重金属检测的预处理方法 2. 掌握常用的重金属检测分析方法

任务一　园艺产品农药残留的检验分析

【案例】

　　2010 年 1 月份以来，海南豇豆在武汉白沙洲农副产品市场连续三次被检测出含有禁用农药水胺硫磷。随后在武汉、上海、郑州、合肥、杭州、广州等 11 个城市检测出海南豇豆农药残留超标。

　　一时间，消费者谈到海南豇豆就色变。在 2010 年 3 月上旬的全国"两会"上，多名代表、委员对此提出了建议和议案。

　　2010 年 4 月 8 日，海南"毒豇豆"事件中涉及的 13 名相关责任人被问责，"毒豇豆"事件告一段落。

　　而随后一天，也就是 2010 年 4 月 9 日，青岛市再爆"毒韭菜"。

　　据媒体报道，从 4 月 1 日开始，青岛一些医院陆续接到 9 名食用韭菜后中毒的患者，他们都是食用韭菜之后出现了头疼、恶心、腹泻等症状，经医院检查属于有机磷中毒，也就是说，韭菜上的残余农药严重超标导致中毒。

> 　　思考 1：什么是农药残留？
> 　　思考 2：农药残留的来源有哪些？
> 　　思考 3：农药残留的危害有哪些？

　　案例评析：关于农药残留的基本认识如下。

1. 农药的定义与种类

　　农药是指用于预防、消灭或者控制危害农业、林业的病、虫、草和其他有害生物的化学物质，也包括有目的地调节植物、昆虫生长的化学合成或者来源于生物、其他天然物质的一种物质或者几种物质的混合物及其制剂。

　　农药的分类方式有多种，如可按照防治对象、加工剂型、理化性质等分类，比较常用的是按照防治对象划分，可分为杀虫剂、杀菌剂、杀螨剂、杀线虫剂、杀鼠剂、除草剂、脱叶剂、植物生长调节剂等。目前常用的有有机氯类和有机磷类两大类，而拟除虫菊酯和氨基甲酸酯类农药由于其高效、广谱等特点，用的也越来越多。

2. 农药残留的来源

　　农药残留是指在农业生产中施用农药后，一部分农药直接或间接残存于谷物、蔬菜、果品、畜产品、水产品中以及土壤和水体中的现象。残留的数量称为残留量，常以 mg/kg 表示。

　　通常农药残留通过以下几种途径进入到植物或产品中：

（1）直接污染　喷洒农药后，部分农药黏附在作物的根、茎、叶、果实的表面，或是通过叶片组织渗入到植株体内，再经生理作用运转到植物的不同器官，并参与代谢过程。

（2）吸收污染　主要是喷洒的农药有 40%～60% 随降水过程落到土壤和水域，而植物的根系在吸收土壤中养分或灌溉过程中，残留的农药会经植物根系吸收至体内，进而引起污染。

（3）富集污染　农药对水体造成污染后，水生生物通过多种途径吸收农药残留，通过食物链逐级浓缩，这种浓缩作用，最终会使水体中微小的污染发展成严重的食物污染，使得农药残留的浓度提高数十倍乃至数万倍。

（4）交叉污染　产品在运输过程中，由于运输工具装运过农药未加清洗，或是直接将产品与农药混运、混合贮藏，均会导致农药污染。

3. 农药残留的危害

世界各国都存在着程度不同的农药残留问题，农药残留会导致以下三个方面危害。

（1）对生态环境的危害　由于不合理使用农药，特别是除草剂，导致药害事故频繁，经常引起大面积减产甚至绝产，严重影响了农业生产。土壤中残留的长残效除草剂是其中的一个重要原因。

（2）对人体健康的危害　低剂量农药长期对人体作用后所产生的是慢性毒性，农药的慢性毒性通常表现为"三致"作用：

①化学致畸作用。化学物质导致胎儿畸形的作用，从广义上来说，还会导致人的生理功能或精神活动发育缺陷。在农药的 1 500 多种活性成分中，500 多种有胚胎毒性，400 多种可导致胎儿畸形。

②化学致突变作用。化学物质对人的遗传物质造成不可逆损伤的作用，即化学物质会导致人的细胞的遗传物质（DNA）发生变化，称为化学突变。化学致突变存在着致癌的危险性。

③化学致癌作用。化学物质引起人发生肿瘤或是肿瘤发生率增加的作用，如杀虫脒、六氯苯等可致人发生癌变，对人存在致癌危险。

（3）对国际贸易的危害　世界各国，特别是发达国家对农药残留问题高度重视，对各种农副产品中农药残留都规定了越来越严格的限量标准。许多国家以农药残留限量为技术壁垒，限制农副产品进口，保护农业生产。2000 年，欧共体将氰戊菊酯在茶叶中的残留限量从 10mg/kg 降低到 0.1mg/kg，使中国茶叶出口面临严峻的挑战。

【知识点】

1. 样品采集及前处理

（1）样品的采集　样品的采集一般可采用随机法、对角线法、五点法等，在所选的采样点上有选择地采样，应避免有病、过小或未成熟的样品。避免在地头或边沿采样（留 0.5m 边缘），按规定采集所有可食用部分，注意尽可能符合农产品采收实际要求。

①蔬菜。抽样时间应选在晴天上午的 9～11 时或者下午 3～5 时，雨后不宜抽样。当蔬菜基地面积小于 10hm² 时，每 1～3hm² 设为一个抽样单元；当蔬菜基地面积大于 10hm² 时，每 3～5hm² 设为一个抽样单元。每个抽样单元内根据实际情况按对角线法、梅花点法、棋盘式法、蛇形法等方法采取样品，每个抽样单元内抽样点不应少于 5 个，每个抽样点面积为 1m² 左右，随机抽取样品。搭架引蔓的蔬菜，均取中段果实。

②水果。抽样时间要根据不同品种在其种植区域的成熟期来确定，一般选择在全面采收前 3～5 天进行，抽样时间应选择在晴天的上午 9～11 时或者下午 3～5 时。根据生产抽样对象的规模、布局、地形、地势和作物的分布情况合理布设抽样点，抽样点应不少于 5 个。每个抽样点内根据果园实际情况按对角线法、棋盘式法、蛇形法等方法采取样品。乔木果树，在每株果树的树冠外围中部的迎风面和背风面各取一组果实；灌木、藤蔓和草本果树，在树体中部采取一组果实，果实的着生部位、果型大小和成熟度应尽量保持一致。

对不同园艺产品的采样量和采样部位有不同的要求，可参照表 2-2。

表 2-2　作物分类及采样部位和推荐采样量

类别	商品分类	采样部位	推荐采样量
白菜类蔬菜	整个商品可食用部分由叶、茎组成的食品	去掉明显腐坏或萎蔫部分的茎叶	4～12 个个体，不少于 1kg
甘蓝类蔬菜	整个商品可食用部分由叶、茎和花序组成的食品	去掉明显腐坏或萎蔫部分的茎叶	6～12 个个体，不少于 2kg
绿叶类蔬菜	由可食用的叶组成的食品	去掉明显腐坏或萎蔫部分的茎叶	至少 12 个个体，不少于 2kg
根菜类蔬菜	由膨大的块根、块茎、球茎、根茎等组成	去掉顶端的膨大部分	6～12 个个体，不少于 2kg

（续）

类别	商品分类	采样部位	推荐采样量
豆菜类蔬菜	豆科蔬菜中鲜的、甚至带荚的种子	豆荚或籽粒	鲜豆荚不少于2kg
茎菜类蔬菜	由可食用茎、嫩芽形成的食品	去掉明显腐坏或萎蔫部分的茎、嫩芽	至少12个个体，不少于2kg
瓜菜类蔬菜	成熟或未成熟果实组成	除去果梗后的整个果实	4～6个个体，不少于2kg
茄果类蔬菜	成熟或未成熟果实组成	除去果梗后的整个果实	6～12个个体，不少于2kg
鳞茎类蔬菜	由肉质鳞茎或生长中的芽组成	去掉泥土和根后的部分	12～24个个体，不少于2kg
芽菜类蔬菜	豆类发芽长成的蔬菜	整个豆芽	不少于1kg
食用菌类蔬菜	整个可食用子实体	整个子实体	至少12个个体，不少于2kg
梨果类水果	果实除核外可直接食用	除去果梗后整个果实	至少12个个体，不少于2kg
核果类水果	果实除核外可直接食用	除去果梗后整个果实	至少24个个体，不少于2kg
浆果类水果	包括种子在内的整个果实可食用	去掉果柄和果托的整个果实	不少于1kg
柑橘类水果	由多汁的果瓣组成	整个果实	6～12个个体，不少于2kg
坚果类水果	外被坚硬不可食外壳，内着油质种子	去壳后整个可食部分	不少于1kg
瓜果类水果	成熟的果实	除去果梗后的整个果实	4～8个个体

（2）样品预处理　样品处理中需要遵循的原则是：在样品的采集、包装和预处理过程中避免样品表面残留农药的损失；遇光降解的农药，要避免暴露；避免在样品采集和贮运过程中样品损坏及变质而影响残留量；样品中黏附的土壤等杂物可用软刷子刷掉或用干布擦掉，同时要避免交叉污染，然后根据样品个体的不同，采用合适的方法进行缩分，将采集的样品预处理成实验室样品。

对样品缩分前，首先需要挑选出样品的分析部位，剔除不需要的部分。园艺产品农药残留分析样品预处理方法见表2-3。

表 2-3　园艺产品农药残留分析样品采集部位和处理

样品	采样部位和处理
根、茎类蔬菜	采集整个产品，去除顶部部分，用自来水洗涤，必要时用毛刷去除泥土及其他黏附物，然后用纸巾擦拭干净
鳞茎类蔬菜	去除根和外层
叶菜类蔬菜	去除腐烂或枯萎部分
茎类蔬菜	去除腐烂或枯萎部分
豆类蔬菜	整个果实
果类蔬菜	去除茎部
柑橘类水果	整个果实
梨果	去除茎部
核果	去除茎部和核
小水果和浆果	去除顶部和茎部
坚果	去壳
茶叶	整体

2. 果蔬产品中痕量组分分析的技术要求

农药残留、重金属残留等检测是一项对复杂混合物中痕量组分的分析，它对人员、实验条件有着特殊的要求。这是获得准确、可靠农药残留数据的基础和保证。

（1）对技术人员的要求　痕量组分的含量往往很低，各检测步骤都应严格、科学地进行，故要求操作人员应具有熟练的技术和丰富的经验。根据有关规定和痕量组分检测工作的特点，从事痕量组分检测的技术人员必须经过严格培训，不但要有该领域的专业知识，还要具有能胜任该项工作的技能和经验，经考核合格方可上岗。上岗以后单位还要定期进行技术培训，不断提高技术人员素质。基本要求应包括如下几个方面：

①掌握采用的检测方法的原理及进行每一步骤处理的目的和重要性。

②熟练掌握痕量组分检测的操作技术。

③熟悉检测仪器的性能、工作原理、使用及一般故障的排除。

④能独立进行数据处理和撰写实验报告。

⑤了解国内外痕量组分检测发展动态、新技术和新方法。

⑥具有安全防护知识。

（2）对检测的仪器设备的要求　痕量组分检测所需仪器设备种类很多，除常规化学分析实验室所需的玻璃仪器、称量器具、干燥设备、洗涤设备外，还必须具备样本前处理、样本贮藏、样本测定等仪器设备。贵重仪器设备要建立档案，记载购置时间、规格、性能指标、验收报告、工作记录、维修等。最后由专人负责保养，每月检查一次性能并记载检查结果。所有检测仪器必须经计量部门认证后，其检测结果方承认有效。痕量组分检测实验室基本设备主要包括以下部分：

①前处理设备：组织捣碎机、匀浆器、粉碎机、离心机、真空泵、真空旋转蒸发器、KD浓缩器、振荡器、层析柱、抽滤装置等。

②贮藏设备：冰箱、冷藏柜（＜20℃）。

③检测仪器：气相色谱仪（带电子捕获检测器、火焰光度检测器、氮磷检测器等）、液相色谱仪（带紫外检测器、荧光检测器）、填充色谱柱、毛细管色谱柱等配件和氮气、氢气、空气等。

④田间试验设备：施药和采样器械等。

⑤其他：如电子计算机、排风设备等。

3. 样品的制备

样品的制备是农药残留分析中的重要部分，一般包括从样品中提取残留农药、浓缩提取液和去除提取液中干扰性杂质的分离净化等步骤，是将检测样品处理成适合测定的检测溶液的过程。

（1）样品的提取 提取是指通过溶解、吸附或挥发等方式将样品中的残留农药分离出来的操作步骤。农药残留的提取方法有多种，目前常用的方法有溶剂提取法、固相提取法及强制挥发提取法等。

①溶剂提取法 是最常用、最经典的有机物提取方法，具有操作简单、不需要特殊的或昂贵的仪器设备、适应范围广等优点。

在溶剂选用上一般要综合考虑三方面的要求：一是溶剂的极性，二是溶剂的纯度，三是溶剂的沸点。

常用的提取溶剂有石油醚、正己烷、乙酸乙酯、二氯甲烷、丙酮、乙腈、甲醇等，溶剂提取法主要包括液液提取和固液提取两种方式。其中固液提取常用以下几种方法：索氏提取法、振荡浸提法、组织捣碎法以及消化提取法等。

②固相提取法 又叫液固提取法，具有提取、浓缩、净化同步进行的作用。主要优点是重复性好、省溶剂、快速、适用性广、可自动化和用于现场等，尤其对较强极性的农药（如氨基甲酸酯类）的提取有很好的效果。

固相提取的吸附剂类型主要有十八碳烷基、辛烷基、乙烷基、苯基等，固相提取的主要步骤包括提取柱的活化和平衡、上样、清洗及洗脱。目前采用较多的是 HLB（Oasis 亲水亲脂平衡）固相提取柱优化提取法。

③强制挥发提取法 是针对易挥发物质进行的，可以不使用溶剂，在挥发

提取的同时去除挥发性低的杂质。常用的提取方法有吹扫捕集法和顶空提取法。

（2）样品的浓缩　由于农药残留分析中分析物在样品中的量非常少，一般情况下在进行净化和检测之前，必须要对样品进行浓缩，使检测溶液中待测物达到分析仪器灵敏度以上的浓度。常用的浓缩方法有减压旋转蒸发法、K-D浓缩法、氮气吹干法等，可根据实际需要选择合适的方法。

（3）样品的净化　是指通过物理的或化学的方法去除提取物中对测定有干扰作用的杂质的过程。净化是主要利用分析物与基体中干扰物质的理化特性的差异，将干扰物质的量减少到能正常检测目标残留农药的水平。其中，物理的方法有分配法、沉淀法、挥发法及层析法等；而化学的方法有分配法、浓酸碱法、氧化法和衍生化法。

4. 农药残留的常见检测技术

目前农药残留的快速检测方法主要有气相色谱法、液相色谱法、色谱与质谱联用技术、药物残留的免疫检测法等。下面就其中的两种进行简要介绍。

（1）气相色谱法　主要测定原理：样品经有机溶剂提取、纯化、浓缩后注入气相色谱仪，依靠流速恒定的气体（称为"载气"），在一定温度下，携带被测的气化样品，通过色谱柱，由于样品中组分与固定相之间的吸附力或溶解度不同而被逐一分离，随即通过电子捕获检测器，由记录仪将信号记录，或由微处理机自动制图和计算，并打印出分析数据。

电子捕获检测器（ECD）是一种对有机氯农药具有一定的选择性、高灵敏度的色谱检测器。利用这一特点，可分别测出痕量的六六六、滴滴涕。

（2）高效液相色谱法　高效液相色谱法（HPLC）又叫高压或高速液相色谱，是用高压输液泵将具有不同极性的单一溶剂或不同比例的混合溶剂、缓冲液等流动相泵入装有固定相的色谱柱，经进样阀注入待测样品，由流动相带入柱内，在柱内各成分被分离后，依次进入检测器进行检测，从而实现对试样的分析。

高效液相色谱法有多种分类方法，按分离的机制不同可以分为以下几种类型：液-液色谱法、液-固色谱法、离子交换色谱法、离子对色谱法、空间排阻色谱法等。

5. 常用农药残留快速检测方法

（1）酶抑制法　有机磷与氨基甲酸酯农药是神经系统乙酰胆碱酯酶抑制物，可以利用农药靶标酶——乙酰胆碱酯酶（AChE）受抑制的程度来检测有机磷和氨基甲酸酯类农药。该方法目前已开发出了相应的各种速测卡和速测仪。采用该方法检测时，蔬菜中的水分、糖类、蛋白质、脂肪等物质不会对农药残留物的检测造成干扰，因此不必进行分离去杂，节省了大量预处理时间，从而能达到快速检测的目的。因此，该方法具有快速方便、前处理简单、无需仪器或仪器相对简单等优点，适用于现场的定性和半定量测定。目前的农药残留快速检测就是用了该方法，已成为农业部行业标准，标准号为 NY/T448—2001，名称为蔬菜上有机磷和氨基甲酸酯类农药残毒快速检测方法，但该方法只能用于测定有机磷和氨基甲酸酯类杀虫剂，其灵敏度和所使用的酶、显色反应时间和温度密切相关，经酶法检测出阳性后，需要标准仪器检验方法进一步检测，以鉴定残留农药品种及准确残留量。

①原理　在一定条件下，有机磷和氨基甲酸酯类农药对胆碱酯酶正常功能有抑制作用，其抑制率与农药的浓度呈正相关。正常情况下，酶催化神经传导代谢产物（乙酰胆碱）水解，其水解产物与显色剂反应，产生黄色物质，利用分光光度计在 142nm 处测定吸光度随着时间的变化值，计算出抑制率，通过抑制率可以判断出样品中是否有高剂量有机磷或氨基甲酸酯类农药的存在。

②试剂　pH8.0 缓冲溶液：分别取 11.9g 无水磷酸氢二钾与 3.2g 磷酸二氢钾，用 1 000mL 蒸馏水溶解。

显色剂：分别取 160mg 二硫代二硝基苯甲酸和 15.6mg 碳酸氢钠，用 20mL 缓冲溶液溶解，4℃冰箱中保存。

底物：取 25.0mg 硫代乙酰胆碱，加 3.0mL 蒸馏水溶解，摇匀后置 4℃冰箱中保存，保存期不超过两周。

乙酰胆碱酯酶：根据酶的活性情况，用缓冲液溶解，3min 的吸光度变化 DA_0 应控制在 0.3 以上。摇匀后置 4℃冰箱中保存，保存期不超过 4 天。

③仪器

分光光度计，常量天平，恒温水浴锅或恒温箱，冰箱。

④分析步骤

第一步：样品处理。选取有代表性的蔬菜样品，冲洗掉表面泥土，剪成 1cm 左右见方碎片，取样品 1g，放入烧杯或提取瓶中，加入 5mL 缓冲溶液，振荡 1~2min，倒出提取液，静置 3~5min，待用。

第二步：对照溶液测试。先于试管中加入 2.5mL 缓冲溶液，再加入 0.1mL 酶液、0.1mL 显色剂，摇匀后于 37℃放置 15min 以上。加入 0.1mL 底物，摇匀，此时检液开始显色反应，应立即放入仪器比色池中，记录反应 3min 的吸光度变化值 DA_0。

第三步：样品溶液测试。先于试管中加入 2.5mL 样品提取液，其操作与对照溶液测试相同，记录反应 3min 的吸光度变化值 DA_t。

⑤结果的计算

$$抑制率（\%）=\frac{DA_0-DA_t}{DA_0}\times100$$

式中，DA_0——对照溶液反应 3min 的吸光度变化值；

DA_t——样品溶液反应 3min 的吸光度变化值。

（2）快速测试卡法　农药残留快速测试卡法完全按照国标法（GB/T 5009.199—2003）操作使用，可用于农产品和环境中有机磷和氨基甲酸酯农药的检测，最低检测限一般为 0.1～1mg/kg，对部分农药残留的检测灵敏度超过其他产品的 10～100 倍，特别适用于蔬菜中农药残留的快速现场检测。

①原理　胆碱酯酶可催化靛酚乙酸酯（红色）水解为乙酸与靛酚（蓝色），有机磷或氨基甲酸酯类农药对胆碱酯酶有抑制作用，使催化、水解、变色的过程发生改变，由此可判断出样品中是否有高剂量有机磷或氨基甲酸酯类农药的存在。

②试剂　固化有胆碱酯酶和靛酚乙酸酯试剂的纸片（速测卡）。

pH7.5 缓冲溶液：分别取 15.0g 十二水合磷酸氢二钠与 1.59g 无水磷酸二氢钾，用 500mL 蒸馏水溶解。

③仪器　常量天平，恒温水浴锅或恒温箱。

④分析步骤　整体测定法：

第一步：选取有代表性的蔬菜样品，擦去表面泥土，剪成 1cm 左右见方碎片，放入带盖瓶中，加入 10mL 缓冲液，振摇 50 次，静置 2min 以上。

第二步：取一片速测卡，用白色药片蘸取提取液，放置 10min 以上进行预反应，有条件时在 37℃ 恒温装置中放置 10min。预反应后的药片表面必须保持湿润。

第三步：将速测卡对折，用手捏 3min 或用恒温装置恒温 3min，使红色药片与白色药片叠合发生反应。

注意：每批测定应设一个缓冲液的空白对照卡。

表面测定法（粗筛法）：

第一步：擦去蔬菜表面泥土，滴 2～3 滴缓冲液在蔬菜表面，用另一片蔬菜在滴液处轻轻摩擦。

第二步：取一片速测卡，将蔬菜上的液滴滴在白色药片上。

第三步：放置 10min 以上进行预反应，有条件时在 37℃ 恒温装置中放置 10min。预反应后的药片表面必须保持湿润。

第四步：将速测卡对折，用手捏 3min 或用恒温装置恒温 3min，使红色药片与白色药片叠合发生反应。

注意：每批测定应设一个缓冲液的空白对照卡。

⑤结果判定　结果以酶被有机磷或氨基甲酸酯类农药抑制（为阳性）、未抑制（为阴性）表示。与空白对照卡比较，白色药片不变色或略有浅蓝色均为阳性结果。白色药片变为天蓝色或与空白对照卡相同，为阴性结果。对阳性结果的样品，可用其他方法进一步确定具体农药品种和含量。

（3）化学法——速测灵法　新灵是快速检测有机磷农药残留化学抑制剂，特别是对剧毒农药甲胺磷、对硫磷、水胺硫磷、氧化乐果等有较高的灵敏度，农药溶液的检测极限是 1×10^{-6}，蔬菜果品的农药残留检测极限是 2×10^{-6}。凡经本试剂检测通过的蔬菜农药残留量确保 $\leqslant 4 \times 10^{-6}$，一般不会引起中毒事件。

①原理　通过研制有强催化作用的金属离子催化剂，使各类有机磷农药（膦酸酯、一硫代膦酸酯、二硫代膦酸酯、膦酰胺）在催化作用下水解为膦酸与醇。

②检测步骤

第一步：取洗脱液一瓶盖（约 2mL），加清水（洁净水）18mL，至包装盒内塑料测试盆中刻度线处。

第二步：取需测蔬菜上带柄舒展无伤口叶片 2～3 片，约 80cm^2。

第三步：取吸管吸取盆中水反复冲洗叶面。

第四步：静止 1min 后，倒上清液 5mL 至有刻度试管中。

第五步：用另一吸管吸取三角瓶中紫红色液体，滴入试管 1 滴，混匀；再将塑料瓶内黄色液体滴入 1 滴，混匀后静置 5～10min，观察颜色变化。

③结果判定　如果液体褪色，则表示有机磷农药残留超量，不能食用。

【任务实践】

实践一：园艺产品中有机氯类、拟除虫菊酯类农药多残留检测

1. 材料

分别从田间和农贸市场上购买的新鲜蔬菜水果（不少于 1 000g）。

2. 用具

（1）仪器设备　分析实验室常用仪器设备，食品加工器，旋涡混合器，匀浆机，氮吹仪，气相色谱仪，配有双电子捕获检测器（ECD），双塔自动进样器，双毛细管进样口。

（2）主要试剂　此方法所用试剂，凡未指明规格者，均为分析纯；水为蒸馏水。

乙腈，丙酮（重蒸），己烷（重蒸），氯化钠（140℃烘烤 4h），固相萃取柱［弗罗里矽柱（Florisil⑧），容积 6mL，填充物 1 000mg］，铝箔。

农药标准品，见表 2-4。

表 2-4　22 种有机氯农药及拟除虫菊酯类农药标准品

序号	中文名称	纯度	溶剂	组别
1	α-666	≥96％	正己烷	I
2	氯硝胺	≥96％	正己烷	III
3	β-666	≥96％	正己烷	I
4	林丹	≥96％	正己烷	II
5	δ-666	≥96％	正己烷	I
6	五氯硝基苯	≥96％	正己烷	II
7	百菌清	≥96％	正己烷	III
8	乙烯菌核利	≥96％	正己烷	II
9	三氯杀螨醇	≥96％	正己烷	II
10	三唑酮	≥96％	正己烷	III
11	o, p'-DDE	≥96％	正己烷	I
12	ρ, p'-DDE	≥96％	正己烷	I
13	o, p'-DDD	≥96％	正己烷	I
14	ρ, p'-DDD	≥96％	正己烷	I
15	o, p'-DDT	≥96％	正己烷	II
16	ρ, p'-DDT	≥96％	正己烷	I
17	异菌脲	≥96％	正己烷	I
18	甲氰菊酯	≥96％	正己烷	III
19	三氟氯氰菊酯	≥96％	正己烷	II
20	氯菊酯	≥96％	正己烷	III
21	氰戊菊酯	≥96％	正己烷	III
22	溴氰菊酯	≥96％	正己烷	III

（3）农药标准溶液配制　单个农药标准溶液：准确称取一定量农药标准品，用正己烷稀释，逐一配制成 22 种 1 000mg/L 单一农药标准贮备液，贮存在 −18℃ 以下冰箱中。使用时根据各农药在对应检测器上的响应值，吸取适量的标准贮备液，用正己烷稀释配制成所需的标准工作液。

农药混合标准溶液：将 22 种农药分为 3 组，按照表 2-4 中组别，根据各农药在仪器上的响应值，逐一吸取一定体积的同组别的单个农药储备液分别注入同一容量瓶中，用正己烷稀释至刻度，采用同样方法配制成 3 组农药混合标准贮备溶液。使用前用正己烷稀释成所需浓度的标准工作液。

3. 操作步骤

（1）试料制备 取不少于 1 000g 蔬菜水果样品，取可食部分，用干净纱布轻轻擦去样品表面的附着物，采用对角线分割法，取对角部分，将其切碎，充分混匀放入食品加工器粉碎，制成待测样，放入分装容器中备用。

（2）提取 准确称取 25.0g 试料放入匀浆机中，加入 50.0mL 乙腈，在匀浆机中高速匀浆 2min 后用滤纸过滤，滤液收集到装有 5～7g 氯化钠的 100mL 具塞量筒中，收集滤液 40～50mL，盖上塞子，剧烈震荡 1min，在室温下静止 10min，使乙腈相和水相分层。

（3）净化 从 100mL 具塞量筒中吸取 10.00mL 乙腈溶液，放入 150mL 烧杯中，将烧杯放在 80℃水浴锅上加热，杯内缓缓通入氮气或空气流，蒸发近干，加入 2.0mL 正己烷，盖上铝箔待检测。

将弗罗里矽柱依次用 5.0mL 丙酮＋正己烷（10＋90）、5.0mL 正己烷预淋条件化（通过以上步骤使柱子活化达到应定的条件即条件化），当溶剂液面到达柱吸附层表面时，立即倒入样品溶液，用 15mL 刻度离心管接收洗脱液，用 5mL 丙酮＋正己烷（10＋90）刷洗烧杯后淋洗弗罗里矽柱，并重复一次。将盛有淋洗液的离心管置于氮吹仪上，在水浴温度 50℃条件下，氮吹蒸发至小于 5mL，用正己烷准确定容至 5.0mL，在旋涡混合器上混匀，分别移入两个 2mL 自动进样器样品瓶中，待测。

（4）测定 色谱参考条件：

①色谱柱 预柱，1.0m，0.25mm 内径、脱活石英毛细管柱。分析柱采用两根色谱柱，分别为：

分析柱 A：100％聚甲基硅氧烷（DB-1 或 HP-1）柱，30m×0.25mm×0.25μm。

分析柱 B：50％聚苯基甲基硅氧烷（DB-l7 或 HP-50＋）柱，30m×0.25mm×0.25μm。

②温度 进样口温度，200℃。检测器温度，320℃。柱温，150℃（保持 2min）6℃/min 270℃（保持 8min，测定溴氰菊酯保持 23min）。

③气体及流量 载气：氮气，纯度≥99.999％，流速为 1mL/min。

④进样方式 分流进样，分流比 1＋10。样品一式两份，由双塔自动进样器同时进样。

色谱分析：由自动进样器吸取 1.0μL 标准混合溶液（或净化后的样品溶液）注入色谱仪中，以双柱保留时间定性，以分析柱 A 获得的样品溶液峰面积与标准溶液峰面积比较定量。

（5）结果计算

①定性　双柱测得的样品中未知组分的保留时间（RT）分别与标样在同一色谱柱上的保留时间（RT）相比较，如果样品中某组分的两组保留时间与标准中某一农药的两组保留时间相差都在±0.05min 内的可认定为该农药。

②定量计算　样品中被测农药残留量以质量分数计，数值以毫克每千克（mg/kg）表示，按此公式计算。

$$残留量 = \frac{V_1 \times A \times V_3}{V_2 \times As \times M} \times \varphi$$

式中：φ——标准溶液中农药的含量，mg/L；

A——样品中被测农药的峰面积；

As——农药标准溶液中被测农药的峰面积；

V_1——提取溶剂总体积；

V_2——吸取出用于检测的提取溶液的体积；

V_3——样品定容体积；

M——样品的质量。

计算结果保留三位有效数字。

（6）说明　此法规定了蔬菜和水果中 α-666、β-666、δ-666、o, p′-DDE、ρ, p′-DDE、o, p′-DDD、ρ, p′-DDD、o, p′-DDT、ρ, p′-DDT、异菌脲、五氯硝基苯、林丹、乙烯菌核利、三氯杀螨醇、三氟氯氰菊酯、氯硝胺、百菌清、三唑酮、甲氰菊酯、氯菊酯、氰戊菊酯、溴氰菊酯等 22 种有机氯类、拟除虫菊酯类农药多残留气相色谱检测方法。适用于蔬菜和水果中上述 22 种农药残留量的检测。

实践二：园艺产品中有机磷农药残留的检测

1. 材料

市场上购买的新鲜蔬菜、水果。

2. 用具

（1）仪器设备　组织捣碎机，粉碎机，旋转蒸发仪，气相色谱仪（附有火焰光度检测器，FPD）。

（2）主要试剂　丙酮、二氯甲烷、氯化钠、助滤剂 Cel5tc545。

农药标准品如下：

敌敌畏（DDVP）：纯度＞99％。

速灭磷（mevinphos）：纯度＞60％。

久效磷（monocrotophos）：纯度＞99％。

甲拌磷（phorate）：纯度＞98％。

巴胺磷（propetamphos）：纯度＞99％。

二嗪磷（diazinon）：纯度＞98％。

乙确硫磷（errimfos）：纯度＞97％。

甲基嘧啶磷（pirimiphos-methyl）：纯度＞99％。

甲基对硫磷（parathion-methyl）：纯度＞99％。

稻瘟净（kitazine）：纯度＞99％。

水胺硫磷（isocarbophos）：纯度＞99％。

氧化喹硫磷（po-quinalphos）：纯度＞99.6％。

稻丰散（phenthoate）：纯度＞99.6％。

甲唾硫磷（methdarhion）：纯度＞99.6％。

克线磷（phenamiphos）：纯度＞99.9％。

乙硫磷（ethion）：纯度＞99.9％。

乐果（dimethoate）：纯度＞99.0％。

喹硫磷（quinalphos）：纯度＞98.2％。

对硫磷（parathion）：纯度＞99.0％。

杀螟硫磷（fenitrothion）：纯度＞98.5％。

农药标准溶液的配制：分别准确称取上述标准品，用二氯甲烷为溶剂，分别配制成 1.0mg/mL 的标准贮备液，贮于冰箱（4℃）中，使用时根据各类农药品种的仪器响应情况，吸取不同量的标准贮备液，用二氯甲烷稀释成混合标准使用液。

3. 操作步骤

（1）试样的制备　水果、蔬菜试样洗净、晾干，去掉非食用部分制成待分析试样。

（2）提取　称取水果、蔬菜待分析试样 50.00g，置于 300mL 烧杯中，加入 50mL 水和 100mL 丙酮（提取液总体积为 150mL），用组织捣碎机提取 1～2min。匀浆液经铺有两层滤纸和约 10g Cel5tc545 的布氏漏斗减压抽滤。取滤液 100mL 移至 500mL 分液漏斗中。

（3）净化　向滤液中加入 10～15g 氯化钠使溶液处于饱和状态。猛烈振摇 2～3min，静置 10min，使丙酮与水相分层，水相用 50mL 二氯甲烷振摇 2min 再静置分层。

将丙酮与二氯甲烷提取液合并，经装有 20～30g 无水硫酸钠的玻璃漏斗脱水滤入 250mL 圆底烧瓶中，再以约 40mL 二氯甲烷分数次洗涤容器和无水硫酸钠。洗涤液也并入烧瓶中，用旋转蒸发器浓缩至约 2mL，浓缩液定量转移至 5～25mL 容量瓶中，加二氯甲烷定容至刻度。

（4）气相色谱测定　色谱参考条件：

①色谱柱。玻璃柱 2.6m×3mm（i. d），填装涂有 4.5%DC－200＋2.5%OV－17 的 ChmmosorbW A W DMCS（80～100 目）的担体。

玻璃柱 2.6m×3mm（i. d），填装涂质量分数 1.5%的 QF-1ChmmosorbW A W DMCS（60 目～80 目）。

②气体速度。氮气 50mL/min、氢气 100mL/min、空气 50mL/min。

③温度。柱箱 240℃、汽化室 260℃、检测器 270℃。

测定：吸取 2～5μL 混合标准液及试样净化液注入色谱仪中时间定性。以试样的峰高或峰面积与标准比较定量。

（5）结果计算　i 组分中有机磷农药的含量按下式进行计算，计算结果保留两位有效数字。

$$X_i = \frac{A_i}{A_{si}} \times \frac{V_1}{V_2} \times \frac{V_3}{V_4} \times \frac{E_{si}}{m} \times \frac{1000}{1000}$$

式中：X_i——i 组分有机磷农药的含量，mg/kg；

A_i——试样中 i 组分的峰面积，积分单位；

A_{si}——混合标准液中 I 给分的峰面积，积分单位；

V_1——试样提取液的总体积，mL；

V_2——净化用提取液的总体积，mL；

V_3——浓缩后的定容体积，mL；

V_4——进样体积，μL；

E_{si}——注入色谱仪中的 i 标准组分的质量，ng；

m——试样的质量，g

此方法的精密度要求是在重复性条件下获得的两次独立测定结果的绝对值不得超过算术平均值的 15%。

（6）说明　本法是我国检测有机磷农残的法定方法。由于气相色谱具有专门的磷检测器（火焰光度检测器），选择性好，灵敏度高。本方法规定了使用过敌敌畏、速灭磷、久效磷、甲拌磷、二咳磷、乙咳硫磷、甲基咬哇磷、甲基对硫磷、稻瘟净、水胺硫磷、氧化喹硫磷、稻丰散、甲陛硫磷、克线磷、乙硫磷、乐果、喹硫磷、对硫磷、杀螟琉磷等 20 种农药制剂的水果、蔬菜中的残留量分析方法。

实践三：园艺产品中氨基甲酸酯农药残留的检测

1. 材料

市场上购买的新鲜蔬菜、水果。

2. 用具

（1）主要仪器 波长为（410±3）nm专用速测仪，或可见分光光度计，电子天平（准确度0.1g），微型样品混合器，台式培养箱，可调移液枪（10～100μL，1～5mL），不锈钢取样器（内径2cm），配套玻璃仪器及其他配件等。

（2）主要试剂 pH8磷酸缓冲液，乙（丁）酰胆碱酯酶（**根据酶活性按要求用缓冲溶液，ΔA值为0.4～0.8**）。

底物：碘化硫代乙（丁）酰胆碱，用缓冲液溶解。

显色剂：二硫代三硝基苯甲酸（DTNB），用缓冲液溶解。

3. 操作步骤

（1）取样 用不锈钢管取样器取来自不同植株叶片（至少8～10片叶子）的样本，果菜从表皮至果内1cm～1.5cm处取样。

（2）检测过程 取2g切碎的样本（非叶菜取4g）放入提取瓶内，加入20mL缓冲液，振荡1～2min，倒出提取液，静置3～5min，于小试管内分别加入50μL酶，3mL样本提取液，50μL显色剂，于37～38℃下放置30min，后再分别加入50μL底物，倒入比色杯中，用仪器在波长为（410±3）nm进行比色测定。

（3）检测结果计算 检测结果按下式计算：

$$抑制率 = \frac{\Delta A_c - \Delta A_s}{\Delta A_c} \times 100\%$$

式中，ΔA_c——对照组3min后与3min前吸光度之差；

ΔA_s——本样3min后与3min前吸光度之差。

抑制率≥70%时，蔬菜中含有某有机磷或氨基甲酸酯类农药残留量，样本要有2次以上重复检测，几次重复检测的重现性应在80%以上。

（4）说明 本方法适用于叶菜类（除韭菜）、果菜类、豆菜类、瓜菜类、根菜类（除胡萝卜、茭白等）的甲胺磷、氧化乐果、对硫磷、甲拌磷、久效磷、倍硫磷、杀扑磷、敌敌畏、克百威、涕灭威、灭多威、抗蚜威、丁硫克百威、甲素威、丙硫克百威、速灭威、残杀威、异丙威等农药残留的快速检测。

【关键问题】

在样品的制备过程中应注意什么问题？

样品制备是农药残留分析中的重要部分，最费时、费力、经济花费大，其效果好坏直接影响到方法的检测限和分析结果的准确性。

一是样品的提取过程中，要选择与待测农药极性相似的溶剂，一般而言，极性较小的农药可以用石油醚、正己烷、环己烷等非极性或与极性溶剂混合的溶剂提取；极性较强的农药可以用极性溶剂或含水极性溶剂，如丙酮、甲醇等。

二是在样品的浓缩过程中，必须注意残留农药损失和样品污染两个问题。

三是样品的净化过程中，无论哪一种净化方法，都必须考虑时间和成本与检测限之间的关系。

【思考与讨论】

1. 样品的采集有哪些方法？
2. 痕量组分分析的技术要求有哪些？
3. 目前农药残留检测的主要技术有哪些？

【知识拓展】

1. 免疫分析检测技术

免疫分析方法的基本原理是利用抗原-抗体免疫反应来实现微量物质的检测，由于示踪物或标记物的不同，检测过程和实现手段相差很大。通常，根据标记物的不同，可以将免疫分析方法分为放射免疫分析法（RIA）、酶免疫分析法（EIA）、荧光免疫分析法（FIA）、免疫层析法（ICA）、发光免疫分析法（LCIA）等。

RIA 技术在早期建立的农药免疫分析方法中占了很大比重，建立了狄氏剂、艾氏剂等的检测方法，灵敏度较高，应用范围广，但是进行 RIA 需要使用昂贵的计数器，也存在放射辐射和污染的问题，目前逐步被其他免疫分析方法取代。

EIA 技术可以用于检测水、土壤、食品中的各种农药残留，方法简便、快速、前处理程序简化（无需净化），反应既可在试管中进行，也可在微孔板上进行；若在微孔板上进行，每次可分析几十个样品，且可同时做出标准曲线。在农药残留检测方面，目前应用最多、也是最为成熟的是酶联免疫吸附法（ELISA）。

目前，绝大多数的农药残留免疫分析技术研究主要是针对单一农药建立其特异性的免疫检测技术，然而，实际生产中农药残留的种类往往很多种，单农药组分免疫分析方法及相应的检测试剂盒已无法满足实际检测的需要。因此，国内外许多科学家正致力于将免疫化学技术应用于农药的多残留检测，并取得了较好的研究进展。

2. 农残检测的其他分析方法

（1）生物传感器　生物传感器的基本原理是待测物质经扩散作用进入生物

活性材料，经分子识别，发生生物学反应，产生的信息继而被相应的物理或化学换能器转变成可定量和可处理的电信号，再经二次仪表放大并输出，便可知道待测物浓度。

根据生物传感器中信号检测器上的敏感物质分类，可分为酶传感器、微生物传感器、组织传感器、免疫传感器和细胞传感器；根据生物传感器的换能器分类，可分为生物电极传感器、半导体生物传感器、光生物传感器、热生物传感器等。在农药残留检测中基本采用的是免疫传感器。

目前，生物传感器主要应用于食品工业、环境监测、发酵工业、医学领域等。随着技术的发展，未来的生物传感器将具有功能多样化、微型化、智能化、集成化、低成本、高灵敏度、高稳定性和高寿命的特点。

（2）分子印迹技术　分子印迹技术（molecular imprinting technique，MIT）是近年发展起来的一门结合高分子化学、材料科学、化学工程及生物化学的交叉学科技术。它利用分子印迹聚合物模拟酶-底物或抗体-抗原之间的相互作用，对印迹分子（也称模板分子）进行专一识别。

分子印迹聚合物具有特异的选择性和亲和力，可以为样品中农药残留的分析提供方便，在样品前处理上应用最多。在农药对象选择上，研究最多的是三嗪类农药，有机磷类农药的研究也有一些。总体而言，目前国内外有关农药残留分子印迹检测技术的发展还属于起步阶段，还有大量的研究工作正在进行中。

【任务安全环节】

1. 在减压或加压状态下使用玻璃器皿时，必须有防护屏，以防玻璃爆裂。

2. 实验室应该准备足够的安全眼镜、手套、防护服装、紧急清洗设施及处理遗漏的器材，主要是防止浓酸、浓碱类和其他易挥发性药品的危害。

3. 实验室必须有足够的消防装置。

4. 由于许多农药会使人急性或慢性中毒，因此在处理样品时要特别小心，谨防中毒。

【专业网站链接】

1. http：//www.aqsc.gov.cn　中国农产品质量安全网。

2. http：//www.haqi.gov.cn　河南省质量技术监督局。

3. http：//www.agri.cn　中国农业信息网。

4. http：//www.haagri.gov.cn/htmL　河南农业信息网。

5. http：//www.farmer.com.cn　中国农业新闻网。

6. http：//spaq. neauce. com　中国食品安全检测网。

【数字资源库链接】

1. 中华人民共和国农业行业标准，NY/T 762—2004，蔬菜农药残留检测抽样规范。

2. http：//www. jingpinke. com/国家精品课程资源网。

3. http：//book. douban. com/subject/2200109/豆瓣读书（园艺产品质量检验）。

任务二　园艺产品亚硝酸盐与硝酸盐的检验分析

【案例】

四川省南充南部县发生过一起亚硝酸盐食物中毒事件，14 名市民购买食用卤制鸡鸭后出现呕吐、头晕等症状，后经及时治疗才得以脱离生命危险。

这并非食品安全孤案，打开四川省食品安全监管档案，因消费者误将亚硝酸盐当作食用盐食用或非法商贩故意添加亚硝酸盐而导致中毒甚至死亡的案例屡有发生。据了解，亚硝酸盐因具有对肉制品进行增色、防腐等功效而被广泛使用，而只要含量在安全范围内，不会对人产生危害，但一次性食入 0.2～0.5g 亚硝酸盐就会引起轻度中毒，食入 3g 会引起重度中毒。中毒后造成人体组织缺氧，严重时甚至引起死亡。

"亚硝酸盐可以使肉制品呈现一种漂亮的鲜红色，肉类具有独特的风味，而且能够抑制有害的肉毒杆菌的繁殖和分泌毒素。"省食品安全专家委员会专家分析，正是这一功效，导致有个别不合法、不正当经营的烧烤店会在烤串中添加过量的亚硝酸盐，主要利用亚硝酸盐在肉制品加工中的作用：发色、防腐、改善风味和抗氧化。

四川日报　2015-7-1

思考 1：食品中为什么要添加亚硝酸盐？
思考 2：亚硝酸盐的危害有哪些？

案例评析：

1. 食品中添加亚硝酸盐的原因

亚硝酸盐，是一类无机化合物的总称，主要是指亚硝酸钠。亚硝酸钠为白色至淡黄色粉末或颗粒状，味微咸，易溶于水。外观及滋味都与食盐相似，并在工业、建筑业中广为使用，肉类制品中也允许作为发色剂限量使用。亚硝酸盐作为肉制品护色剂，可与肉品中的肌红蛋白反应生成玫瑰色亚硝基肌红蛋白，增进肉的色泽；还可增进肉的风味和防腐剂的作用，防止肉毒梭菌的生长和延长肉制品的货架期。

2. 亚硝酸盐的危害

虽然在食品加工生产中，亚硝酸盐作为一种护色剂可以在允许用量范围内适当添加，但是，由亚硝酸盐引起食物中毒的概率较高。

亚硝酸盐本身并不致癌，但在烹调或其他条件下，肉品内的亚硝酸盐可与氨基酸降解反应，生成有强致癌性的亚硝胺。亚硝酸盐引起的中毒可分为急性中毒和慢性中毒。急性中毒多数是由于将亚硝酸盐误作食盐、面碱等食用引起，当人体吸收过量亚硝酸盐，会影响红细胞的运作，使血液不能运送氧气，口唇、指尖会变成蓝色，即俗称的"蓝血病"，严重会令脑部缺氧，甚至死亡。一般一次性食入 0.2～0.5g 亚硝酸盐就会引起轻度中毒，食入 3g 会引起重度中毒。慢性中毒主要是因为食用硝酸盐或亚硝酸盐含量较高的腌制肉制品、泡菜及变质的蔬菜引起的，可因呼吸衰竭而死亡。

【知识点】

1. 园艺产品中硝酸盐、亚硝酸盐的来源

（1）过量施用氮肥　新鲜蔬菜中硝酸盐和亚硝酸盐最主要的来源就是过量施用氮肥，如硝酸钠、硝酸钾、硝酸铵等。蔬菜施用过多氮肥后，未被蔬菜吸收利用的部分就以硝酸盐的形式贮存在蔬菜中。摄入人体后，硝酸盐在体内可以转变成亚硝酸盐。研究表明，外界硝酸盐进入体内后，其中 98％ 在胃和肠道上段被吸收，经血液循环在唾液腺浓集后主动分泌到唾液中，而唾液中的硝酸盐在一定的条件下可被还原成亚硝酸盐。

（2）腌渍蔬菜制品　泡菜、腌菜、咸菜、酱菜等腌渍蔬菜制品已成为一种特殊风味食品被广大消费者接受。由于生鲜叶菜中会含有一定量的硝酸盐，在腌渍过程中，硝酸盐被还原成亚硝酸盐，随后自然分解。研究家庭腌制酸菜显示，随着发酵时间的延长，酸菜中亚硝酸盐含量不断上升，至 6 天达到最高，随后会逐渐下降，20 天后基本彻底分解。如果不注意食用时间，就会摄入过量的亚硝酸盐。

（3）剩菜及发霉和腐烂蔬菜　吃剩菜是我国普遍存在的一个现象，而剩菜中亚硝酸盐含量增多是众多家庭容易忽视的一个问题。烹调熟制好的蔬菜中营养成分更容易被微生物吸收利用而大量繁殖，其产生的硝酸盐还原酶可以把蔬菜中的硝酸盐还原成亚硝酸盐。而放置时间过长的叶菜会发黄、发霉、腐烂，也会滋生大量微生物，同样会产生硝酸盐还原酶可以把蔬菜中的硝酸盐还原成亚硝酸盐，导致亚硝酸盐含量的增多。

2. 硝酸盐、亚硝酸盐测定的常用方法

国内外有多种检测硝酸盐、亚硝酸盐的方法，主要包括光谱法、色谱法、电化学法、生物传感器法、示波极谱法、快速检测法等。

（1）光谱法　测定蔬菜中硝酸盐和亚硝酸盐含量的国标方法是镉柱法。镉柱法虽然结果准确，但是操作复杂，时间较长，不适宜大批量样品的检测，且其还原剂镉对环境构成很大威胁。盐酸萘乙二胺法（GB/T 5009.33—2003）是测定肉及肉制品中亚硝酸盐的典型方法，用于蔬菜中亚硝酸盐检测时需对样品预处理方法进行改进。目前已建立了适用于水样、食品、蔬菜样品中亚硝酸根测定的可见分光光度法。可见分光光度法又分为直接显色法和重氮偶合显色法。

（2）色谱法　目前较常用的色谱法主要是高效液相色谱法和离子色谱法。色谱法准确度高、精确度好，而且可以同时测定蔬菜中痕量的 NO_3^- 和 NO_2^-。但是测定速度较慢，只有在测定大批量样品时才能体现出优势。而且色谱法一般需要昂贵的仪器，因此这类方法不易普及。

（3）电化学法　采用 NO_3^- 离子选择性电极测定蔬菜中硝酸盐含量是硝酸盐分析方法的重要发展趋势。该方法所用设备简单，分析速度快，测定硝酸根的线性范围较宽，但是该法费用较高，且只能检测硝酸盐，影响结果准确性的因素较多。

（4）快速检测法　目前，硝酸盐快速检测方法主要有硝酸盐电极法、硝酸盐比色法、硝酸盐试粉法和硝酸盐试纸法。由于快速检测方法可直接现场采样、现场测定，操作简便，成本低，可在 4min 内得到可靠的结果，近年来得到迅速广泛的应用。

3. 亚硝酸盐测定的特殊方法——N-亚硝胺总量的比色测定法

（1）原理　本法是挥发性 N-亚硝胺总量的测定方法。根据亚硝胺的物化性质，食品中挥发性亚硝胺采用夹层保温水蒸气蒸馏纯化挥发性亚硝胺，然后经过紫外光照射下分解释放为亚硝酸根。通过强碱离子交换树脂浓缩，在酸性条件下与对位氨基苯磺酸形成重氮盐，进而与 N-萘乙烯二胺二盐酸盐形成红色偶氮染料，颜色深浅与亚硝胺的含量成正比，因而根据颜色的深浅，可以比色定量。

由于二甲胺与亚硝酸盐在酸性条件下能结合生产亚硝胺，为了了解亚硝酸盐的含量，同样采用亚硝胺测定中使用的离子交换浓缩，然后再洗脱，进行重氮化偶合反应，比色测定亚硝酸根的含量。

（2）试剂与仪器　仪器：分光光度计、紫外灯。

试剂：磷酸缓冲溶液（0.1mol/L pH7.0）：吸取 0.1mol/L 磷酸氢二钠 61mL 和 0.1mol/L 磷酸二氢钠 39mL，混合而成。30％醋酸溶液。0.5mol/L 氢氧化钠溶液。

显色试剂：显色剂 A，1％对位氨基苯磺酸的 30％醋酸溶液；显色剂 B，0.2％ N-萘乙烯二胺二盐酸盐的 30％醋酸溶液；显色剂 C，1％对位氨基苯磺酸的 1.7mol/L 盐酸溶液；显色剂 D，1％ N-萘乙烯二胺二盐酸盐溶液。

盐酸溶液（1.7mol/L）。

二乙基亚硝胺标准溶液（100μg/mL）。

亚硝酸钠标准溶液（100μg/mL）。

强碱离子交换树脂交联度8，粒度 150 目。

正丁醇饱和的 1mol/L 氢氧化钠溶液。

10％硫酸锌溶液。

（3）操作方法

①挥发性 N-亚硝胺总量的测定

亚硝胺标准曲线的绘制：准确吸取每毫升相当于 100μg 的亚硝胺标准溶液 0、0.02、0.04、0.06、0.08、0.1mL，分别移入小培养皿中，并分别加入 pH 7.0 的磷酸缓冲液，使每份反应溶液的总体积达 2.0mL。摇匀后在紫外光下照射 1min，按顺序加入 0.5mL 显色剂 A，摇匀后再加入 0.5mL 显色剂 B，待溶液呈玫红色后，分别在分光光度计 550nm 波长下，测定吸光度，绘制标准曲线。

样品溶液的制备：液体样品，视样品中亚硝胺的含量称取样品 10～20g，移入 100mL 容量瓶中，加入氢氧化钠溶液使其最后浓度为 1mol/L，摇匀后，过滤，收集滤液待测定。固体样品，经捣碎或研磨均匀的样品 20g，加入正丁醇饱和的 1mol/L 氢氧化钠溶液，移入 100mL 容量瓶中，加至刻度，摇匀，浸泡过夜，离心取上清液待测定。

测定：吸取样品的清液 50mL，移入蒸馏瓶内进行夹层保温水蒸气蒸馏，收集 25mL 馏出液，用 30％醋酸调至 pH 3～4。再移入蒸馏瓶内进行夹层保温水蒸气蒸馏，收集 25mL 馏出液，用 0.5mol/L 氢氧化钠溶液调至 pH 7～8。

将馏出液在紫外光下照射 15min，通过强碱性离子交换（1×0.5cm）浓缩，经少量水洗后，用 1mol/L 氢氧化钠溶液洗脱亚硝酸离子，分管收集洗脱液（每管 1mL），至收集洗脱液加入显色剂不显色为止。各管中加入 1mL pH 7.0 的磷酸缓冲液，0.5mL 显色剂 B，以下操作同标准曲线的绘制。根据测得的吸光度从标准曲线查得每管亚硝胺的含量，计算总含量。

结果计算：

$$挥发性 N-亚硝胺（\mu g/kg）=\frac{C}{W}\times 1000$$

式中：C——相当于标准的量，μg；

W——测定时样品溶液相当于样品的量，g。

②亚硝酸盐的测定 亚硝酸盐标准曲线的绘制：准确吸取每毫升相当于 $100\mu g$ 的亚硝酸钠标准溶液 0、0.02、0.04、0.06、0.08、0.1mL，分别移入比色管中，并分别加水使每份反应溶液的总体积达 9.0mL，加入 0.5mL 显色剂 C，摇匀后再加入 0.5mL 显色剂 D，摇匀，分别在分光光度计 550nm 波长下，测定吸光度，绘制标准曲线。

样品处理：液体样品，称取样品 5g，用水移入 100mL 容量瓶中，加入 30%氢氧化钠溶液，调节溶液呈中性，加入 10%硫酸锌溶液 0.5mL，加水至刻度，离心除去沉淀，溶液待测定。固体样品，经捣碎或研磨均匀的样品 5g，用水移入 100mL 容量瓶中，在 60℃水浴上提取半小时，滴加 10%硫酸锌溶液 5mL，加水至刻度，离心除去沉淀，上清液待测定。

测定：吸取上清液 10mL，用氢氧化钠溶液调节溶液 pH7.0。通过强碱性离子交换（1×0.5cm）浓缩，经少量水洗后，用 1mol/L 氢氧化钠溶液洗脱亚硝酸离子，分管收集洗脱液（每管 9mL），收集 2～3 管，加入 0.5mL 显色剂 C，摇匀后再加入 0.5mL 显色剂 D。以下操作同标准曲线的绘制。根据测得的吸光度从标准曲线查得对应亚硝酸盐的含量，对照样品用水经树脂交换，洗脱，显色。计算亚硝酸盐总含量。

结果计算：

$$亚硝酸盐（mg/kg）=\frac{C}{W}\times 1000$$

式中：C——相当于标准的量，mg；

W——测定时样品溶液相当于样品的量，g。

【任务实践】

实践一：园艺产品中亚硝酸盐的测定——盐酸萘乙二胺法

1. 材料

新鲜蔬菜或水果。

2. 用具

（1）试剂

亚铁氰化钾溶液：称取 106.08g 亚铁氰化钾用水溶解并稀释至 1 000mL。

乙酸锌溶液：称取 220.0g 乙酸锌加 30mL 冰乙酸溶于水，并稀释至1 000mL。

饱和硼砂溶液：称取 5.0g 硼酸钠溶于 100mL 热水中，冷却后备用。

对氨基苯磺酸溶液（4g/L）：称取 0.4g 氨基苯磺酸，溶于 100mL 20%盐酸中，置棕色瓶混匀，避光保存。

盐酸萘乙二胺溶液（2.0g/L）：称取 0.2g 盐酸萘乙二胺，溶于 100mL 水中，混匀后，置棕色瓶中，避光保存。

亚硝酸钠标准溶液：准确称取 0.100 0g 于硅胶干燥器中下干燥 24h 的亚硝酸钠，加水溶解移入 500mL 容量瓶中，加水至刻度，混匀。此溶液每毫升相当于 200μg 的亚硝酸钠。

亚硝酸钠标准使用液：临用前，吸收亚硝酸钠标准液 5.00mL，置于200mL 容量瓶中，加水稀释至刻度，此溶液每毫升相当于 5.0μg 亚硝酸钠。

（2）主要仪器　组织捣碎机、分光光度计。

3. 操作步骤

（1）试样处理　称取 5.0g 经捣碎混匀的试样，置于 50mL 烧杯中，加12.5mL 硼砂饱和液，搅拌均匀，以 70℃ 左右的水约 300mL 将试样洗入500mL 容量瓶中，于沸水浴中加热 15min，取出后冷却至室温，然后一面转动，一面加入 5mL 亚铁氰化钾溶液，摇匀，再加入 5mL 乙酸锌溶液，以沉淀蛋白质。加水至刻度，摇匀，放置 0.5h，除去上层脂肪，清液用滤纸弃去初滤液 30mL，滤液备用。

（2）测定　吸取 40.0mL 上述滤液于 50mL 带塞比色管中，另吸取 0、0.20、0.40、0.60、0.80、1.00、1.50、2.00、2.50mL 亚硝酸钠标准使用液（相当于 0、2、3、4、5、7.5、10、12.5μg 亚硝酸钠），分别置于 50mL 带塞比色管中。标准管与试样管中分别加入 2mL 对氨基苯磺酸溶液（4g/L），混匀，静置 3～5min 后加入 1mL 盐酸萘乙二胺溶液（2g/L），加水至刻度，混匀，静置 15min，用 2cm 比色杯，以标准管零管调节零点，于波长 538nm 处测吸光度，绘制标准曲线比较，同时做试剂空白。

（3）结果计算　试样中亚硝酸盐的含量可按下式计算。计算结果保留两位有效数字。在重复条件下获得的两次独立测定结果的绝对差值不得超过算术平均值的 10%。

$$X = \frac{A \times 1000}{m \times \dfrac{V_2}{V_1} \times 1000}$$

式中：X——试样中亚硝酸盐的含量，mg/kg；

m——试样质量，g；

A——测定用样液中亚硝酸的质量，μg；

V_1——试样处理液总体积，mL；

V_2——测定用样液体积，mL。

实践二：蔬菜中硝酸盐的测定——试纸法

1. 材料

新鲜蔬菜。

2. 用具

（1）试剂　硝酸钾：优级纯。

硝酸-盐标准溶液（1 000μg/mL）：准确称取硝酸钾（KNO_3）（110℃烘2h）1.629 0g，用去离子水定容至1 000mL，即得到1 000μg/mL的硝酸盐标准溶液，此溶液为1 000ug/mL的NO_3^-。

（2）主要仪器　实验室常规仪器、设备，以及下列各项：

硝酸盐试纸便携式检测仪（1μg/mL），硝酸盐试纸（范围4～60μg/mL），组织捣碎机，可调电热恒温水浴锅，分析天平（精确至0.1mg），不锈钢剪刀或菜刀。

3. 操作步骤

（1）提取　将新鲜蔬菜擦去或用去离子水洗掉表面泥土后，用滤纸吸干水分，用四分法取可食部分，切碎，含水分高的蔬菜直接用组织捣碎机均质后制成匀浆，含水分低的蔬菜按适当比例（通常1：1）加入一定量水，用组织捣碎机均质后制成匀浆。

根据试样中硝酸盐含量高低，准确称取以上匀浆5.0～20.0g，放入100mL烧杯中，加入50mL热水（70～80℃），于电热恒温水浴锅沸水加热15min，取出冷却至室温后转入100mL比色管或容量瓶中定容，摇匀静置，用定量滤纸过滤，收集提取液备用。

（2）测定　硝酸盐标准曲线制备：用移液管吸取硝酸盐标准溶液（1 000μg/mL）0.5、1.0、2.0、4.0、6.0mL，分别放入100mL容量瓶中，用去离子水定容，配成5、10、20、40、60μg/mL系列标准工作液，把硝酸盐试纸放入标准溶液（10～40℃）2s，确保硝酸盐试纸反应区被完全浸泡于标准溶液；取出硝酸盐试纸打开检测仪，甩掉试纸上多余的样液，按下测定开关，仪器倒计时，在50s后，把反应变色的试纸放入硝酸盐检测仪中测定硝酸盐含量，60s后于硝酸盐检测仪读取硝酸盐测定值（μg/mL），绘制标准曲线。

②试样测定　试样提取液进行适当稀释（NO_3^-含量控制在4～50μg/mL

范围）后，把硝酸盐试纸放入试样提取液（10~40℃）2s，确保硝酸盐试纸反应区被完全浸泡于试样提取液；取出硝酸盐试纸，打开检测仪，甩掉试纸上多余的样液，按下测定开关，仪器倒计时，在 50s 后，把反应变色的试纸放入硝酸盐检测仪中测定硝酸盐含量，60s 后于硝酸盐检测仪读取硝酸盐测定值（$\mu g/mL$）。

通过标准曲线计算出试样提取液硝酸盐测定值 c（以 NO_3^- 计）。

③空白试验　用去离子水代替试样，按上面的步骤做空白试验。

（3）结果计算　样品中硝酸盐含量（以 NO_3^- 计）以 mg/kg 表示，按下式计算

$$X=\frac{(C-C_0)\times V\times 1000}{m\times 1000}$$

式中：X——样品中硝酸盐含量，mg/kg；

　　　c——试样提取液硝酸盐含量，mg/mL；

　　　c_0——空白试验硝酸盐含量，mg/mL；

　　　V——最终试样定容体积数，mL；

　　　m——最终试样的质量，g。

结果用平行测定结果的算术平均值表示，计算结果表示到小数点后一位。同一样品两次平行测定结果的误差，不得超过平均值的 10%。

【关键问题】

如何减少园艺产品中的硝酸盐积累

影响果蔬产品中硝酸盐积累的因素可分为内部因素和外部因素。其中，内部因素包括园艺产品种类、品种、部位及生长阶段等；外部因素主要包括光照、温度、施肥等环境因素。

蔬菜中硝酸盐和亚硝酸盐的污染主要来自化学肥料，尤其是氮肥的施用。氮肥施用过多，作物吸收氮素的速度大于作物体内硝态氮还原的速度，硝态氮就会在作物体内积累。因此，为了减少园艺产品中硝酸盐类的积累，一是在品种类型的选择上要加以区别，同时考虑不同的产品部位以及收获时间；二是在栽培管理过程中，适当施用化学肥料，同时配以合适的光温条件控制。

【思考与讨论】

1. 园艺产品中硝酸盐与亚硝酸盐的主要来源有哪些？

2. 园艺产品中硝酸盐与亚硝酸盐的主要测定方法有哪些？

【知识拓展】

硝酸盐、亚硝酸盐测定的其他常用方法

1. 生物传感器法

用硝酸盐还原酶还原-比色测定硝酸盐、亚硝酸盐法是利用硝酸盐还原酶将硝酸盐还原亚硝酸盐，后者发生重氮化偶合反应。目前，用纯化的硝酸盐还原酶或微生物细胞酸含量的硝酸盐还原酶的方法来快速测定食品中亚硝酸盐的含量是国内外研究热点。

生物传感器的特点：

（1）生物传感器是一种经济、简便的检测方法，一般不需要进行样品的预处理，测定时一般不需要另外添加其他试剂。

（2）专一性强，只对特定物质起反应，且不受颜色、浊度的影响，灵敏度高、选择性及抗干扰能力强。

（3）体积小便于携带，可以实现连续在线监测和现场检测。

（4）操作系统比较简单，容易实现自动分析，准确度高，一般相对误差可以达到1%。

（5）样品用量小，响应快，并且由于敏感材料是固定化的，可以反复使用多次。

（6）生物传感器应用中得到的信息量大，可以用于指导生产。

2. 示波极谱法

示波极谱法是指在特殊条件下进行电解分析，以测定电解过程中所得到的电流-电压曲线来做定量定性分析的电化学方法。示波极谱法是新的极谱技术之一，该方法的优点是灵敏度高、适用范围广、检出限低和测量误差小等。示波极谱法的原理是将样品经沉淀蛋白质、去除脂肪后，在弱酸条件下亚硝酸盐与对氨基苯磺酸重氮化后，在弱碱条件下再与8-羟基喹啉偶合成染料，该偶合染料在汞电极上还原产生电流，电流与亚硝酸盐浓度呈线性关系，可与标准曲线定量。在示波极谱仪上采用三电极体系，即以滴汞电极为工作电极，饱和甘汞电极为参比电极，铂电极为辅助电极进行测定。测定时需要注意显色条件的严格控制、8-羟基喹啉溶液的配制及样品的前处理。该法的检测限是 3×10^{-9} g/mL。

3. 速测盒法

速测盒法作为一种快速的现场检测方法，其特点是操作简单、携带方便、价格便宜、检测快捷，并具有一定的选择性、准确性和灵敏度，对指导生产及控制市场流通质量、保障食品安全具有一定的实际意义，同时也具有广泛的应

用价值和市场开发前景。其原理是将试剂铂做成药片。亚硝酸盐与药片中的对氨基苯磺酸重氮化后，再与药片中的盐酸 N-（1-萘基）乙二胺偶合，形成玫瑰红色偶氮染料，颜色的深度与亚硝酸盐的浓度成正比，与标准色卡比较定量。该法可以用于肉制品、腌菜及酱腌菜中硝酸盐的检测。

【任务安全环节】

1. 在减压或加压状态下使用玻璃器皿时，必须有防护屏，以防玻璃爆裂。

2. 实验室应该准备足够的安全眼镜、手套、防护服装、紧急清洗设施以及处理遗漏的器材，主要是防止浓酸、浓碱类和其他易挥发性药品的危害。

3. 实验室必须有足够的消防装置。

【专业网站链接】

1. http：//www. aqsc. gov. cn　中国农产品质量安全网。

2. http：//www. haqi. gov. cn　河南省质量技术监督局。

3. http：//www. agri. cn　中国农业信息网。

4. http：//www. haagri. gov. cn/html　河南农业信息网。

5. http：//www. farmer. com. cn　中国农业新闻网。

【数字资源库链接】

1. http：//www. jingpinke. com　国家精品课程资源网。

2. http：//book. douban. com/subject/2200109　豆瓣读书（园艺产品质量检验）。

任务三　园艺产品重金属的检验分析

【案例】

科技是一把双刃剑，20 世纪以来科学技术迅猛发展，促进了经济的发展，提高了人民的生活水平，然而，与此同时，人类也付出了惨重的代价。由于工业"三废"机动车尾气的排放，污水灌溉，农药、除草剂、化肥等的使用以及矿业的发展，严重地污染了土壤、水质和大气。

1989 年中国有色冶金工业向环境中排放重金属 Hg 为 56t，Cd 为 88t，As 为 173t，Pb 为 226t。美国科学家对一些公路及城市的土壤进行过化学分析，发现其中铅的含量出奇的高，达到最大允许量的几十倍，甚至几百倍。2004 年，夏厚林等人根据中国药典 2000 版一部附录重金属检查法及对外贸易经济合作部颁布的《药用植物及制剂进出口绿色行业标准》中有关铅、镉、汞的测定法，测定了元胡止痛片中重金属总量，结果铅、镉、汞含量均有不同程度的超标。孟加拉国的 12 500 万人口中有 3 500 万～7 700 万人在饮用被污染的水。重金属污染如今已相当严重，其对环境和生物的危害极大，同时，其易通过食物链而富集，因此，已经引起了世界各国科学家的高度重视，解决这个问题已迫在眉睫。

思考 1：什么是重金属？什么是重金属污染？

思考 2：重金属污染的特点有哪些？

思考 3：重金属污染的来源有哪些？

案例评析：关于重金属污染的基本认识

1. 重金属与重金属污染

（1）重金属的定义　重金属通常是指比重大于 $5g/cm^3$ 的金属，包括金、银、铜、铁、铅等，重金属在人体中累积达到一定程度，会造成慢性中毒。在环境污染方面所说的重金属主要是指汞（水银）、镉、铅、铬以及类非金属砷等生物毒性显著的重元素。重金属不能被生物降解，相反却能在食物链的生物放大作用下，成千百倍地富集，最后进入人体。重金属在人体内能和蛋白质及酶等发生强烈的相互作用，使它们失去活性，也可能在人体的某些器官中累积，造成慢性中毒。

（2）重金属污染的定义　重金属污染是指由重金属或其化合物造成的环境污染。如日本的水俣病是由汞污染所引起的。其危害程度取决于重金属在环境、食品和生物体中存在的浓度和化学形态。重金属污染主要表现在水污染中，还有一部分是在大气和固体废物中。

2. 重金属污染的特点

（1）自然性　由于工业活动的发展，铅、镉、汞、砷等重金属富集在人类周围环境中，通过大气、水、食品等进入人体，在人体某些器官内积累，最终危害人体健康。

（2）毒性　重金属毒性强弱主要与其存在性质和化学形态有关。重金属元素的存在形式不同，在动物消化道内的吸收率不同，呈现的毒性也不同。另外，重金属元素的毒性与其化学形态有关，如铬有二价、三价和六价三种形式，其中六价铬的毒性很强，而三价铬是人体新陈代谢的重要元素之一。

（3）时空分布性　污染物进入环境后，随着水和空气的流动，被稀释扩散，可能造成点源到面源更大范围的污染，而且在不同空间位置上，污染物的浓度和强度分布随着时间的变化而不同。

（4）活性和持久性　活性和持久性表明污染物在环境中的稳定程度。活性高的污染物质，在环境中或在处理过程中易发生化学反应，毒性降低，但也可能生产比原来毒性更强的污染物，构成二次污染。持久性则表示有些污染物能长期保持其危害性，如铅、镉等具有毒性且在自然界难以降解，并可产生生物积蓄，长期威胁人类的健康和生存。

（5）生物不可分解性　大多数重金属在环境中非常稳定，不能被分解，因此重金属污染一旦发生，治理更难，污染更大。

（6）生物累积性　生物累积性包括两个方面：一是污染物在环境中通过食物链和化学物理作用而累积；二是污染物在人体某些器官组织中由于长期摄入而积累。

（7）对生物体作用的加和性　多种污染物质同时存在，重金属元素之间存在错综复杂的相互关系，有些表现为相互协同，有些为相互拮抗，如硒和汞可形成配合物，降低汞的毒性；而铜可以增加汞的毒性。砷与铅也表现为协同作用。

3. 重金属污染的来源

（1）土壤及灌溉水污染　我国"三废"处理率不到 30%，工业"三废"排放到环境中的重金属通过机械搬运、溶解、沉淀、凝集、络合吸附等物理、化学作用进入水体和土壤中后，被农作物根系吸收。

（2）大气沉降污染　大气沉降污染主要是指经过空气、排放气体或水蒸气中携带的气载重金属污染物质，以及烟囱或管道排放出的烟尘。此外，工业生产中的不定期释放物也是大气污染的重要来源。

（3）农药、农业化肥等的不合理使用　在我国，农业生产对农产品中重金属的含量起着相当重要的影响。有些农药中含砷、锌、铅等重金属，或某些肥料如磷肥在生产中的大量使用，也会增加农产品中钴元素的含量。另外，农用塑料薄膜生产中使用的热稳定剂往往含有铬和铅等，在大量使用塑料大棚和地膜的过程中都会造成重金属对土壤的污染，进而使农作物富集大量重金属。

（4）农产品在贮藏加工过程中被重金属污染　如使用重金属含量高的器具贮藏或者加工机械上的管道，加工用水、容器及食品添加剂重金属含量高等均会导致污染。

【知识点】

1. 重金属元素的毒性及危害

农产品中对人体安全性有影响的有毒金属元素较多，有些在较低摄入情况下即对人体产生明显的毒性作用，如铅、镉、汞等；有些甚至包括必需元素，如锰、锌、铜等过量摄入时也会对人体产生毒害作用或潜在危害。我国的《重金属污染综合防治"十二五"规划》将汞、镉、铅、铬和类金属砷作为"十二五"期间重点控制的重金属元素。

（1）汞　目前在工农业生产和医疗卫生行业，汞及其化合物被广泛应用，并且会通过废水、废气、废渣等污染环境。含汞的废水排入江河湖海后，其中所含的金属汞或无机汞可以在水体某些微生物的作用下转变成毒性更强的有机汞，并由食物链的生物富集作用而在鱼体内达到很高的含量。20世纪50年代日本发生的水俣病，就是因为当地渔民长期食用被甲基汞污染的鱼类引起的慢性汞中毒事件。

汞是一种强蓄积性毒物。金属汞慢性中毒的临床表现，主要是神经性症状，有头痛、头晕、肢体麻木和疼痛、肌肉震颤、运动失调等；急性中毒可诱发肝炎和血尿等症状。

（2）镉　镉广泛应用于电镀工业、化工业、电子业和核工业等领域。镉是炼锌业的副产品，主要用在电池、染料或塑胶稳定剂，它比其他重金属更容易被农作物所吸附。相当数量的镉通过废气、废水、废渣排入环境，造成污染。污染源主要是铅锌矿，以及有色金属冶炼、电镀和用镉化合物做原料或触媒的工厂。植物性产品中镉污染相对较小，但谷物、豆类、洋葱及萝卜等蔬菜污染较严重。

镉中毒主要是吸入镉烟尘或镉化合物粉尘引起。一次大量吸入可引起急性肺炎和肺水肿；慢性中毒引起肺纤维化和肾脏病变，长期过量接触镉，主要引起肾脏损害，极少数严重的晚期病人可出现骨骼病变。日本神通川流域曾发生过"痛痛病"，就是由于镉污染通过食物链进入人体引起的骨骼系统病变的慢性疾病。

（3）铅　铅在环境中分布很广，土壤、水、空气中均有存在。铅是日常生活和工业生产中使用最广泛的金属。环境中某些微生物会把无机铅转变成毒性更强的有机铅。植物可通过根部吸收土壤中的铅。

铅是一种慢性和积累性毒物，不同的个体敏感性很不相同，对人来说铅是一种潜在性泌尿系统致癌物质。铅对神经系统、骨髓造血系统、生殖系统等也有较大的毒性，长期接触铅及其化合物会导致心悸，易激动，血象红细胞增多。铅侵犯神经系统后，出现失眠、多梦、记忆减退、疲乏，进而发展为狂躁、失明、神志模糊、昏迷，最后因脑血管缺氧而死亡。儿童铅中毒在国外被称为"隐匿杀手"，过量铅摄入会影响其生长发育，导致智力低下。

（4）铬　铬广泛存在于自然界中，来源主要是岩石风化。铬在环境中的不同条件下有不同的价态，其化学行为和毒性也不一样，铬中毒主要是六价铬中毒。

铬是人体内必需的微量元素之一，它在维持人体健康方面起关键作用。铬是对人体十分有利的微量元素，不应该被忽视，它是正常生长发育和调节血糖的重要元素。铬对植物生长有刺激作用，但如果含铬过多，对人和动植物都是有害的。

皮肤直接接触铬化合物会造成铬性皮肤溃疡、铬性皮炎及湿疹；接触铬盐常见的呼吸道职业病是铬性鼻炎；眼皮及角膜接触铬化合物可能引起刺激及溃疡；误食入六价铬化合物可引起口腔黏膜增厚，水肿形成黄色痂皮，反胃呕吐，有时带血，剧烈腹痛，肝肿大，严重时使循环衰竭，失去知觉，甚至死亡。六价铬化合物在吸入时是有致癌性的，会造成肺癌。

（5）砷　砷是一种非金属元素，但由于其许多理化性质和金属相似，常被归为"类金属"之列。砷及其化合物广泛存在于自然界，并大量应用于工业与农业生产中，所以食品中常含有微量砷。农产品中的污染主要来源于工业"三废"，尤其是含砷废水对江河湖泊的污染及灌溉农田后对土壤的污染，均可造成对水生生物和农作物的砷污染。

砷的毒性与其存在形式和价态有关。砷元素几乎无毒，砷的硫化物毒性也很低，但砷的氧化物和盐类毒性较大。在古代，三氧化二砷被称为砒霜。饮料中含砷较低时（10～30mg/g），导致生长滞缓，怀孕减少，自发流产较多，死亡率较高。在大量吸收砷之后，肠胃道血管的通透率增加，造成体液的流失以及低血压。肠胃道的黏膜可能会进一步发炎、坏死造成胃穿孔、出血性肠胃炎、带血腹泻。慢性砷食入可能会造成非肝硬化引起的门脉高血压，也会引起神经衰弱综合征、皮肤色素异常、皮肤过度角化等。急性且大量砷暴露除了其他毒性可能也会发现急性肾小管坏死，肾小球坏死而发生蛋白尿。

2. 重金属分析样品的处理

（1）样品的采集　植物样品分析的可靠性受样品数量、采集方法及分析部位等的影响。在取样过程中，一般应遵循代表性、典型性、适时性等原则。同时取样量大小要适当，样本过小，不能保证测定的精度和灵敏度以及重复性；相反，取样量过大，会增加工作量和试剂的消耗量。所以，取样量的大小取决于试样中被测元素的含量、分析方法和所要求的测量精度。

①水果样品　在果园采样时，可采用对角线法布点采样，由采样区的一角向另一角引一对角线，在对角线上等距离布设采样点。对于树形较大的果树，采样时应在果树的上、中、下、内、外部均匀采摘果实。将各点采摘的样品充分混合，按四分法缩分获得样品。

②蔬菜样品　蔬菜种类繁多，可大致分为叶菜、根菜、瓜果三类，应按需

求确定采样对象。菜地采样可按对角线或"S"形法布点，采样点不少于 10 个。采样量应根据样品个体大小确定，一般每个采样点不少于 1kg。从多个采样点采集的蔬菜样品，按四分法缩分。个体较大的样本，可对切成 4 份或 8 份，取其中 2 份缩分获得样品，然后用塑料袋包装，贴好标签。

（2）样品的制备　在样品制备过程中要防止样品被污染。污染是限制灵敏度和检出限的重要原因之一，主要污染来源有水、大气、容器和所用的试剂。另外，在样品制备过程中要避免样品损失，以免引起试验结果误差。

若新鲜水果、蔬菜等样品不能及时进行分析测定，应暂时存放于冰箱中，保持样品的新鲜度。

（3）样品的预处理　重金属元素的分析测定主要分为样品粉碎、消化和分析仪器测定等三个步骤，其中消化处理过程是最关键的步骤。由于农产品样品的基体和组成相当复杂，而重金属元素含量较低，所以预处理过程最为关键。相关统计表明，样品预处理的时间可占到整个分析过程的 60% 左右，可见预处理是一件费时费力的工作，也是关系到测定结果准确与否的关键工作。

目前常用的预处理技术有干法灰化法、湿法消化法、酸提取法、微波提取法、超声波提取法、高压消解法等。

①干法灰化法　该法是把样品放在坩埚中先小心碳化，然后再在马弗炉中高温灼烧（500～600℃），有机物被灼烧分解，剩余的灰分用酸进行溶解后，再提取待测元素。

为了防止干法灰化过程样品中被测元素挥发损失，还可应用低温干法灰化法。该方法是将样品放在低温灰化炉中，先将炉内抽至近真空，然后不断通入氧气，用微波或高频激发光源照射，使氧气活化产生活性氧，在低于 150℃ 的温度下使样品缓慢地完全灰化，砷、汞、铅、镉等高温下易挥发的元素可用此法处理。该法处理时几乎不产生挥发损失，试样被污染的概率很小，空白值低。但此法需要专门的灰化装置，价格昂贵且灰化速度较慢。

②湿法消解法　湿法消解是用酸液或碱液在加热条件下破坏样品中的有机物或还原性物质，而无机盐和金属离子留在溶液中的方法。常用的酸解体系有：硝酸-硫酸、硝酸-高氯酸、硝酸-盐酸、氢氟酸、过氧化氢等，它们可将待测物中的有机物和还原性物质全部破坏；碱解多用苛性钠溶液。

湿法消解法的加热温度较干法低，减少了金属元素的挥发损失。但在消解过程中会产生大量有毒气体，需在通风橱中进行。此外，在消解初期溶液易产生大量泡沫，冲出瓶颈造成损失，所以需要随时照管，操作中还应控制火力防止爆炸。为了克服上述缺点，高压消解罐消化法近年来得到了广泛应用。

③微波消解法　微波消解法是一种利用微波对样品进行消解的新技术，克

服了干法灰化法及湿法消解法耗时长、试剂用量大、空白值高，但测定结果不准确等缺点。

该法是常规湿法消解法的延伸，具有消解速度快、样品消解完全、污染少、回收率高、易于控制等优势，已广泛应用于各种样品的预处理，尤其是农产品中重金属污染的快速检测。美国公共卫生组织已将该法作为测定金属离子时消解植物样品的标准方法。

3. 重金属常见分析技术

随着人们对农产品由需求型向质量型的转变，农产品中的重金属污染也成为全世界关注的焦点之一，加强重金属污染的防治与检测十分重要。为了加强重金属污染的监控工作，我国国家标准 GB 2762—2017《食品安全国家标准 食品中污染物限量》对食品中重金属最高残留做了严格规定（表 2-5）。

目前，重金属的检测方法有多种，采用比较多的是紫外可见分光光度法（UV）、原子吸收光谱法（AAS）、原子荧光法（AFS）、电感耦合等离子体法（ICP）、电感耦合等离子质谱法（ICP-MS）/电化学法等。在农产品重金属检测中常用的是原子吸收光谱法和原子荧光法。

表 2-5　园艺产品重金属检测的限量值

重金属元素	代表性食品	限量 (mg/kg)	检测方法标准
铅	水果	0.1	GB-5009.122017 食品中铅的测定
	叶菜类	0.3	
	茶叶	5	
砷（无机砷）	蔬菜、水果	0.05	GB-5009.11—2014 食品中总砷及无机砷的测定
汞（总汞）	蔬菜、水果	0.01	GB-5009.17—2014　食品中总汞及有机汞的测定
镉	叶菜类	0.2	GB/T5009.15—2014　食品安全国家标准　食品中镉的测定
	水果	0.05	
铬	蔬菜、水果	0.5	GB　5009.123—2014　食品安全国家标准　食品中铬的测定

（1）原子吸收光谱法

①基本原理　原子吸收光谱法（AAS）是利用气态原子可以吸收一定波长的光辐射，使原子中外层的电子从基态跃迁到激发态的现象而建立的。由于各种原子中电子的能级不同，将有选择性地共振吸收一定波长的辐射光，这个共振吸收波长恰好等于该原子受激发后发射光谱的波长，由此可作为元素定性的依据，而吸收辐射的强度可作为定量的依据。原子吸收光谱法现已成为无机元素定量分析应用最广泛的一种分析方法。

②主要特点　原子吸收光谱法具有检出限低（火焰法可达 $\mu g/cm^3$ 级）、准确度高（火焰法相对误差小于 1‰）、选择性好（即干扰少）、分析速度快、应用范围广（火焰法可分析 30 多种/70 多种元素，石墨炉法可分析 70 多种元素，氢化物发生法可分析 11 种元素）等优点。

③原子吸收光谱仪的结构　原子吸收光谱仪由光源、原子化器、分光器、检测系统等几部分组成。目前常用的有单光束型和双光束型；此外，还有采用两个独立单色器和检测系统可同时测定两种元素的双道双光束仪器。

④测定方法　测量原子吸收光谱的方法主要有积分吸收测量法和峰值吸收测量法。大多数情况下，原子吸收光谱法分析过程如下：

　　a. 将样品制成溶液（空白）。

　　b. 制备一系列已知浓度的分析元素的校正溶液（标样）。

　　c. 一次测出空白及标样的相应值。

　　d. 根据上述相应值绘出校正曲线。

　　e. 测出未知样品的相应值。

　　f. 依据校正曲线及未知样品的相应值得出样品的浓度值。

⑤以果蔬中铬的检测为例　材料：新鲜果蔬。

试剂与仪器：主要试剂：

硝酸（分析纯）、过氧化氢，以及以下试剂。

硝酸（1∶99）：量取 1mL 硝酸用水稀释至 100mL。

硝酸（1mol/L）：取 32mL 硝酸加入 100mL 中，稀释至 500mL。

铬标准贮备液（1mg/mL）：准确称取优级纯重铬酸钾（110℃烘 2h）1.403 5g 溶于水中，定容至 500mL，混匀。

铬标准使用液（100ng/mL）：准确吸取铬标准贮备液（1mg/mL）10mL，用 1mol/L 的硝酸稀释，定容至 100mL。按此法逐级稀释至 100ng/mL 铬标准使用液。

主要仪器：原子吸收分光光度计、马弗炉、恒温电烘箱、电炉。

操作步骤：材料处理：将新鲜蔬菜或水果洗净晾干，取可食部分打成匀浆。

试样消解：干式消解法。根据样品含水量称取 0.5～1.0g 试样于瓷坩埚中，加入 1～2mL 优级纯硝酸，浸泡 1h 以上。将坩埚置于电炉上，小心蒸干，炭化到不冒烟，移入马弗炉中，550℃恒温 2h（如消解不完全则冷却后加数滴浓硝酸，小心蒸干后，再转入 550℃马弗炉中，继续灰化 1～2h，至试样呈白灰状），从马弗炉中取出冷却后，用硝酸（1∶99）溶解移入 10mL 容量瓶中，用少量硝酸（1∶99）分数次洗涤坩埚，全部移至容量瓶中，用硝酸（1∶99）

定容，即为试样液，同时做空白试验。

仪器参考条件：根据仪器的各自性能进行调节，调至最佳状态。参考条件为波长 357.9nm，干燥温度为 110℃，40s；灰化温度 1 000℃，30s；原子化温度 2 800℃，5s；背景校正为氘灯或塞曼效应。

测定：标准曲线的制备：吸取铬标准使用液（100ng/mL）0、0.10、0.30、0.50、0.70、1.0、1.5mL 于 10mL 容量瓶中，用 1mol/L 硝酸稀释至刻度，混匀。以铬含量和对应的吸光度绘制标准曲线。

根据仪器性能和参考条件，将原子吸收分光光度计调试到最佳状态，将与试样含量相当的标准系列及试样液进行测定，进样量为 20μL，对有干扰的试样应注入与试样等量的磷酸铵溶液（20g/L）（标准系列同样处理）。

结果计算（按下式进行）：

$$X = \frac{1000 \times (C_1 - C_0) \times V}{1000m}$$

式中：X——试样中铬的含量，$\mu g/kg$ 或 $\mu g/L$；

$\quad\quad C_1$——由标准曲线测得的试样液中铬的含量，ng/mL；

$\quad\quad C_0$——由标准曲线测得的空白液中铬的含量，ng/mL；

$\quad\quad V$——试样消化液定容体积，mL；

$\quad\quad m$——试样质量或体积，g 或 mL。

（2）原子荧光光谱法　原子荧光光谱法（AFS）是介于原子发射光谱（AES）和原子吸收光谱（AAS）之间的光谱分析技术。它的基本原理是基态原子（一般蒸汽状态）吸收合适的特定频率的辐射而被激发至高能态，而后激发过程中以光辐射的形式发射出特征波长的荧光。

原子荧光光谱分析法具有很高的灵敏度，校正曲线的线性范围宽，能进行多元素同时测定，检出限好。但原子荧光光谱法也存在一定局限性，主要是受荧光猝灭效应、散射光的影响，在复杂基体的试样及高含量试样的测定上有一定困难，限制了其应用。

4. 重金属快速检测技术

目前研究和应用较多的快速检测技术主要有试剂比色检测法、重金属快速检测试纸法、电极检测法、免疫学检测法等。

（1）试剂比色检测法　重金属与显色剂反应，生成有色分子团，使用一定波长的分光光度计进行比色检测。由于仪器体积小、价格低、技术成熟，所以成为重金属检测的首选方法。但是样品必须经过消解处理，成为溶液才能检测，预处理比较麻烦。

5 种主要重金属检测方法如下：砷检测采用硼氢化物还原比色法，铅检测采用二硫腙比色法，镉检测采用 6-溴苯并噻唑偶氮萘酚比色法，汞检测采用原子荧光光谱法，铬检测采用二苯碳酰二肼比色法。

（2）重金属快速检测试纸法　将具有特效鲜食反应的生物染色剂通过浸渍附载到试纸上，通过研究获得试纸与重金属的最佳反应条件。该试纸对重金属具有良好的选择性，是目前有待开发一个快速、简便而又准确的预处理方法。

（3）电极法　离子选择性电极法是测定溶液中离子活度或浓度的一种新型分析工具。

（4）酶联免疫吸附检测技术　免疫学分析法具有灵敏度高、特异性强、分析速度快等优点，其中酶联免疫吸附法较为成熟且样本预处理简单，便于大批量样本的快速检测，可适用于重金属残留的微、痕量分析。

【任务实践】

实践一：果蔬产品中汞残留的检测

1. 材料

新鲜水果、蔬菜。

2. 仪器与试剂

（1）主要仪器　双道原子荧光光波计、高压消解罐（100mL 容量）、微波消解炉。

（2）试剂　硝酸（优级纯），30％过氧化氢，硫酸（优级纯）。

硫酸-硝酸-水（1＋1＋8）：量取 l0mL 硝酸和 10mL 硫酸，缓缓倒入 80mL 水中，冷却后小心混匀。

硝酸溶液（1＋9）：量取 50mL 硝酸，缓缓倒入 450mL 水中，混匀。

氢氧化钾溶液（5g/L）：称取 5.0g 氢氧化钾，溶于水中，稀释至 1 000mL，混匀。

硼氢化钾溶液（5g/L）：称取 5.0g 硼氢化钾，溶于 5.0g/L 氢氧化钾溶液中，并稀释至 1 000mL，混匀，现用现配。

汞标准贮备溶液：精密称取 0.135 4g 干燥过的二氯化汞，加硫酸＋硝酸＋水混合酸（1＋1＋8）溶解后移入 100mL 容量瓶中，并稀释至刻度，混匀，此溶液每毫升相当于 1mg 汞。

汞标准使用溶液：用移液管吸取汞标准贮备液（1mg/mL）于 100mL 容量瓶中，用硝酸溶液（1＋9）稀释至刻度，混匀，此溶液浓度为 10μg/mL。再分别吸取 10μg/mL 汞标准溶液 1mL 和 5mL 于两个 100mL 容量瓶中，用硝酸溶液（1＋9）稀释至刻度，混匀，溶液浓度分别为 100ng/mL 和 500ng/mL，分别用于测定低浓度试样和高浓度试样，制作标准曲线。

3. 操作步骤

（1）试样消解

①高压消解法。蔬菜类水分含量高的鲜样用捣碎机打成匀浆，称取匀浆1.00～5.00g，置于聚四氟乙烯塑料内罐中，加盖留缝放于65℃鼓风干燥箱或一般烤箱中烘至近干，取出，加5mL硝酸，混匀后放置过夜，再加7mL过氧化氢，盖上内盖放入不锈钢外套中，旋紧密封。然后将消解器放入普通干燥箱（烘箱）中加热，升温至120℃后保持恒温2～3h，至消解完全，自然冷却至室温。将消解液用硝酸溶液（1+9）定量转移并定容至25mL，摇匀。同时做试剂空白试验。待测。

②微波消解法。称取0.10～0.50g试样于消解罐中加入1～5mL硝酸，1～2mL过氧化氢，盖好安全阀后，将消解罐放入微波炉消解系统中，根据不同种类的试样设置微波炉消解系统的最佳分析条件，至消解完全，冷却后用硝酸溶液（1+9）定量转移并定容至25mL（低含量试样可定容至10mL），混匀待测。

（2）标准系列配制

①低浓度标准系列：分别吸取100ng/mL汞标准使用液0.25mL、0.50mL、1.00mL、2.00mL、2.50mL于25mL容量瓶中，用硝酸溶液（1+9）稀释至刻度，混匀。各自相当于汞浓度1.00ng/mL、2.00ng/mL、4.00ng/mL、8.00ng/mL、10.00ng/mL。此标准系列适用于一般试样测定。

②高浓度标准系列：分别吸取500ng/mL汞标准使用液0.25mL、0.50mL、1.00mL、1.50mL、2.00mL于25mL容量瓶中，用硝酸溶液（1+9）稀释至刻度，混匀。各自相当于汞浓度5.00ng/mL、10.00ng/mL、20.00ng/mL、30.00ng/mL、40.00ng/mL。此标准系列适用于含汞量偏高的试样测定。

（3）测定

①仪器参考条件：

光电倍增管负高压：240V；汞空心阴极灯电流：30mA；原子化器，温度：300℃，高度8.0mm；氩气流速：载气500mL/min，屏蔽气1 000mL/min；测量方式：标准曲线法；读数方式：峰面积；读数延迟时间：1.0s；读数时间：10.0s；硼氢化钾溶液加液时间：8.0s；标液或样液加液体积：2mL。

②测定方法根据情况任选以下一种方法。

浓度测定方式测量：设定好仪器最佳条件，逐步将炉温升至所需温度后，稳定10～20min后开始测量。连续用硝酸溶液（1+9）进样，待读数稳定之后，转入标准系列测量，绘制标准曲线。转入试样测量。先用硝酸溶液（1+

9）进样，使读数基本向零，再分别测定试样空白和试样消化液，每测不同的试样前都应清洗进样器。试样测定结果按下列公式计算。

仪器自动计算结果方式测量：设定好仪器最佳条件，在试样参数画面输入以下参数：试样质量或体积（g 或 mL），稀释体积（mL）。选择结果的浓度单位，逐步将炉温升至所得温度，稳定后测量。连续用硝酸溶液（1＋9）进样，待读数稳定之后，转入标准系列测量，绘制标准曲线。在转入试样测定之前，再进入空白值测量状态，用试样空白消化液进样，让仪器取其均值作为扣底的空白值。随后即可依法测定试样。测定完毕后，选择"打印报告"即可将测定结果自动打印。

（4）结果计算　试样中汞的含量按下式进行计算，计算结果保留三位有效数字。

$$X = \frac{(C - C_0) \times V \times 1000}{m \times 1000 \times 1000}$$

式中：X——试样中汞的含量，mg/kg 或 mg/L；

c——试样消化液中汞的含量，ng/mL；

c_0——试剂空白液中汞的含量，ng/mL；

V——试样液化液总体积，mL；

m——试样质量或体积，g 或 mL。

（5）说明　此法的检出限为 0.15μg/kg，标准曲线最佳线性范围 0～60μg/L，在重复件条件下获得的两次独立测定结果的绝对差值不得超过算术平均值的 10％。

实践二：果蔬产品中铅残留的检测

1. 材料

新鲜蔬菜、水果。

2. 仪器与试剂

（1）试剂　硝酸、过硫酸铵、过氧化氢（30％）、高氯酸及以下试剂。

硝酸（1＋1）：取 50mL 硝酸慢慢加入 50mL 水中。

硝酸（0.5mol/L）：取 3.2mL 硝酸加入 50mL 水中，稀释至 100mL。

硝酸（1mol/L）：取 6.4mL 硝酸加入 50mL 水中，稀释至 100mL。

磷酸铵溶液（20g/L）：称取 2.0g 磷酸铵，以水溶解稀释至 100mL。

混合酸：硝酸＋高氯酸（4＋1），取 4 份硝酸与 1 份高氯酸混合。

铅标准贮备液：准确称取 1.000g 金属铅（99.99％），分次加少量硝酸（1＋1），加热溶解，总量不超过 37mL，移入 1 000mL 容量瓶，加水至刻度，混匀。此溶液每毫升含 1.0mg 铅。

铅标准使用液：每次吸取铅标准贮备液 1.0mL，于 100mL 容量瓶中，加硝酸（0.5mol/L）或硝酸（1mol/L）至刻度。如此经多次稀释成每毫升含10.0ng、20.0ng、40.0ng、60.0ng、80.0ng 铅的标准使用液。

（2）主要仪器　所用玻璃仪器均需以硝酸（1+5）浸泡过夜，用水反复冲洗，最后用去离子水冲洗干净。

原子吸收分光光度计（附石墨炉及销空心阴极灯），马弗炉，干燥恒温箱，瓷坩埚，压力消解器、压力消解罐或压力溶弹，可调式电热板、可调式电炉。

3. 操作步骤

（1）试样预处理　蔬菜、水果等水分含量高的鲜样，用食品加工机或匀浆机打成匀浆，贮于塑料瓶中，保存备用。在采样和制备过程中，应注意不使试样污染。

（2）试样消解（可根据实验室条件选用以下任何一种方法消解）

①压力消解罐消解法　称取 1.00～2.00g 试样于聚四氟乙烯内罐，加硫酸 2～4mL 浸泡过夜。再加过氧化氢（30%）2～3mL（总量不能超过罐容积的1/3）。盖好内盖，旋紧不锈钢外套，放入恒温干燥箱，120～140℃保持 3～4h，在箱内自然冷却至室温，用滴管将消化液洗入或过滤入（视消化后试样的盐分而定）10～25mL 容量瓶中，用水少量多次洗涤罐，洗液合并于容量瓶中并定容至刻度，混匀备用；同时作试剂空白。

②干法灰化　称取 1.00～5.00g（根据铅含量而定）试样于瓷坩埚中，先小火在可调式电热板上炭化至无烟，移入马弗炉 500℃灰化 6～8h，冷却。若个别试样灰化不彻底，则加 1mL 混合酸在调式电炉上小火加热，反复多次直到消化完全，放冷，用硝酸（0.5mol/L）将灰分溶解，用滴管将试样消化液洗入或过滤入（视消化后试样的盐分而定）10～25mL 容量瓶中，用水少量多次洗涤瓷坩埚，洗液合并于容量瓶中并定容至刻度，混匀备用；同时做试剂空白。

③过硫酸铵灰化法　称取 1.00～5.00g 试样于瓷坩埚中，加 2～4mL 硝酸浸泡 1h 以上，先小火炭化，冷却后加 2.00～3.00g 过硫酸铵盖于上面，继续炭化至不冒烟，转入马弗炉，500℃恒温 2h，再升至 800℃，保持 20min，冷却，加 2～3mL 硝酸（1.0mol/L），用滴管将试样消化液洗入或过滤入（视消化后试样的盐分而定）10～25mL 容量瓶中，用水少量多次洗涤瓷坩埚，洗液合并于容量瓶中并定容至刻度，混匀备用；同时做试剂空白。

④湿式消解法　称取试样 1.00～5.00g 于锥形瓶或高脚烧杯中，放数粒玻璃珠，加 10mL 混合酸，加盖浸泡过夜，加一小漏斗电炉上消解，若变棕黑色，再加混合酸，直至冒白烟，消化液呈无色透明或略带黄色，放冷，用滴管

将试样消化液洗入或过滤入（视消化后试样的盐分而定）10～25mL 容量瓶中，用水少量多次洗涤瓷坩埚，洗液合并于容量瓶中并定容至刻度，混匀备用；同时做试剂空白。

（3）测定

①仪器条件　根据各自仪器性能调至最佳状态。参考条件为波长283.3nm，狭缝 0.2～1.0nm，灯电流 5～7mA，干燥温度 120℃，20s；灰化温度 450℃，持续 15～20s，原子化温度 1 700～2 300℃，持续 4～5s，背景校正为氘灯或塞曼效应。

②标准曲线绘制　吸取上面配制的铅标准使用液 10.0、20.0、40.0、60.0、80.0ng/mL 各 10μL，注入石墨炉，测得其吸光度并求得吸光度与浓度关系的一元线性回归方程。

③试样测定　分别吸取样液和试剂空白液各 10μL，注入石墨炉，测得其吸光度，代入标准系列的一元线性回归方程中求得样液中铅含量。

④基体改进剂的使用　对有干扰试样，则注入适量的基体改进剂磷酸二氢铵溶液（20g/L），一般为 5μg 或与试样同量，消除干扰。绘制铅标准曲线时也要加入与试样测定时等量的基体改进剂磷酸二氢铵溶液。

（4）结果计算　试样中铅含量按下式进行计算，计算结果保留两位有效数字。

$$X = \frac{(C_1 - C_0) \times V \times 1000}{m \times 1\,000}$$

式中：X——试样中铅含量，μg/kg 或 μg/L；

$\quad\quad C_1$——测定样液中铅含量，ng/L；

$\quad\quad C_0$——空白液中铅含量，ng/L；

$\quad\quad V$——试样消化液定量总体积，mL；

$\quad\quad m$——试样质量或体积，g 或 mL。

（5）说明　在重复条件下获得的两次独立测定结果的绝对差值不得超过算术平均值的 20%。石墨炉原子吸收光谱法检出限为：5μg/kg。

实践三：果蔬产品中镉残留的检测——比色法

1. 材料

新鲜果蔬。

2. 试剂与仪器

（1）主要试剂　三氯甲烷、二甲基甲酰胺、酒石酸钾溶液（400g/L）、氢氧化钠溶液（200g/L）、柠檬酸钠溶液（250g/L）及以下试剂。

混合酸：硝酸-高氯酸（3+1）。

镉试剂：称取 38.4mg 6-溴苯并噻唑偶氮萘酚，溶于 50mL 二甲基甲酰胺（DMF），贮于棕色瓶中，从而使络合物在水相中易形成。

镉标准溶液：准确称取 1.000g 金属镉（99.99%），溶于 20mL 盐酸（5+7）中，加入 2 滴硝酸后，移入 1 000mL 容量瓶中，以水稀释至刻度，混匀。贮于聚乙烯瓶中。此溶液每毫升相当于 1.0mg 镉。

镉标准使用液：吸取 10.0mL 镉标准溶液，置于 100mL 容量瓶中，以盐酸（1+11）稀释至刻度，混匀，如此多次稀释，稀释至每毫升相当于 10μg 镉。

（2）主要仪器 分光光度计。

3. 操作步骤

（1）试样消化 称取 5.00～10.00g 试样，置于 150mL 锥形瓶中，加入 15～20mL 混合酸（如在室温放置过夜，则次日易于消化），小火加热，待泡沫消失后，可慢慢加大火力，必要时再加少量硝酸，直至溶液澄清无色或微带黄色，冷却至室温。按同一操作方法做试剂空白试验。

（2）测定 将消化好的样液及试剂空白液用 20mL 水分数次洗入 125mL 分液漏斗中，以氢氧化钠溶液（200g/L）调节至 pH 7 左右。

吸取 0、0.5、1.0、3.0、5.0、7.0、10.0mL 镉标准使用液（相当于 0、0.5、1.0、3.0、5.0、7.0、10.0μg 镉），分别置于 125mL 分液漏斗中，再各加水至 20mL。用氢氧化钠溶液（200g/L）调节至 pH 7 左右。于试样消化液、试剂空白液及镉标准液中依次加入 3mL 柠檬酸钠溶液（250g/L）、4mL 酒石酸钾溶液（400g/L）及 1mL 氢氧化钠溶液（200g/L），混匀。再各加 5.0mL 二氯甲烷及 0.2mL 镉试剂，立即振摇 2min 静置分层后，将三氯甲烷层经脱脂棉滤于试管中，以二氯甲烷调节零点，于 1cm 比色杯在波长 585nm 处测吸光度。各标准点减去空白管吸收值后绘制标准曲线（以调整后的标准液系列吸光度为纵坐标、标准液质量或浓度为横坐标，绘制标准曲线）。或计算直线回归方程，样液含量与曲线比较或代入方程求出。

（3）结果计算 试样中镉的含量按下式进行计算。计算结果保留两位有效数字。

$$X = \frac{(A_1 - A_2) \times 1000}{m \times 1000}$$

式中：X——试样中镉的含量，mg/kg；

A_1——测定用试样液中镉的质量，μg；

A_2——试剂空白液镉的质量，μg；

m——试样质量，g。

（4）说明　本法在重复条件下获得的两次独立测定结果的绝对差值不得超过算术平均值的15%。本法的检出限为$50\mu g/kg$。

实践四：果蔬产品中铬残留的检测——极谱法

1. 材料

新鲜果蔬。

2. 试剂与仪器

（1）主要试剂　铬标准贮备液（1mg/mL）：准确称取1.431 5g于110℃干燥的优级纯重铬酸钾（$K_2Cr_2O_7$）溶于水中，稀释至500mL，混匀。

铬标准工作液（$0.1\mu g/mL$）：将铬标准贮备液用水逐级稀释成含$0.1\mu g/mL$铬的标准工作液。

硫酸（化学纯）和5.4mol/L硫酸。

过氧化氢（30%）。

百里酚蓝指示剂（1g/L）：称取0.1g百里酚蓝，用20%乙醇溶解并稀释至100mL，混匀。

氢氧化钠溶液（40g/L）：称取4g氢氧化钠，用水溶解并稀释至100mL，混匀。

氨-氯化铵缓冲液：称取53.5g氯化铵溶于水，加入7.2mL氨水，加水稀释至100mL，混匀。

α,α'-联吡啶溶液（1×10^{-3}mol/L）：吸取10.0mL 1×10^{-2}mol/L α,α'-联吡啶溶液，加水稀释至100mL，混匀。

亚硝酸钠溶液（6mol/L）：称取41.4g亚硝酸钠，用水溶解并稀释至100mL，混匀，4℃冰箱中保存。

碘化钾（5g/L）：称取0.5g碘化钾，用水溶解稀释至100mL。

（2）主要仪器　示波极谱仪，调压控温加热板。

3. 操作步骤

（1）样品处理　蔬菜、水果等洗净晾干，取可食部分打成匀浆。

（2）试样消解　根据样品含水量，称取0.5～2.0g试样于150mL锥形瓶中，加入3mL硫酸，20～30mL过氧化氢，置于电热板上先小火加热，待反应缓和后，于160～200℃加热，如溶液变为棕黑时需补充过氧化氢，直至消化液无色透明或呈淡黄色。继续加热至过氧化氢完全分解，瓶内出现三氧化硫烟雾，取下放冷。加水10mL，2滴百里酚蓝指示剂，以1mol/L氢氧化钠中和，至溶液刚变蓝色，再加2mL过氧化氢，于电热板上加热，待大部分过氧化氢分解后，滴加10滴碘化钾（5g/L），继续加热至过氧化氢完全分解，取下放冷。转入50mL容量瓶中，用水反复冲洗锥形瓶，合并溶液到容量瓶中，用水定容至刻度。同时做消化空白试验。

（3）标准曲线的制备　于 25mL 比色管中，分别加入 0、0.2、0.5、1.0、2.0、3.0 和 4.0mL 标准工作液，各加硫酸（5.4mol/L）1.0mL，1 滴百里酚蓝指示剂，以氢氧化钠（40g/L）中和至溶液刚变蓝色，再加 2 滴，混匀。

（4）测定　量取 5.0mL 试样于 25mL 比色管中，在试样和标准系列管中，各加入 2.5mL 氨-氯化铵缓冲液，1mL α,α'-联吡啶溶液（1×10^{-3} mol/L），1mL 亚硝酸钠溶液（6mol/L），稀释至 25mL，混匀。在示波极谱仪上，采用三电极系统，阴极化后，原电点位－1.2V，读取铬极谱峰的二阶倒数峰峰高。

（5）结果计算　按下式计算

$$X = \frac{m_0 V_1}{m V_2}$$

式中：X——试样中铬的含量，mg/kg 或 mg/L；

　　　m_0——测试用试样消化液中铬的含量，μg；

　　　V_1——试样中消化液的体积，mL；

　　　m——试样质量或体积，g 或 mL。

实践五：果蔬产品中砷残留的检测——硼氢化物还原比色法

1. 材料

新鲜果蔬。

2. 试剂与仪器

（1）主要试剂　碘化钾（500g/L）-硫脲溶液（50g/L）（1:1）；氢氧化钠溶液（400g/L）和氢氧化钠溶液（100g/L）；硫酸（1:1）；吸收液。

硝酸银溶液（8g/L）：称取 4.0g 硝酸银于 500mL 烧杯中，加入适量水溶解后加入 30mL 硝酸，加水至 500mL，贮于棕色瓶中。

聚乙烯醇溶液（4g/L）：称取 0.4g 聚乙烯醇（聚合度 1 500～1 800）于小烧杯中，加入 100mL 水，沸水浴中加热，搅拌至溶解，保温 10min，取出放冷备用。

吸收液：取上述硝酸银溶液（8g/L）和聚乙烯醇溶液各一份，加入两份体积的乙醇（95%），混匀作为吸收液，使用时现配。

硼氢化钾片：将硼氢化钾与氯化钠按 1:4 质量比混合磨细，充分混匀后在压片机上制成直径 10mm，厚 4mm 的片剂，每片为 0.5g，避免在潮湿天气时压片。

乙酸铅（100g/L）棉花：将脱脂棉泡于乙酸铅溶液（100g/L）中，数分钟后挤去多余溶液，摊开棉花，80℃烘干后贮于广口玻璃瓶中。

柠檬酸（1.0mol/L）-柠檬酸铵（1.0mol/L）：称取 192g 柠檬酸、243g

柠檬酸铵，加水溶解后稀释至 1 000mL。

砷标准贮备液：称取经 105℃ 干燥 1h 并置干燥器中冷却至室温的三氧化二砷（As_2O_3）0.132 0g 于 100mL 烧杯中，加入 10mL 氢氧化钠溶液（2.5mol/L）；待溶解后加入 5mL 高氯酸、5mL 硫酸，置电热板上加热至冒白烟，冷却后，转入 1 000mL 容量瓶中，并用水稀释定容至刻度。此溶液每毫升含砷（五价）0.100mg。

砷标准应用液：吸取 1.00mL 砷标准贮备液于 100mL 容量瓶中，加水稀释至刻度。此溶液每毫升含砷（五价）1.00μg。

甲基红指示剂（2g/L）：称取 0.1g 甲基红溶解于 50mL 乙醇（95％）中。

（2）主要仪器　分光光度计，砷化氢发生装置见图 2-1。

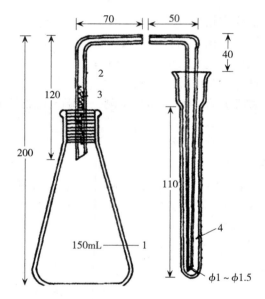

图 2-1 砷化氢发生装置（单位：cm）

1.150mL 锥形瓶　2. 导气管　3. 乙酸铅棉花　4.10mL 刻度离心管

3. 操作步骤

（1）试样处理　蔬菜、水果类，称取 10.00～20.00g 试样于 250mL 三角烧瓶中，加入 3mL 高氯酸、20mL 硝酸，2.5mL 硫酸（1+1）。放置数小时后（或过夜），置电热板上加热，若溶液变为棕色，应补加硝酸使有机物分解完全，取下放冷，加 15mL 水，再加热至冒白烟，取下，以 20mL 水分数次将消化液定量转入 100mL 砷化氢发生瓶中，同时作试剂空白。

（2）标准系列的制备　于 6 支 100mL 砷化氢发生瓶中，依次加入砷标准应用液 0、0.25、0.5、1.0、2.0、3.0mL（相当于砷 0、0.25、0.5、1.0、2.0、3.0μg），分别加水至 3mL，再加 2.0mL 硫酸（1+1）。

（3）试样及标准的测定 于试样及标准砷化氢发生瓶中，分别加入 0.1g 抗坏血酸，2.0mL 碘化钾（500g/L）-硫脲溶液（50g/L），置沸水浴中加热 5min（此时瓶内温度不得超过 80℃），取出放冷，加入甲基红指示剂（2g/L）1 滴，加入约 3.5mL 氢氧化钠溶液（400g/L），以氢氧化钠溶液（100g/L）调至溶液刚呈黄色，加入 1.5mL 柠檬酸（1.0mol/L）-柠檬酸铵溶液（1.0mol/L），加水至 40mL，加入一粒硼氢化钾片剂，立即通过塞有乙酸铅棉花的导管与盛有 4.0mL 吸收液的吸收管相连接，不时摇动砷化氢发生瓶，反应 5min 后再加入一粒硼氢化钾片剂，继续反应 5min。取下吸收管，用 1cm 比色杯，在 400nm 波长，以标准管零管调吸光度为零，测定各管吸光度，将标准系列各管砷含量对吸光度绘制标准曲线或计算回归方程。

（4）结果计算 试样中砷的含量按下式进行计算。

$$X = \frac{(A - A_0) \times 1000}{m \times 1000}$$

式中：X——试样中砷的含量，mg/kg 或 mg/L；

A——测定用消化液从标准曲线查得的质量，μg；

A_0——空白消化液从标准曲线查得的质量，μg；

m——试样质量或体积，g 或 mL。

计算结果保留两位有效数字。

（5）精密度 在重复性条件下获得的两次独立测定结果的绝对差值不得超过算术平均值的 15%。

【关键问题】

重金属分析样品的处理

园艺产品的化学成分非常复杂，既有蛋白质、糖、脂肪、维生素及因污染引起的有机农药等大分子的有机化合物，又含有钾、钙、钠等各种无机元素。这些组分之间往往通过各种作用力以复杂的结合态或络合态形式存在。当应用某种方法对其中某种组分的含量进行测定时，其他组分的存在常常给测定带来干扰。为了保证分析工作的顺利进行，得到准确可靠的分析结果，必须排除干扰组分，即样品的预处理。

样品的预处理应根据样品的种类、分析对象和被测组分的理化性质及所选用的分析方法决定选用哪种预处理方法，总的原则是试样在分解过程中不能引入待测成分，不能使待测成分有所损失，所用试剂及反应物对测定应没有干扰。

【思考与讨论】

1. 重金属的主要危害有哪些?
2. 重金属分析样品的预处理应注意什么问题?
3. 常见的重金属检测分析技术有哪些?

【知识拓展】

重金属检测分析技术发展趋向

1. 向重金属价态和形态分析发展

重金属检测分析主要测定食品中重金属的价态和存在的形态。重金属在生命科学和环境中可利用性或毒性,不仅取决于它们的总量,还取决于它们存在的离子价态和化学形态。如重金属离子的自由状态和有机化合物状态(如 Hg^{2+} 和 CH_3Hg)对鱼类的毒性很大,而它们的稳定络合物或难溶固态颗粒的毒性却很小。因此仅根据痕量元素的总量来判断它们的生理作用、生态效应和环境行为,特别是对人体健康的影响,往往不能得出正确的结论。

2. 向在线监测技术发展

传统检测方法比较成熟,但是所需仪器价格昂贵、携带不方便。随着电子技术、信息技术和遥感技术的发展,实现在线检测重金属的方法,在农产品安全监测方面显得尤为重要。新兴检测方法具有轻便、操作简单、灵敏度高等优点,但是目前还存在检测结果重现性和稳定性不好等问题。所以,未来重金属检测技术的发展应该向所需设备简单易携带、灵敏度高且稳定性强、检测结果重现性好、成本低等方向发展,并且着力于连续在线监测技术的研究。

3. 向联机检测技术发展

随着检测技术的发展和农产品检测实际应用的需要,单机检测往往不能满足需要,因而联机检测技术受到越来越多的重视,成为目前检测的技术研究重点。如毛细管电泳和紫外检测仪联用、毛细管电泳和 ICP-MS 联用、离子交换色谱法与原子荧光法联用。

4. 化学计量学在重金属分析中日益广泛

化学计量学使用数学和统计学方法,以计算机为工具来设计或选择最优化的分析方法和最佳的测量条件,可通过对有限的分析化学测量数据的解析,获取最大强度的化学信息。化学计量学中研究的多变量分析、优化策略、模式识别等内容,已获得广泛的应用。

【任务安全环节】

1. 在减压或加压状态下使用玻璃器皿时，必须有防护屏，以防玻璃爆裂。

2. 实验室应该准备足够的安全眼镜、手套、防护服装、紧急清洗设施以及处理遗漏的器材，主要是防止浓酸、浓碱类和其他易挥发性药品的危害。

3. 实验室必须有足够的消防装置。

【专业网站链接】

1. http：//www. aqsc. gov. cn　中国农产品质量安全网。

2. http：//www. haqi. gov. cn　河南省质量技术监督局。

3. http：//www. agri. cn　中国农业信息网。

4. http：//www. haagri. gov. cn/html　河南农业信息网。

5. http：//www. farmer. com. cn　中国农业新闻网。

【数字资源库链接】

http：//www. jingpinke. com　国家精品课程资源网。

技术实训

蔬菜产品中农药残留和亚硝酸盐快速检测

1. 实训目的

（1）了解蔬菜的农药残留和硝酸盐检测的意义。

（2）掌握蔬菜的农药残留和硝酸盐快速检测的方法。

2. 实训工具

电子天平、分光光度计、恒温水浴锅或恒温箱、农药残留速测仪、硝酸盐试纸便携式检测仪、硝酸盐试纸、组织捣碎机、剪刀、吸水纸、烧杯、容量瓶、试管等。

3. 实训方法

（1）取样　按照检测要求选取有代表性的蔬菜样品（农贸市场或超市的放心蔬菜），洗掉表面泥土，用蒸馏水冲洗干净，用吸水纸吸干表面水分，剪成所需大小的碎片。

（2）待测样制备　按照农残检测和硝酸盐检测的要求分别制备。

（3）样品的测定　按照农残检测和硝酸盐检测的要求分别测定。

（4）结果计算与数据分析　按照农残检测和硝酸盐检测的要求分别计算与分析。

（5）撰写实训报告

4. 实训要求

（1）实训前认真预习实习内容，并根据实训目的和要求做好相应的实验准备。

（2）对实训所得的数据能够进行相应的处理与分析。

（3）实训后能掌握蔬菜的农药残留和硝酸盐快速检测的方法。

（4）能够针对实训结果独立完成实训报告。

5. 技术评价

（1）将检测结果绘制成表格。

（2）完成检测报告，给出相应结论。

模块二 转基因园艺产品的安全性分析

目标：本模块主要包括认识转基因产品及其安全性、转基因园艺产品的安全性分析等内容。通过本模块的学习，学生应掌握不同检测转基因产品的技术，能够认识转基因产品的食用安全和正确评价转基因产品的环境安全，培养学生实际动手操作和数据分析的基本能力。

模块分解：模块分解见表 2-6。

表 2-6 模块分解

任务	任务分解	要求
1. 认识转基因产品及其安全性	1. 对转基因产品认知与接受程度的市场调查 2. GUS 组织化学染色法检测转基因产品 3. DNA 鉴定法检测转基因产品	1. 理解转基因产品的定义 2. 理解转基因产品的潜在风险 3. 了解常见的转基因产品检测方法
2. 转基因园艺产品的安全性分析	1. 认识转基因园艺产品的食用安全 2. 评价转基因园艺产品的环境安全	1. 理解转基因园艺产品食用安全性分析的重要性 2. 理解转基因园艺产品的环境安全性评价的方法

任务一　认识转基因产品及其安全性

【案例】

仔细观察图 2-2 中两种大豆的外观差异。

图 2-2　转基因大豆与非转基因大豆

案例评析：图 2-2 中展示的是转基因大豆和非转基因大豆。由图 2-2 中可以看出，转基因大豆呈扁圆或椭圆、色泽暗黄，与普通国产大豆相比，最大的区别就是豆脐呈黄褐色（老百姓俗称黑脐，图 2-2b）。非转基因大豆（国产大豆、东北大豆、黑龙江地产大豆）呈圆形、颗粒饱满、色泽明黄，除北部部分抗腺品种外豆脐呈现浅黄色（图 2-2a）。

【知识点】

1. 转基因产品的定义

转基因技术是将人工分离和修饰过的基因导入到生物体基因组中，由于导入基因的表达，引起生物体性状的可遗传的修饰，这一技术过程称之为转基因技术。转基因园艺产品是指利用转基因技术改变基因构成的园艺植物生产的产品。

2. 转基因产品的优点

（1）改进园艺产品的货架期和感官质量　通过基因改良，可以延缓果实的成熟与软化，具有较长的货架期，不仅有利于生产销售，而且便于消费者保存，果蔬的保鲜时间延长，还可以耐受各种加工处理。

（2）提高产品的营养价值　如对大豆进行转基因处理，可以生产营养价值和风味更好的新品种。也可以采用基因改造增加食物中矿物质的含量，增加抗氧化的维生素的含量，这类维生素可以减缓或者关闭生物氧化过程。

（3）提高蛋白质含量　通过转基因技术可以提高园艺产品中蛋白质的含量，减少食品发生过敏反应的可能性。如增加蛋白质中甲硫氨酸和赖氨酸的含量，改进感官质量，从而扩大植物蛋白在不同食品中的使用。

（4）增加糖类含量　利用转基因技术增加植物中糖类的含量，如可溶性固形物含量高的番茄品种，更利于进行食品加工，生产番茄汁和番茄酱。

（5）增加作物抗性，提高作物产量　提高基因工程使得作物增加了对病虫害、除草剂、高温、低温、干旱、盐渍化等不良环境的抵抗能力，进而产量得到提高。提高基因工程也可以增加作物的固氮能力，提高作物产量，减低化肥消耗和生产成本，进而有助于环境保护。

（6）改变花卉作物的花形和花色　通过分子生物学手段已鉴定出控制花发育的同源异型基因，改变这些基因的表达方式，可以有目的地改变花型引入新基因来补偿某些品种缺乏合成某些颜色的能力，可以实现自然界不存在的某些花色品种的培育，如蓝色月季、蓝色香石竹和蓝色菊花等。而通过导入开花时间基因，有可能调控花卉的开花时间。

（7）改良香味　萜类、醇类和醛类是植物花香气的重要组成成分，目前相关的部分基因已被克隆出来，并且转化到某些作物上，使得这类花既有香味，花型又美观。

3. 转基因产品潜在的风险

（1）产品营养质量的改变　外源基因有时会以难以预测的方式引起营养成分的变化，因此可能在常规育种植物与基因改造植物之间出现明显的差别。

（2）抗生素抗性　在基因工程中常常使用抗生素抗性标记基因，因此食用作物可能会具有抗生素抗性，给环境及食用人群及动物造成潜在的风险。

（3）潜在毒性　基因改造可能会使某些编码毒素的基因（如豆类中的蛋白酶抑制剂、油菜中的甲状腺肿素等）被激活，使得这些毒素的含量增加，导致转基因产品产生毒性。

（4）潜在致敏性　食用植物的基因改造可能会将供体的致敏性转移到受体生物，而且许多基因工程食品以微生物为基因供体，其致敏性不明或未经检验。此外，来自非食用生物的基因及新基因的整合可能会在某些人群中引起过敏反应，或者使已有的过敏反应加剧。

（5）环境风险　环境专家认为，转基因作物大量栽培时可能会造成环境危害。基因工程植物中含有病毒颗粒以使其具有抗病毒特性，但也有可能会在环境中产生新的病毒。

（6）专利保护　由于专利保护，会使一些公司垄断基因改造的动植物品种，使得农民的生产完全取决于公司而无法自己收获种子。同时，基因改造也可能会降低世界动植物产品供应的多样性。

（7）对作物遗传多样性的威胁　转基因作物的大规模商品化可能会对作物的遗传多样性构成威胁，特别是一些濒危物种，这种威胁可能更大。

（8）宗教、文化及伦理问题　转基因产品的出现会引起许多宗教人士的反对，例如犹太人和穆斯林反对食品中含有猪的基因，他们坚持食用纯度有明确规定的食品。再如素食主义者也反对含有任何动物基因的蔬菜水果。

（9）转基因产品的标识　目前，关于转基因产品是否应该有明确的标识，各国各机构还没有相对一致的看法。支持明确标识的机构认为明确的标签可以使消费者在消费时了解相关信息，根据自己的喜好进行选择；而反对标识的机构则认为采用标签制度会使消费者产生恐惧心理，不太适当地暗示消费者可能会存在健康风险，影响到产品的销售。

（10）对有机农业发展的影响　有机农业生产者担心，转基因产品会阻止有机农业的发展，主要是因为产品缺少标签技术，因此人们很难界定产品是否为转基因产品。

（11）对未来的担心　目前，对于转基因产品的担心主要是来自其在进行田间试验或者实验室工作时可能会释放致病或致死性微生物、超级植物、有毒物质或生物毒素，从而威胁和动物的安全。

4. 转基因食品安全评价的内容

（1）过敏原　食物的过敏性是由 IgE 介导的，过敏蛋白具有对 T 细胞和 B 细胞的识别区。目前，国际食品生物技术委员会与国际生命科学研究院制定出一套分析遗传改良食品过敏性的树状分析方法。

（2）毒性　对转基因食品的毒性检测主要包括对外源基因表达产物的毒性检测和对整个转基因食品的毒理学分析，通常是将二者结合进行。

（3）营养成分　外源基因的插入是否会影响农产品的营养成分，是评价的一个主要问题。随着转基因产品的更新换代，评价内容也有所变化。如对第二代转基因食品，改善营养品质，需要在营养成分上做更多的分析，除对主要营养成分进行分析外，还需要对增加的营养成分做膳食暴露量和最大允许摄入量的分析与试验。

（4）标记基因的安全　WHO 在 1993 年的报告中提出，植物标记基因的安全评价原则是：

①分析标记基因的分子、化学和生物学特性。

②标记基因的安全性应与其他基因一起进行评价。

③原则上，某一标记基因一旦安全，可应用于任何一种目的基因的连接。

5. 转基因食品安全性评价的原则

（1）实质等同性原则　实质等同性原则的主要内涵是：

①转基因食品与现有的传统食品具有实质等同性。

②除某些特定的差异外，与传统食品具有实质等同性。

③与传统食品没有实质等同性。

（2）预先防范的原则　如果研究中的一些材料扩散到环境中，将对人类造成巨大的灾难。正是由于转基因技术的这种特殊性，必须对转基因食品采取预先防范，作为风险评估的原则。

（3）个案评估的原则　目前已有300多个基因被克隆，用于转基因生物的研究。这些基因的来源和功能各不相同，受体生物和基因操作也不一样，因此对不同转基因食品必须采取逐个评估的评价方式，该原则也是世界许多国家采取的方式。

（4）逐步评估的原则　转基因生物及其产品的研究开发经过了实验室研究、中间试验、环境释放、生产性试验和商业化生产几个阶段。每个环节对人类健康和环境所造成的风险也是不尽相同的。逐步评估原则就是要求在每个环节上对转基因生物及其产品进行风险评估，并且以前一步的实验结果作为依据来判定是否进行下一阶段的开发研究。

（5）风险效益平衡的原则　发展转基因技术就是因为该技术可以带来巨大的经济和社会效益，在对转基因产品进行评估时，应该采用风险和效益平衡的原则，进行综合评估，在获得最大利益的同时，将风险降到最低。

（6）熟悉性原则　这里指的熟悉是指了解转基因产品的有关性状、与其他生物或环境的相互作用、预期效果等背景知识。同时，"熟悉"是一个动态的过程，是随着人们对转基因产品的认知和经验的积累而逐步加深的。

6. 转基因食品安全检测方法

（1）核酸检测技术

①PCR（聚合酶链式反应）　PCR法具有灵敏度高、特异性强和快速简便等特点，目前被广泛采用，但是要求特异性高。新发展起来的多重 PCR、巢式 PCR、半巢式 PCR 等也各具优点。

②PCR-ELISA　利用此方法进行转基因检测，灵敏度较 PCR 法高 5～10倍，同时快速方便，避免了一些有毒物质的使用，适合大批量自动检测，既可以用于快速地定性筛选，又可以进行精准的定量分析。

③Southern 杂交　Southern 杂交技术不受操作过程中的污染影响，且准确度高、特异性强，是目前植物产品中转基因成分筛选的常用方法之一。

④基因芯片技术　基因芯片技术具有高效、敏捷、精确、快速等优点，目

前已经用于对大豆、棉花、马铃薯、番茄等转基因产品的检测。微阵列技术可以同时对数以千计的样品进行分析，大大提高了检测效率，降低了检测成本。

⑤PCR-Genescan　此法较常规的琼脂糖凝胶电泳法灵敏度高，重现性好，结果易判断，为分析检测转基因产品提供了一个实用、灵敏的方法。

⑥荧光定量PCR　该方法是利用产生荧光信号的指示剂显示扩增产物的量，大大提高了检测的灵敏度、特异性和精确性，缺点是需要配备相应的较为昂贵的仪器设备。

⑦竞争PCR　此法与定性PCR相比大大降低了实验室间的使用误差，完全可以检测出某些物质含量的下限量，是一种很有推广价值的定量检测方法。

（2）蛋白质检测技术

①ELISA（酶联免疫吸附测定）　该法具备了酶反应的高灵敏度和抗原抗体反应的特异性，具有简便、快速、费用低等优点，但易出现本底过高，缺乏标准化。

②试纸条法　试纸条法是一种快速简便的定性检测方法，将试纸条放在待测样品提取物中，就可以得出结果，不需要特殊仪器和熟练技能。但此法只能检测少数几种蛋白质，且灵敏度较低，会影响结果的准确性。

③Western杂交　该法灵敏度较高，检出限低，但是操作繁琐，费用较高，不适于检验机构批量检测。

④"侧流"酶联免疫测定　主要优点是分析迅速，可用于野外操作，且易于避免由于样品的制备不适而引起的错误结果。

（3）其他检测技术

①色谱分析　当转基因产品的化学成分较非转基因产品有很大变化时，可以用色谱技术对其化学成分进行分析，从而鉴别转基因产品。

②SPR（surface plasmon resonance）生物传感器技术　SPR生物传感器是将探针或配体固定于传感器芯片的金属膜表面，含分析物的液体流过传感片表面，分子间发生特异性结合时可引起传感片表面折射率的改变，通过检测SPR信号改变而检测分子间的相互作用。

③近红外线光谱分析法　有的转基因过程会使植物的纤维结构发生改变，通过对样品的红外光谱分析可对转基因作物进行筛选。

【任务实践】

实践一：GUS组织化学染色法检测转基因产品

1. 材料

市场上购买的转基因果蔬与非转基因果蔬。

2. 仪器与试剂

（1）主要仪器　微量滴定板、PCR 仪、移液枪、冰箱。

（2）主要试剂　X-Gluc，（二甲基亚砜 DMSO）、$NaH_2PO_4 \cdot 2H_2O$、$Na_2HPO_4 \cdot 2H_2O$、甲醇、Triton-100 溶液（聚乙二醇辛基苯基醚），无水乙醇。

3. 操作步骤

（1）X-Gluc 染色液配制　先将 X-Gluc 溶于 DMSO（二甲基亚砜）配成 25mg/mL 的母液，置于 $-20℃$ 保存；用 $NaH_2PO_4 \cdot 2H_2O$ 和 $Na_2HPO_4 \cdot 2H_2O$ 配成 0.2mol/L，pH 为 7.0 磷酸缓冲液；按磷酸缓冲液：H_2O：甲醇＝2：2：1 的比例配制成 X-Gluc 缓冲液；再按 X-Gluc 缓冲液：X-Gluc 母液＝70：1 的比例将 X-Gluc 母液稀释，配制成 X-Gluc 检测液。

（2）待测材料的预处理　切取生物材料和待测园艺产品少许，放入微量滴定板的小孔中，每孔加入 Triton-100 溶液（用 pH7.0 的 0.1mol/L $Na_2HPO_4 \cdot 2H_2O$ 溶液配制）$200\mu L$，$37℃$ 温育 40min。

（3）X-Gluc 染色　吸干 5g/L Triton-100 溶液，每孔加 X-Gluc 检测液 $40\mu L$，$37℃$ 温育 6h。

（4）观察　吸干 X-Gluc 检测液，加入无水乙醇脱色，观察待测材料的染色情况，染为蓝色的为 GUS 阳性，否则为 GUS 阴性。

实践二：DNA 鉴定法检测转基因产品

1. 材料

市场上购买的转基因果蔬与非转基因果蔬。

2. 仪器与试剂

（1）主要仪器　液氮罐，水浴锅，高速离心机，移液器，研钵，冰箱，无菌操作台，不同规格的离心管，高压灭菌锅，PCR 仪，电泳装置，紫外凝胶成像系统。

（2）主要试剂　液氮，十六烷基三甲基溴化铵（CTAB），醋酸钠，β-巯基乙醇，NaCl，乙二胺四乙酸（EDTA），聚乙烯吡咯烷酮，氯仿，异戊醇，异丙醇，乙醇，三羟甲基氨基甲烷（Tris），HCl，扩增缓冲液，$MgCl_2$，dNTP（四种脱氧核糖核苷酸），特异引物，Taq 酶，溴酚蓝，琼脂糖，溴化乙锭，冰乙酸，乙二铵四乙酸二钠，双蒸水。

3. 操作步骤

（1）总 DNA 的提取

①叶片的选取和称量：选取生长良好，无病虫害的幼嫩叶片，除去叶脉，在 1/1000 电子天平上称取叶片 100～200mg。

②磨样：将称好的叶片置于研钵中，并倒入适量的液氮，用研杵迅速研磨

叶片至细粉末状，待液氮挥发后，向研钵中加入 $700\mu L$ 已灭菌的 CTAB 裂解液，继续研磨至常温液体状。

③移样：将研磨好的样品倒入 2.0mL 的离心管中，再用 $700\mu L$ 的裂解液洗涤研钵，倒入离心管中，缓慢翻转混匀。

④水浴：离心管置于 65℃ 的恒温水浴锅中水浴 40～60min，水浴期间，每 10min 轻轻震荡一次，以保证离心管上下温度一致，利于 DNA 的提取。

⑤水浴结束后，置于离心机中，在 12 000r/min、常温条件下离心 10min。

⑥吸取离心管中的上清液，移入新的离心管（2.0mL）中并加入等体积的氯仿-异戊醇，将离心管缓慢的翻转 30～40 次后，在 12 000r/min、常温条件下离心 10min。

⑦吸取离心管中的上清液，移入新的离心管（2.0mL）中并加入等体积的氯仿-异戊醇，将离心管缓慢地翻转 30～40 次后，在 12 000r/min、常温条件下离心 10min。

⑧吸取上清液，移入 1.5mL 的离心管中，加入 0.1 体积的 3mol/L 的 NaAc 溶液（pH 5.2），再加入等体积（上清液体积＋NaAc 体积）预冷的异丙醇后缓慢翻转 5～10 次，形成絮状沉淀后移入 $-20℃$ 冰箱中至少 30min。

⑨在 4℃，12 000r/min 的条件下离心 6min，弃去上清液，加入 $500\mu L$ 预冷的无水乙醇洗涤 DNA 沉淀。

⑩在 4℃，12 000r/min 的条件下离心 6min，弃去上清液，倒置离心管，常温下自然干燥 16～24h 后，用 $100\mu L$ TE 溶解 DNA，置于 $-20℃$ 冰箱中保存备用。

（2）PCR 扩增

①引物设计　依据不同待测基因 DNA 的核苷酸序列设计特定引物，主要原则是尽量排除假阳性的出现。例如 CrylAb 基因的引物曾设计为如下序列，扩增出的片段大小为 1 821bp。

上游序列（只列单链）：5′-TTCCTTGGACGAAATCCCACC-3′

下游序列（只列单链）：5′-GCCAGAATTGAACACATGAGCGC-3′

②PCR 实验步骤　ⅰ. 反应体系为 $25\mu L$ 的总体积。含有 1 倍缓冲液、2.5mmol/L $MgCl_2$、0.2mmol/L dNTP（四种脱氧核糖核苷酸）、100ng 引物、25ng DNA、1U Taq 酶。

ⅱ. 除 DNA 和引物外，其他成分预先混合，最后用超纯水调至 $25\mu L$。

ⅲ. 反应条件

Step 1：94℃，4min。

Step 2：94℃，30s。

Step 3：54℃，60s。

Step 4：72℃，80s。

Step 5：goto Step2，30 个循环。

Step 6：72℃，7min。

Step 7：4℃，hold。

（3）电泳检测

①扩增完成后，取 10μL 扩增液加 1μL 终止反应液（含 2.5g/L 溴酚蓝），点在 1.4％琼脂糖凝胶（已加微量溴化乙锭）。

②在 1 倍 TAE 缓冲液［三羟甲基氨基甲烷（Tris）242g、冰乙酸 57.1mL、0.5mmol/L 乙二铵四乙酸二钠溶液（pH8.0）100mL，用灭菌双蒸水加至 1 000mL］、6V/cm 条件下琼脂糖凝胶电泳 1.5h。

③紫外灯下照相。

④对照分子标准或标准 DNA 片段（阳性对照，必要的时候还要加入阴性对照），确定待测样品 PCR 产物特定大小的阳性与否，以判定待测样品是否含有转特定基因的成分。阳性为肯定，阴性为否定。

【关键问题】

如何认识转基因产品？

转基因农产品，就是指科学家在实验室中，把动植物的基因加以改变，再制造出具备新特征的食品种类。许多人已经知道，所有生物的 DNA 上都写有遗传基因，它们是建构和维持生命的化学信息。通过修改基因，科学家们就能够改变一个有机体的部分或全部特征。

不过，到目前为止，这种技术仍然处于起步阶段，并且没有一种含有从其他动植物上种植基因的食物，实现了大规模的经济培植。同时许多人坚持认为，这种技术培育出来的食物是"不自然的"。

世界上第一种基因移植作物是一种含有抗生素药类抗体的烟草，1983 年得以培植出来。又过了十年，第一种市场化的基因食物才在美国出现，它就是可以延迟成熟的番茄作物。一直到 1996 年，由这种番茄食品制造的番茄饼，才得以允许在超市出售。

为什么一些人认为转基因技术或许对人类健康有害呢？批评者认为，目前我们对基因的活动方式了解得还不够透彻。我们没有十足的把握控制基因调整后的结果。批评者担心突然的改变会导致有毒物体的产生，或激发过敏现象。

另外，还有人批评科学家所使用的 DNA 会取自一些携带病毒和细菌的动植物，这可能引发许多不知名的疾病。我们应该相信我们所吃的食物吗？

为了确保消费者的安全和维持信心，所有食品都必须经过一系列的检测管理程序。检测程序的目的是在食品上市前就发现问题。如果消费者不幸因为所吃的食品而得病，这往往是因为食品生产线存在问题。

【思考与讨论】

1. 如何进行转基因产品的检测？
2. 比较不同方法检测转基因产品的优缺点。
3. 讨论：转基因产品是否应该明确标识。

【知识拓展】

1. 转基因安全评价的国际组织

1990 年联合国粮农组织（FAO）和世界贸易组织（WHO），研究建立了有关生物技术食物安全评估程序，以确保其安全性。1993 年 WHO 研究了转基因植物使用抗生素标识基因的潜在危险性问题。世界经济合作组织（OECD）在 1993 年提出了评价转基因食品安全性的实质等同性原则。1996 年，FAO/WHO 提出生物技术食物安全性问题国际统一的具体操作规程，由国际生物技术研究所等机构发展了一种评估转基因食品过敏性的"树形判定法"的策略。1999 年，联合国食品法典委员会第 23 届会议提出。1998—2002 年中期计划研究发展转基因食物的标准，成立有关转基因食物的国际组织，以实施该计划。

2000 年，FAO/WHO 在瑞士日内瓦召开了转基因食物联合专家顾问委员会会议。会议就"实质等同性"概念的评价、转基因食物安全性评估的基本原则和内容、动物模型的必要性、非预期效应、转基因植物的基因转移、转基因食品的过敏性问题、营养学问题等方面进行了讨论，会后发布了《关于转基因食物的健康安全问题》。

2001 年 1 月，出席蒙特利尔生物安全国际会议的 130 多个国家通过了《生物安全议定书》。在议定书中明文规定了基因改良产品必须在产品标签上加注"可能含有基因改良成分"字样；同时各国有权禁止他们认为可能对人类及环境构成威胁的基因改良食物进口。

2004 年 6 月，联合国粮农组织公布了由 FAO 国际植物保护协议管理委员会制定的新的《植物生物风险防范纲要》，该纲要将主要用于判断活体转基因生物是否含有对植物有害的物质。目前，约 130 个国际采纳了这个转基因生物风险评估标准。该纲要的发布也意味着今后发展中国家可以采用与发达国家相同的风险分析标准，因此，对于发展中国家具有更加重要的意义。

2. 中国

1993 年 12 月 24 日，国家科学技术委员会发布《基因工程安全管理办法》，该办法按照潜在的危险程度将基因工程分为 4 个安全等级。

1996 年 7 月 10 日，农业部发布《农业生物基因工程安全管理实施办法》。在这个实施办法里就农业生物基因工程的安全等级和安全性评价、申报和审批、安全控制措施以及法律责任都做了较为详细的描述和规定。

2001 年 5 月 23 日，国务院公布了《农业转基因生物安全管理条例》，目的是为了加强农业转基因生物安全管理，保障人体健康和动植物、微生物安全，保护生态环境，促进农业转基因生物技术研究。

2002 年 1 月 5 日，农业部根据《农业转基因生物安全管理条例》的有关规定，公布了《农业转基因生物安全评价管理办法》《农业转基因生物标识管理办法》《农业转基因生物进口安全管理办法》。

2002 年 4 月 8 日，卫生部根据《中华人民共和国食品卫生法》和《农业转基因生物安全管理条例》，制定并公布了《转基因食品卫生管理办法》。目的是为了加强对转基因食品的监督管理，保障消费者的健康权和知情权。

【任务安全环节】

1. 进行转基因产品检测过程中，会使用到离心机、高压灭菌锅等仪器设备，要求学生在使用过程中严格按照仪器操作说明使用，以防发生危险。

2. 在实验过程中用到液氮、甲醇、二甲基亚砜、氯仿、酚类等有毒有害试剂，要求学生在使用时注意安全，做好防护工作，如戴口罩、手套等进行操作，并且最好在通风橱内操作，以免发生冻伤或中毒危险。

【专业网站链接】

1. http：//www. aqsc. gov. cn　中国农产品质量安全网。

2. http：//www. haqi. gov. cn　河南省质量技术监督局。

3. http：//www. agri. cn　中国农业信息网。

4. http：//www. haagri. gov. cn/htmL　河南农业信息网。

5. http：//www. farmer. com. cn　中国农业新闻网。

【数字资源库链接】

1. http：//www. jingpinke. com　国家精品课程资源网。

2. http：//www. crmch. com/HTML ＿ News/news ＿ 3914. htmL　国家标准样品网。

3. http：//nhjy. hzau. edu. cn/kech/yyzw/main. htm　华中农业大学精品课程网。

任务二　转基因园艺产品的安全性分析

【案例】

2013 年，《环球时报》刊登了彭光谦"八问主粮转基因化"文章，对转基因技术安全性提出种种质疑。随后，转基因生物安全委员会委员林敏接受了记者专访，给予了一一回应。记者提问涉及了对转基因技术的认识、关于转基因食品是否与某些疾病有联系、国家对转基因品种研发的态度、对转基因技术的程序管理等方面，林敏从不同角度做了相应解释。他指出，转基因技术是现代生物技术的核心，提到获得安全证书的转基因食品与非转基因食品具有同样的安全性，我国对转基因育种技术和常规育种技术同等重视，同时对转基因技术有着严格的管理程序。那么，我们究竟该如何看待转基因产品的食用安全性问题？又应该从哪些方面去评价转基因产品的食用安全性呢？

【知识点】

1. 转基因产品食用安全性评价

（1）转基因产品食用安全性评价的原理　目前，对于转基因产品的安全性评估主要是采取实质等同性原则作为基本策略。在与传统产品比较时，应考虑其农艺性状、形态学特点、遗传特性及成分变化等，通过比较建立转基因产品与传统产品之间的等同程度，同时对出现的差别进一步进行毒理学分析及营养鉴定。

（2）转基因产品食用安全性评价的方法

①营养性评价　主要内容包含营养成分安全评价、抗营养因子的安全性分析、转基因食品表型性状物质分析、转基因食品营养素的生物利用率分析等方面。

营养成分安全评价：营养成分的分析主要包含水分、蛋白质、脂类、纤维、灰分和糖分等的分析。对主要营养成分的分析，在遵循"实质等同性原则"的基础上，应该充分考虑与历史上或现在世界各国栽培品种的近似营养成分的比较。

营养性评价的第二个方面是对矿物质的分析。园艺产品是人类获取矿物质的主要途径之一，微量元素对人类的正常生理代谢具有重要作用，如果缺乏或过量都会引起各种生理疾病。转基因食品是否会在矿物质含量方面有所改变，是人们非常关注的一个问题，所以需要对转基因食品的矿物质进行评价。

营养性评价的第三个方面是对维生素的分析。维生素是人体新陈代谢的重要参与物质，维生素的缺乏会严重影响人体健康，因此需要对转基因食品进行维生素的评价，确保转基因食品可以和非转基因食品一样提供人体所需的维生素。

营养性评价的第四个方面是对脂肪酸的分析。脂肪酸是人类从食品中获得的维持生命的基本物质之一，同时脂肪酸的成分不同对人体健康的影响程度也不同。转基因技术是否会造成脂肪酸比例的变化，从而影响人体健康，是转基因食品营养安全的一个重要指标。

营养性评价的第五个方面是对氨基酸的分析。氨基酸评价是对转基因食品中蛋白质的进一步分析，蛋白质中氨基酸成分和比例的不同对人们利用蛋白质的影响很大。因此，对于转基因食品的营养安全评价，必须对氨基酸进行分析和评价。

抗营养因子的安全性分析　食品中不仅含有大量的营养物质，也含有非常多的非营养化学物质，并且有些物质超过一定量的时候是有害的。这类非营养因子也称为抗营养因子或抗营养素，对转基因食品中抗营养因子的分析也是很有必要的。

几乎所有的植物性食品中都含有抗营养因子，主要有植酸、胰蛋白酶抑制剂、凝集素、芥酸、棉酚、单宁、硫苷等。在评价抗营养因子时，要根据植物的特点选择具体检查项目。

转基因食品表型性状物质分析　食品经转基因技术改造后，其风味、色泽、成分组成、香味等的变化也是营养性评价的重要方面。

（2）毒理学评价　理论上讲，任何外源基因的转入都可能导致转基因生物产生不可预知的或意外的变化。如果转基因食品的受体生物有潜在的毒性，应检测其毒素成分有无变化，插入的基因是否会导致毒素量的变化或产生新的毒素。在毒性物质的检测方法上应考虑使用 mRNA 分析和细胞毒性分析。

对新表达物质进行毒理学评价要考虑以下方面：新表达蛋白资料、新表达蛋白毒理学试验、新表达非蛋白物质的评价、摄入量估算等。

对转基因食品毒理学进行评价的试验可分为四个阶段：

第一阶段，急性毒性试验；第二阶段，遗传毒性试验；第三阶段，亚慢性毒性试验；第四阶段，慢性毒性试验。

进行转基因食品安全性毒理学评价时还要考虑以下几个方面：

一是人的可能摄入量；二是人体资料；三是动物毒性试验和体外试验资料；四是安全系数；五是代谢试验的资料；六是综合评价。

（3）过敏性评价　转基因食品致敏性评价的重点内容有以下几个方面：

一是亲本作物和基因来源的历史；二是新引入蛋白质与已知致敏原的氨基酸序列的同源性；三是新引入蛋白质的免疫反应性；四是 pH 或消化的作用；五是对热和加工的稳定性；六是引入蛋白质的表达水平的重要性。

对转基因食品过敏性评价的分析可采用树状分析法和新的过敏原评价决定树等方法。

转基因食品致敏性评价的一般策略为：①对转基因食品中外源基因供体进行分类；②对外源基因的供体为常见过敏原的转基因食品进行致敏性评价；③对外源基因的供体为不常见过敏原的转基因食品进行致敏性评价；④对外源基因供体无食用和食物过敏史的转基因食品进行致敏性评价。

（4）非期望效应分析　将新基因插入生物体时不可避免地出现新基因没有全部插入到研究者所期望的位点上，由此会产生某些没有预料到的效应，即非期望效应。

转基因食品的安全性主要决定于插入基因棉麻蛋白的功能与人体健康的关系，即转基因食品的安全性涉及以下几个方面：受体生物体的毒素增加或带来新的毒素；插入的外源基因产生新的蛋白质可能引起过敏反应；转基因食品的营养成分改变导致人类的营养结构失衡。对这些非期望效应要进行检测和评价。

非期望效应的研究主要集中在两个方面：定向方法和非定向方法。

对一些重要营养和关键毒素进行单成分分析的定向方法，在进行特定成分的比较分析上是极为有用的。但有学者认为该方法的结果不够全面，只集中在研究可知的化合物以及可预料的效应，而对未知的或不可预料的效应则是盲区。

非定向检测法主要应用于功能基因组学、蛋白质组学、代谢组学三个水平进行，可以以非选择性、无偏倚的方式筛选出被修饰寄生生物在细胞或组织水平的生理或代谢水平的变化。

（5）抗生素抗性标记基因的安全性分析　标记基因的安全性评价是转基因食品评价的重要内容，有三个原则需要遵循：一是明确标记基因的分子、化学和生物学的特性；二是标记基因与其他基因一样进行评价；三是原则上某一标记基因一旦积累，可用于任何一种植物。

关于抗生素标记基因的安全性问题应从以下几个方面考虑：

一是判断标准；二是对人体产生的直接效应；三是抗生素抗性基因水平转入肠道上皮细胞或肠道微生物的潜在可能性；四是抗生素抗性基因水平转入环境微生物的潜在可能性；五是未预料的基因多效性。

2. 转基因产品的环境安全性评价

目前对转基因植物的环境安全性评价主要集中在两个方面：一个是外源基因及其产物对环境的影响，另一个是转基因植物释放或使用对生态安全的影响。

（1）外源基因对受体植株的影响

①标记基因对受体植物的影响　标记基因是帮助对转基因生物工程体进行筛选和鉴定的一类外源基因，在转基因实验过程中一般要用到两种标记基因，分别是选择标记基因和报告基因。其中选择标记基因可分为抗生素抗性、除草剂抗性和植物代谢三大类；而报告基因是一种编码可被检测的蛋白质或酶的基因，即是一个其表达产物非常容易被鉴定的基因。

标记基因对受体植物的影响可从以下两个方面考虑：

一是编码抗生素或除草剂抗性的标记基因可能通过花粉传播、种子扩散等转基因逃逸渠道在种群间扩散，并可能转移到杂草，产生抗除草剂的"超级杂草"；或者向其他植物转移，从而对生态环境和生物多样性产生潜在的危害。

二是转基因产物进入土壤后对土壤生物多样性的影响。前期研究发现，转基因矮牵牛、番茄与非转基因相比，土壤微生物的数量和种类没有发生明显的变化，说明抗生素类标记基因不会使某一微生物的生存竞争力增加。

②目的基因对植物的影响　目的基因是人们期望目标植物获得或加强某一性状的遗传信息载体。目前关于目的基因对植物的影响有不同的看法，某些生态学家认为，遗传转化产生的植物对环境的影响是难以预测的，而分子生物学家则认为转基因植物是他们熟知的东西，所转的目的基因的功能也是明确的。

现在大多数转基因植株与病虫害、杂草、逆境等抗性有关，因此这类转基因植物对环境的适应性会大大提高。但是只有在选择压力存在的条件下，转基因植株才具有选择优势，而在选择压力不存在的自然条件下，转基因植株不一定能表现出这种选择优势。

③外源基因的插入对植物的影响　外源基因在受体植物基因组中的插入位置是随机的，其拷贝数也是不确定的。这两方面的变化将会产生两方面的影响：

一是可能导致转基因失活或沉默；二是可能会使受体植物的基因表现插入失活，最终改变植物代谢，引起代谢途径紊乱。

（2）转基因对生物多样性的影响

①对物种多样性的影响

转基因植物成为杂草的可能性："杂草"的定义是在错误的地点、错误的时间内生长的植物；另一种更广泛的定义是：非人为种植、对人类而言其不利性状多于有利性状的植物。美国杂草科学委员会（WSSA）将其简单定义为："对人类行为或利益有害或有干扰的任何植物。"一种植物在某地可能是对人类有益的农作物，而在另一地方却可能成为有害的杂草。

杂草常常带有一些特定的生理和结构特征，使之能有效地与农作物或其他植物竞争，确保它们得以维系生存。

一个物种可能通过两种方式转变为杂草：一是它能在引入地持续存在；二是它能入侵和改变其他植物栖息地。转基因作物（genetically modified crops，GMC）是否有可能成为杂草取决于转基因植物能否扩散至邻近的栖息地并在栖息地内持续存在。在讨论 GMC 是否具有演变成新型杂草的潜在风险时，应遵循个案分析（caesbycaes）的原则，结合转基因受体植物的生物学特性，以及外源基因导入性状进行综合评价。

首先应考虑遗传转化的受体植物有无杂草特性。有些作物对环境要求极为苛刻，以至离开了人类的耕作就无法生存。例如，玉米就是一种无论是生长还是繁殖都依赖于人类的作物类型，难以想象在玉米中导入一两个基因就会使它变成野生的杂草。经人类高度驯化的主要栽培植物，已经失去了杂草的一系列遗传特性，仅仅加入一个或少数几个基因，很难使这些作物变为杂草。

在 GMC 杂草化问题方面，要特别注意的是那些具有杂草特性，或者在特定的条件下本身就是杂草的作物，如向日葵、草莓、嫩茎花椰菜等。

其次，应考虑 GMC 中导入的基因是否有可能增加该作物的杂草特性。理论上增加转基因植物对环境的适应能力，有可能增加其杂草性，例如种子休眠期的改变、种子萌发率的提高、对有害生物和逆境的耐受性，以及植株具有的生长优势等。但这只是一种理论上的可能性，并无科学事实的支持，转基因是否会增加作物的杂草性，还需要在遵循个案分析原则的前提下，进行更多的研究。

转基因作物中外源基因向相关物种的漂移：基因漂流是指不同物种或不同生物群体之间遗传物质的转移，包括通过花粉漂移和种子或无性繁殖体的混杂。理论上只要大量种植转基因作物，而且附近存在与该作物有杂交亲和性的近缘种或杂草时，GMC 中的外源基因就有可能通过花粉传递给这些近缘植物。

如果基因漂流发生在 GMC 和生物多样性中心的近缘野生种之间，则有可能降低生物多样性中心的遗传多样性，甚至可能导致濒危物种的灭绝；如果这种基因漂流发生在转基因作物和有亲缘关系的杂草之间，则有可能增加杂草的适应性和竞争性，产生更加难以控制的杂草。

需要指出的是，基因漂流并不是转基因作物所特有的。对转基因作物基因漂流的风险评价同样应遵循个案分析的原则，并重点研究基因漂流引起的后果，考察转基因作物与传统作物相比，是否会增加新的风险。

对转基因作物基因漂流的研究主要针对转基因作物与非转基因作物、转基因作物与野生近缘种之间发生基因漂流的可能性，以及基因漂流对生态环境的潜在影响。

②对生态系统多样性的影响

通过食物链对生物多样性的影响：如果转基因抗虫植物影响了目标害虫和非目标昆虫，那么它们还会进一步通过食物链影响到这些昆虫的捕食者。

对土壤结构的影响：转基因抗虫棉中的外源蛋白进入土壤后能否保持活性将会对土壤生态系统产生影响。

对农业生态系统群落结构和生物多样性的影响：对转基因（Bt）棉花节肢动物群落结构分析显示，Bt棉花害虫多样性和天敌亚群多样性与普通棉花施药与非施药处理没有显著差异，而节肢动物总群落多样性明显高于普通棉花施药防治处理。

（3）转基因产品环境安全个案评价　以对生物多样性影响评价为例。

主要评价程序：在抗除草剂转基因植物的大田里，施用了除草剂后，对杂草群落以及食用杂草的植食性昆虫及其他动物的影响评价，以不使用除草剂进行对照。

检测内容：研究除草剂对主要杂草的影响；检测杂草抗性的产生；用含除草剂的食物饲喂主要的植食性昆虫及其他动物来研究除草剂的影响；检测除草剂对杂草群落结构及主要动物群落结构的变化影响。

【任务实践】

实践一：种子发芽率与发芽势检测转基因植物的生存竞争力

1. 材料

转基因番茄与非转基因番茄种子。

2. 主要仪器

培养皿、恒温培养箱、滤纸或纱布。

3. 操作步骤

（1）选择大小均匀一致、健康饱满的转基因番茄种子与非转基因番茄种子各50粒，然后放在50～55℃的温水中消毒，保持15min，不断搅拌，直到温度降到25℃。

（2）在培养皿中铺入两层滤纸，再分别用蒸馏水浸湿，使滤纸充分吸收饱和，将挑选好并已温汤消毒的种子均匀摆在培养皿中，种子摆放过程中种间留有一定的间隙，以利于种子的萌发和观察计数，放在温度为25℃的培养箱中进行发芽试验。

（3）观察记录　每天早晚适当补充蒸发的水分，以免因缺水影响种子的发芽，同时观察种子的萌发状况及种子发芽数并做好记录。种子萌动以胚根突破种皮为标准，种子发芽以胚根突破种皮下胚轴长度不小于种子自身长度的 1/2 时为标准。在观察试验过程中如果出现种子霉烂现象并很严重时，为避免影响其他种子的发芽，应将其拣出，并记录其发芽情况。

（4）项目测定方法

$$发芽率（\%）=\frac{正常发芽的种子数}{试验种子总数}\times100\%$$

$$发芽势（\%）=\frac{n}{N}\times100\%$$

试中，n 为试验前 4d 发芽的种子数；N 为试验种子数。

（5）数据分析　采用 Excel 软件进行数据处理，用邓肯氏新复极差法分析转基因番茄与非转基因番茄种子发芽率与发芽势的差异。

【关键问题】

转基因食品涉及的主要安全问题

目前人们对转基因食品的担忧主要体现在两个方面，即对人类健康的影响和对生态环境的影响。

对人类健康的影响主要从转基因食品的食用安全性方面考虑，涉及营养成分、毒性或增加食物过敏物质可能的直接影响，引发基因突变或改变代谢途径的间接影响，以及其他方面的影响。

对环境安全性的问题主要是指转基因植物释放到田间后，是否会将基因转移到野生植物中，是否会破坏自然生态环境，打破原有生物种群的平衡。主要包括：转基因生物对农业和生态环境的影响、产生"超级杂草"的可能、是否会产生"超级害虫"、转基因向非目标生物转移的可能性、转基因生物是否会破坏生物多样性等。

【思考与讨论】

1. 转基因产品的食用安全性评价包含哪些方面？
2. 转基因产品的环境安全性评价包含哪些方面？

【知识拓展】

1. 环境影响评价的基本概念

环境影响评价（environment impact assessment，EIA）是指对提议中的

人类的重要决策和开发活动，可能对生态环境产生的物理性、化学性或生物性的作用及其造成的环境变化、生态演化，以及对人类健康和福利（包括涉及后代子孙利益）的可能影响，进行系统的综合分析和全面评估，并提出减少这些影响的对策和措施。

转基因植物商品化的环境影响评价是指经过封闭研究、大田试验等狭义环境释放的转基因植物，拟议进行商品化生产时必须进行的一种环境评估活动，按照有关规定对可能产生的生态环境与人类健康影响进行全面、系统、深入的综合分析，并提出影响结果的预调和必要的环境保护措施。

2. 转基因植物环境影响评价的意义

转基因植物环境影响评价的关键问题是生物安全性评价，它不仅对保护生态环境和人类健康具有重要意义，而且对促进现代生物技术的稳健发展和合理应用也有着长远意义。转基因植物环境影响评价不同于传统的工程项目的环境影响评价，它不是一般工程开发实施和运行经营中可能带来的生态环境影响的所有概括，它也绝不是一般性的污染影响或转嫁污染问题，也不是简单的环境成本外部化问题，它实质上是用于重大决策范畴，并且具有明显的可持续发展要求。因此，转基因植物的环境影响评价应该是战略环境评价、区域环境评价和可持续环境影响评价三者兼而有之。其中应以生物多样性（包括物种资源多样性和遗传基因多样性）、生态环境及人类健康三者的安全性为核心内容，开展战略性和区域性（甚至全球性）的全面系统的可持续发展的综合评价。

从本质上讲，转基因植物和常规育成的植物品种应该是相似的，两者都是在原有品种的基础上，对其他部分性状进行修饰或增加新性状或消除原来的不利性状，只不过其中一些目标性状（如涉及多基因控制的高产性或稳定性）用常规育种技术更容易成功，而另外一些目标性状（如抗虫性、除草剂抗性等）则用基因工程技术。

【专业网站链接】

1. http：//www. aqsc. gov. cn　中国农产品质量安全网

2. http：//www. haqi. gov. cn/viewpage？path＝/index. htmL　河南省质量技术监督局。

3. http：//www. agri. cn/中国农业信息网。

4. http：//www. haagri. gov. cn/htmL　河南农业信息网。

5. http：//www. farmer. com. cn/中国农业新闻网。

【数字资源库链接】

1. http：//www.jingpinke.com 国家精品课程资源网。

2. http：//nhjy.hzau.edu.cn/kech/yyzw/main.htm 华中农业大学精品课程网。

技术实训

对转基因产品认知与接受程度的市场调查

1. 实训目的

转基因食品是利用现代分子生物技术，将某些生物的基因转移到其他物种中去，改造生物的遗传物质，使其在形状、营养品质、消费品质等方面向人们所需要的目标转变。以转基因生物为直接食品或为原料加工生产的食品就是转基因食品。

本实训通过设计问卷，开展调研，收集数据，可进行以下分析：①了解消费者对转基因食品以及相关信息的了解程度；②知晓消费者眼中，相关部门、组织、机构、企业等针对于转基因食品的行动力度及其对消费者自身利益的保障；③同比于普通食品的优劣，分析消费者对转基因食品的认可程度及其购买的可能性。

2. 实训工具

数码相机、调查记录本、钢笔等。

3. 实训方法

（1）选定调查对象 随机采访 100 名消费者。

（2）选定调查地点 大型农贸市场、大型生鲜超市。

（3）设定调查方式 问卷调查。

（4）调查主要内容 被采访对象的文化程度、专业背景，对转基因产品的认知程度（是否听说过、是否了解），通过什么途径知道转基因产品，是否购买过转基因产品，是否知道中国市场上流通的转基因产品，是否应该对转基因产品进行标注，对转基因产品的购买倾向，是否担心转基因产品的安全性，是否应该发展转基因产品，转基因产品是否会取代传统产品等。

（5）撰写调查报告 对调查的结果借助统计学和所学专业知识进行统计分析，形成相应的书面报告（不少于 3 000 字）。

4. 实训要求

（1）实训前认真预习实习内容，并根据实训目的和要求编制好相应的调查问卷。

（2）对实训所得的数据能够进行相应的处理与分析。

（3）能够针对实训结果独立完成实训报告。

5. 技术评价

完成实训报告，根据报告结果给出合理说明。

参 考 文 献

陈海燕，夏丽娟，冷晓红，等，2013. 药用植物苦豆子重金属元素含量的分析 [J]. 西北
　　林学院学报，28（5）：79-81.

陈建勋，王晓峰，2000. 植物生理学实验指导 [M]. 北京：中国农业出版社.

池宁琳，2012. 植物纤维中不溶性碳水化合物的测定 [D]. 复旦大学.

崔蓉，李皎，王洪玮，2005. 水溶性维生素的高效液相色谱测定方法的研究 [J]. 中国卫
　　生检验杂志，1：55-57.

邓泽元，余迎利，2005. 决明子（Cassia Tora）中脂类的 GC 测定 [J]. 食品科学，2：
　　162-165.

丁红秀，2007. 毛竹叶多糖构成及生物活性研究 [D]. 南昌大学.

樊勇，陶承光，刘爱群，2009. 不同砧木嫁接黄瓜果实感官评价与营养品质的相关性 [J].
　　江苏农业科学，3：172-173.

冯旭东，安卫东，丁毅，等，2011. 蛋白质快速检测仪测定乳及乳制品中蛋白质 [J]. 分
　　析化学，10：1496-1500.

付婷婷，黄永东，黄永川，等，2013. 重庆市售蔬菜中亚硝酸盐及 Vc 含量分析 [J]. 西南
　　农业学报，26（2）：545-548.

甘淋，李娟，何涛，等，2004. 几种蛋白质含量测定方法的比较研究 [J]. 泸州医学院学
　　报，6：500-502.

高海生，2003. 食品质量优劣及掺假的快速鉴别 [M]. 北京：中国轻工业出版社.

顾佳丽，赵刚，2013. 食品中的元素与检测技术 [M]. 北京：中国石化出版社.

郭玉华，郁有祝，2012. 高效液相色谱法测定茶叶中五种水溶性维生素 [J]. 食品研究与
　　开发，8：138-140.

郭詹菁，2010. 洋葱类黄酮的提取及生物活性研究 [D]. 福建农林大学.

韩振海，陈昆松，2006. 实验园艺学 [M]. 北京：高等教育出版社.

何新益，张爱琳，闫师杰，2010.《食品感官评价》教学改革方法探讨 [J]. 天津农学院学
　　报，4：60-61，64.

呼斯乐，白晨，张惠忠，等，2014. 转基因作物检测技术研究进展 [J]. 内蒙古农业科技，
　　（5）：98-101.

黄劲松，陈建兵，杜先锋，等，2008. 毛细管电泳测定蘑菇中多种水溶性维生素 [J]. 食
　　品科学，5：344-346.

黄昆仑，许文涛，2009. 转基因食品安全评价与检测技术 [M]. 北京：科学出版社.

黄佩芳，2002. 应用现代色谱分析法测定食品中的碳水化合物 [J]. 中国食品添加剂，3：

81-82，100.

黄玉环，2003. 分光光度法测定蔬菜中的碳水化合物［J］. 福建分析测试，2：31-32.

贾伟华，2001. 测定食品脂类的几种方法［J］. 城市技术监督，8：58.

姜伟，马艺丹，闫瑞昕，等，2015. 三种果粉中矿物质和淀粉含量的测定及抗氧化性研究［J］. 海南师范大学学报（自然科学版），3：280-283，315.

蒋晔，刘红菊，郝晓花，2005. 反相高效液相色谱法同时测定 9 种水溶性维生素［J］. 药物分析杂志，3：339-341.

康臻，2010. 食品分析与检验［M］. 北京：中国轻工业出版社.

孔涛，郝雪琴，赵振升，等，2011. 重金属残留分析技术研究进展［J］. 中国畜牧兽医，38（11）：109-112.

黎永艳，张海霞，邱棋伟，2011. 水分测定仪测定食品中水分的含量［J］. 医学动物防制，9：880-881.

李赤翎，2010. 栝蒌子功能性脂类的研究［D］. 湖南农业大学.

李凤林，张忠，李凤玉，2010. 食品营养学［M］. 北京：化学工业出版社.

李和生，2012. 食品分析实验指导［M］. 北京：科学出版社.

李金超，马三梅，王永飞，等，2014. 转基因西瓜研究进展［J］. 中国瓜菜，27（5）：1-4.

李金霞，2014. 以食品检验工培训为例谈高职院校分析类课程教学改革研究［J］. 食品安全导刊，15：74-75.

李丽梅，李雪梅，关军锋，等，2013. 北方 23 个梨品种鲜榨梨汁的理化特性分析和感官评价［J］. 食品与机械，2：44-48，53.

李禄慧，徐妙云，张兰，等，2011. 不同作物中维生素 E 含量的测定和比较［J］. 中国农学通报，26：124-128.

李宁，2006. 几种蛋白质测定方法的比较［J］. 山西农业大学学报（自然科学版），2：132-134.

李巧玲，李朝阳，陈辉，2012. 现代食品检测技术理论与实验教学改革初探［J］. 中国电力教育，5：64-65.

李莹，曲婷婷，赵鑫鑫，2014. 农产品中农药残留检测技术研究综述［J］. 吉林蔬菜，（06）：35-36.

李元亭，李军祥，李庆，2010. 不同蔬菜营养物质含量的比较研究［J］. 中国园艺文摘，7：26-28.

林智，2010. 食品中蛋白质含量的测定［J］. 当代化工，2：224-226.

刘国艳，徐鑫，方维明，等，2013. "食品感官评价"课程教学改革初探［J］. 扬州大学烹饪学报，3：62-64.

刘何春，谭亮，徐文华，等，2013. 大黄种子中蛋白质、多糖和淀粉含量的测定［J］. 光谱实验室，6：3114-3121.

刘丽，2007. 食品中碳水化合物的测定［J］. 企业标准化，7：31.

刘邻渭，陶健，毕磊，2004. 双缩脲法测定荞麦蛋白质［J］. 食品科学，10：258-261.

刘睿婷，宋百灵，史荣梅，等，2014.3 种测定鲜蒜中水分含量方法的比较［J］．新疆医科大学学报，1：9-11.

刘爽，刘青茹，袁芳，等，2014. 果汁降酸技术研究进展［J］．食品科技，7：83-87.

刘伟新，周爱德，2007. 紫外分光光度法对几种新疆产黑加仑中维生素 C 含量的测定［J］．新疆中医药，4：12-14.

刘小青，谢丽玉，黄俊生，等，2007. 潮州老香黄、老药桔中矿物质元素的测定［J］．广东微量元素科学，5：38-41.

刘长乐，孙冲，2013. 蕨菜中亚硝酸盐含量的测定分析［J］．中国林副特产，（3）：35-36.

刘志宏，蒋永衡，王萍莉，等，2013. 农产品质量检测技术［M］．北京：中国农业大学出版社．

陆翠珍，李英，2013. 测定食品脂类的几种常用方法［J］．食品安全导刊，4：74-75.

陆晓滨，李敬龙，董贝磊，等，2003. 提高凯氏定氮法蛋白质测定速度的研究［J］．中国调味品，1：37-39.

路苹，于同泉，王淑英，等，2006. 蛋白质测定方法评价［J］．北京农学院学报，2：65-69.

马占玲，马占彪，夏云生，等，2006. 青椒中还原型维生素 C 含量的测定［J］．渤海大学学报（自然科学版），2：111-113.

门建华，何梅，王竹，等，2006. 十种生物性物质中六种矿物质的分析评价［J］．卫生研究，4：494-496.

尼尔森，2009. 食品分析实验指导［M］．北京：中国轻工业出版社．

农业部农产品质量安全监管局，2011. 农产品质量安全检测技术实务［M］．北京：中国农业出版社．

欧阳晶，陶湘林，李梓铭，等，2014. 高盐辣椒发酵过程中主要成分及风味的变化［J］．食品科学，4：174-178.

浦媛媛，邹青松，卢安根，等，2011. 化学发光法测定浮渣油脂类物质抗氧化活性［J］．食品科技，12：287-290.

曲玲，汪海棠，徐学博，等，2015. 食品中蛋白质测定方法的研究［J］．中国新技术新产品，16：68.

申书兴，2004. 园艺植物育种学实验指导［M］．北京：中国农业大学出版社．

申烨华，张萍，孔祥虹，等，2005. 高效液相色谱法同时测定扁桃仁中的水溶性维生素 C，B_1，B_2 和 B_6［J］．色谱，5：538-541.

史玮，孙莹，徐振斌，2013. 凯氏定氮法测定粮食蛋白质含量方法研究［J］．粮食科技与经济，5：31-32.

斯琴格日乐，恩德，依德日，等，2011. 苦瓜中维生素 C 含量的测定［J］．光谱实验室，2：846-849.

孙清荣，王方坤，2011. 食品分析与检验［M］．北京：中国轻工业出版社．

孙远明，余群力，2006. 食品营养学［M］．北京：中国农业大学出版社．

唐玉萍，李翌，刘阳，等，2015. 籽瓜果醋加工工艺研究［J］. 中国果菜，6：15-20.

陶大勇，王选东，薛琴，2006. 塔里木盆地部分植物 8 种矿物质含量的测定［J］. 中国农学通报，4：127-130.

童斌，杨薇红，2006. 园艺产品营养与品质分析［M］. 咸阳：西北农林科技大学出版社.

万建民，黎裕，2014. 高效、安全、规模化转基因技术：机会与挑战［J］. 中国农业科学，47（21）：4139-4140

王丹，吕冰，周爽，等，2014. 高效液相色谱法检测淀粉及含淀粉食品中 6 种有机酸［J］. 中国食品添加剂，2：108-113.

王立群，于洪祥，马世华，等，2005. 根霉发酵大豆食品的研究——脂类营养成分的测定［J］. 东北农业大学学报，1：5-7.

王丽，艾颖超，杨蕾，2014. 离子色谱法检测水产品中的硝酸盐与亚硝酸盐［J］. 中国食品学报，14（3）：177-181

王璐，阎晓菲，李艳云，等，2014. 响应面法优化葡萄醋发酵条件的研究［J］. 中国酿造，7：55-58.

王文平，郭祀远，李琳，等，2008. 考马斯亮蓝法测定野木瓜多糖中蛋白质的含量［J］. 食品研究与开发，1：115-117.

王新龙，罗红霞，王福海，等，2014. 甘薯酶解工艺条件优化研究［J］. 食品与机械，1：228-231.

王轩，2013. 不同产地红富士苹果品质评价及加工适宜性研究［D］. 中国农业科学院.

王英典，2001. 植物生物学实验指导［M］. 北京：高等教育出版社.

王长文，马洪波，谢思澜，2011. 4 种山野菜中粗纤维和矿物质的含量测定［J］. 吉林医药学院学报，6：336-338.

王正银，2012. 农产品生产安全评价与控制［M］. 北京：高等教育出版社.

卫晓怡，陈舜胜，李勇军，等，2003. 食品感官评尝员自身经验的积累对试验结果的影响［J］. 食品研究与开发，3：91-94.

尉向海，2009. 食品中水分及其测定方法的规范化探讨［J］. 中外医疗，2：174-175.

吴春艳，2007. 水果中维生素 C 含量的测定及比较［J］. 武汉理工大学学报，3：90-91.

吴广枫，许建军，石英，2007. 农产品质量安全及其检测技术［M］. 北京：化学工业出版社.

吴谋成，2011. 食品分析与感官评定［M］. 北京：中国农业出版社.

向曙光，刘思俭，朱万洲，等，1984. 应用苯酚法测定植物组织中的碳水化合物［J］. 植物生理学通讯，2：42-44.

肖尊安，2011. 植物生物技术［M］. 北京：高等教育出版社.

徐小方，杜宗绪，2010. 园艺产品质量检测［M］. 北京：中国农业出版社.

杨建兴，宋曙辉，徐桂花，2008. 食品质量控制中感官评价的应用［J］. 中国食品工业，9：58-59.

杨靓，刘小娟，郭玉双，2012. 农药残留快速检测技术研究进展［J］. 黑龙江农业科学，

（10）：150-153.

姚艳红，王思宏，郑兴，等，2002. 长白山区桔梗和沙参中粗纤维、还原糖及蛋白质的测定［J］. 延边大学学报（自然科学版），1：72-74.

叶志彪，2011. 园艺产品品质分析［M］. 北京：中国农业出版社.

运社华，赵忠超，2013. 浅析食品分析与检验的方法［J］. 河南科技，15：205.

张建奎，2012. 作物品质分析［M］. 重庆：西南大学师范出版社.

张君萍，2006. 新疆若干杏品种果实主要营养成分的测定与分析评价［D］. 新疆农业大学.

张敏，2006. 感官分析技术在橙汁饮料质量控制中的应用［D］. 西南大学.

张睿，刘好，杨静，2014. 兰州市常见蔬菜中硝酸盐含量及安全性评价［J］. 甘肃农业科技，（9）：24-25

张蜀秋，李云，武维华，2011. 植物生理学实验技术教程［M］. 北京：科学出版社.

张献龙，2015. 植物生物技术［M］.2 版. 北京：科学出版社.

张艳萍，杨桂朋，2009. 分光光度法测定海水中溶解单糖和多糖［J］. 中国海洋大学学报（自然科学版），2：327-332.

赵海珍，陆兆新，别小妹，等，2013. 食品质量与安全专业实践教学体系的创新改革与实践［J］. 中国农业教育，6：48-52.

赵镭，刘文，汪厚银，2008. 食品感官评价指标体系建立的一般原则与方法［J］. 中国食品学报，3：121-124.

赵武奇，石珂心，谷月，等，2014. 近红外光谱技术检测石榴汁酸度的研究［J］. 食品工业科技，16：68-70，75.

赵兴绪，2009. 转基因食品生物技术及其安全评价［M］. 北京：中国轻工业出版社.

赵玉强，罗小莉，杨文君，2014. 雅安 4 种常见水果维生素 C 含量的测定与比较［J］. 氨基酸和生物资源，2：64-66.

赵长容，2004. 测定蛋白质的光度新方法研究［D］. 河北大学.

郑京平，2006. 水果、蔬菜中维生素 C 含量的测定——紫外分光光度快速测定方法探讨［J］. 光谱实验室，4：731-735.

中国农业科学院农业质量标准与检测技术研究所，2008. 农产品质量安全检测手册果蔬及制品卷［M］. 北京：中国标准出版社.

周才琼，周玉林，2006. 食品营养学［M］. 北京：中国计量出版社.

周光理，2010. 食品分析与检验技术［M］. 北京：化学工业出版社.

周俊国，杨英军，2006. 园艺植物育种技术［M］. 北京：中国农业出版社.

朱赫，纪明山，2013. 农药残留快速检测生物传感器研究进展［J］. 沈阳农业大学学报（社会科学版），15（2）：129-133.

朱丽梅，张美霞，2012. 农产品安全检测技术［M］. 上海：上海交通大学出版社.

朱永义，等，1992. 伪劣食品检验与鉴别［M］. 中国农业出版社.

图书在版编目（CIP）数据

园艺产品质量分析/李桂荣主编 . —北京：中国
农业出版社，2017.11
园艺专业职教师资培养资源开发项目
ISBN 978-7-109-23525-0

Ⅰ.①园… Ⅱ.①李… Ⅲ.①园艺作物－质量分析－
师资培养 Ⅳ.①S609

中国版本图书馆 CIP 数据核字（2017）第 279472 号

中国农业出版社出版
（北京市朝阳区麦子店街 18 号楼）
（邮政编码 100125）
责任编辑 王玉英
文字编辑 徐志平
───────────────
北京万友印刷有限公司印刷 新华书店北京发行所发行
2017 年 11 月第 1 版 2017 年 11 月北京第 1 次印刷
───────────────
开本：720mm×960mm 1/16 印张：16
字数：290 千字
定价：50.00 元
（凡本版图书出现印刷、装订错误，请向出版社发行部调换）